Untersuchungen

über

das Verhalten der Auflösungen

des

reinen Kochsalzes

in Wasser.

Von

Dr. G. Karsten.

Privatdocent an der Universität zu Berlin, ordentliches Mitglied der physikalischen Gesellschaft daselbst.

Mit zwei Kupfertafeln.

(Aus dem Archiv für Mineralogie, Geognosie, Bergbau und Hüttenkunde Band XX. besonders abgedruckt.)

Berlin.

Druck und Verlag von G. Reimer.

1846.

§. 1.

Die Gesetze, welche das Wasser bei der Ausdehnung durch die Wärme, beim Gefrieren, Kochen und bei andern Phänomenen befolgt, wenn es Salze aufgelöst enthält, genau kennen zu lernen, würde ohne Zweifel für den Physiker von dem gröfsten Interesse sein. Allein da die Zahl der in Wasser löslichen Salze sehr grofs ist, da die verschiedenen Salze in den verschiedenartigsten Combinationen im Wasser enthalten sein können, da endlich alle die verschiedenen Verbindungsstufen, in denen die Salze einzeln oder in Combination mehrerer, mit dem Wasser verbunden sein können, der Untersuchung unterworfen werden müfsten, so ist nicht zu hoffen, dafs wir sobald eine genaue Kenntnifs der hierfür gültigen allgemeinen Gesetze erlangen werden. Es ist also nicht zu verwundern, dafs trotz der vielen sorgfältigen Untersuchungen über die verschiedenen Eigenschaften der Salzauflösungen eine Vollständigkeit noch keineswegs erreicht ist. Man hat sich mit Recht bisher hauptsächlich nur mit den Auflösungen der wichtigeren und durch ihre besondern Eigenschaften sich auszeichnenden Salze beschäftigt, und unter diesen nimmt das Kochsalz ohne Zweifel die erste Stelle ein, da dasselbe als Hauptbestandtheil des Meerwassers einer der verbreitetsten Körper auf der Erde ist, und als unentbehrliches Lebensbedürfnifs unser besonderes Interesse in Anspruch nimmt. Dem Physiker war die Kenntnifs der Eigenschaften der Kochsalzauflösungen für die physikalische Geographie wichtig; dem Salinisten war sie nothwendig, um bei der Darstellung des Kochsalzes mit Oekonomie, und ohne Verluste zu erleiden, verfahren zu können; über die Kochsalzsoolen liegen uns daher die meisten Arbeiten vor. Diese Arbeiten sind indess theils vor so langer Zeit angestellt worden, dafs sich seitdem mancherlei Verbesserungen in den Instrumenten und Vervollkommnungen in den Methoden ergeben haben, theils stehen die Angaben der verschiedenen Schriftsteller öfters mit einander in Widerspruch, so dafs eine wiederholte Untersuchung zur Entfernung dieser Widersprüche nöthig zu sein schien. Endlich haben die früheren Schriftsteller einige Fragen ganz bei Seite liegen lassen, um die es ihnen bei ihrer Untersuchung nicht geradezu zu thun war; diese Fragen sind in der vorliegenden Arbeit besonders berücksichtigt worden. Das Meerwasser kann man, ohne einen zu grofsen Fehler zu begehen, als eine Kochsalzsoole von 3.8 ÷ 4.0 Procent ansehen, (da nicht anzunehmen ist, dafs die geringen Beimengungen anderer Salze die Eigenschaften des Meerwassers beträchtlich von denen einer reinen Kochsalzsoole abändern werden) d. h. als eine Kochsalzsoole, deren spec. Gewicht nach den Angaben der verschiedenen Schriftsteller bei + 15° R. zwischen 1.0269 ÷ 1.0285 schwankt, wenn das spec. Gewicht des Wassers von derselben Temperatur = 1 gesetzt wird. Folgendes sind einige Werthe, die Marcet angegeben hat (Gehler Bd. VI. p. 1648):

Art des Meerwassers	spec. Gew. Wasser bei 15° R. = 1	auf + 4° C. reducirt: *)	Salzgehalt in Procenten
Aus dem nördlichen Polarmeer	1.02727	1.02577	3.9
Wasser aus Meereis . . .	1.00235	1.00088	0.35
Aus der Tiefe erhaltenes Wasser	1.02705	1.02555	3.86
Vom Aequator	1.02785	1.02635	3.92
Aus d. südl. atlantischen Ocean	1.02819	1.02669	4.12
Aus dem weifsen Meer . .	1.02255	1.02105	3.22
Aus dem schwarzen Meer .	1.01422	1.01274	2.16
Aus der Ostsee	1.00490	1.00343	0.66
Aus d. nördl. atlantischen Meere	1.02886	1.02735	4.26
Aus dem gelben Meere .	1.02291	1.02141	3.22
Aus dem mittelländ. Meere .	1.02730	1.02580	3.94
Mittel aus dem grofsen Ocean	1.02775	1.02625	4.00

Von diesen 4 Procenten fester Bestandtheile bildet das Chlornatrium 2 . 66, also etwa zwei Drittheile. Die Analyse nach Marcet's Originalabhandlung (in d. Phil. Trans. 1819, p. 199) ist nämlich folgende:

das Wasser aus dem nördlichen atlantischen Meere, enthielt in 100 Theilen:

Chlornatrium	2.660
Chlormagnesium . .	0.991
Chlorcalcium	0.195
Schwefelsaures Natron	0.466
	4.312

nahe übereinstimmend mit den oben gefundenen 4,26. **)

*) S. unten.

**) Diese Zahlen stimmen fast genau mit den in Gehler's Wörterbuch Bd. VI. p. 1649 gegebenen überein, wo nur 0,199 für Chlorcalcium angegeben ist. In Berzelius Chemie erste Ausg. I. 409 und zweite Ausg. I. 405 stehen aber sehr abweichende Zahlen, die ebenfalls Marcet's Analyse ergeben haben soll, nämlich

Chlormagnesium	0,5154
Chlorcalcium .	0,1232

Ich habe nicht auffinden können, wo Marcet diese Zahlen ge-

Dem Physiker war es nun der physikalischen Geographie wegen nur um die Kenntnifs der Eigenschaften dieser einen Soole zu thun, und es interessirten ihn weder die gesättigteren Soolen bedeutend, noch auch die höheren in der Natur nicht vorkommenden Temperaturen. Man beschränkte sich daher darauf das spec. Gew. des Meerwassers oder einer Soole von 4$\frac{0}{0}$ bei mittleren Temperaturen zu bestimmen, die Erscheinungen beim Gefrieren zu beobachten, und nachzuforschen, ob es ein Maximum der Dichtigkeit für die untersuchte Flüssigkeit gäbe.

Dem Salinisten dagegen ist darum zu thun, die Aenderung des specifischen Gewichts bei Vermehrung oder Verminderung des Procentgehaltes und bei allen den Temperaturen, die während der technischen Behandlung der Soolen vorkommen, genau kennen zu lernen, um aus der Bestimmung des specifischen Gewichts und der Temperatur einer Soole sogleich ihren Salzgehalt angeben und bestimmen zu können, ob die Bearbeitung der Soole noch fortgesetzt werden soll oder nicht. Die theoretisch interessante Frage vom Max. der Dichtigkeit berührt ihn fast gar nicht, da erstens die Aenderung des spec. Gewichts beim Max. nur sehr unbedeutend ist, zweitens das Max. nur bei den für ihn weniger wichtigen Soolen von niedrigem Procentgehalte und bei niedrigen Temperaturen vorkommt. Obschon daher die Schriften der Salinisten ihrem Zwecke entsprechen mögen, so ist in ihnen doch manche Lücke geblieben, die auch von den Physikern keineswegs vollständig ausgefüllt ist. In der folgenden kurzen litterarischen Uebersicht habe ich alle die Untersuchungen zusammengestellt, die mir über die Eigenschaften der Kochsalzauflösungen, mit Einschlufs des Meerwassers, bekannt geworden sind.

---

geben hat. Auf eine genaue Analyse des Meerwassers kommt es übrigens hier gar nicht an, da ja nur das Uebergewicht des Chlornatriums über die andern Salze gezeigt werden soll.

§. 2.
Literatur.

I. Ueber das specifische Gewicht der Kochsalzauflösungen.

a. Des reinen Kochsalzes:

J. A. Bischof, Untersuchungen zur näheren Bestimmung der eigenthümlichen Schweren, der Ausdehnung durch die Wärme, des Gehalts, der Verminderung der Räume bei Vermischungen, der Gefrier- und Siedepunkte der Salzsoolen. Gilbert's Annalen Bd. XXXV. p. 311. 1810.

J. A. Bischof, der Soolgehalt nach Graden, Procenten und Pfündigkeiten, auch einige die Soole betreffende und bei dem Salinenwesen in Anwendung kommende Formeln. Karsten's Archiv für Bergbau und Hüttenkunde Bd. XI. Heft II. p. 211. 1826.

E. Bischof, Beiträge zur Kenntnifs des Salinenwesens. Sondershausen 1837.

Lambert, Versuche über das Gewicht des Salzes und die eigenthümlichen Schweren der Soolen. Neues Hamburger Magazin Stück 48. p. 483. 1770, übers. von Dr. Krünitz a. d. XVIII. Theil der hist. et mém. de l'Acad. R. d. sc. et b. l. de Berlin 1762.

b. Des Meerwassers:

Marcet, On the specific gravity and temperature of sea-waters, in different parts of the ocean and in particular seas; with some account of their saline contents. Pilosoph. Transactions 1819. p. 161.

Marcet, über das specifische Gewicht, die Temperatur und die Salze des Meerwassers in verschiedenen Theilen des Weltmeers und in eingeschlossenen Meeren; frei von Gilbert dargestellt in Gilbert's Annalen LXIII. p. 113 u. 235. 1819, nach den Schriften der Londoner Soc.

Horner, über das specifische Gewicht des Meerwassers in verschiedenen Gewässern; frei dargestellt von Gilbert, in Gilbert's Ann. LXIII. p. 159 u. 266. 1819, nach dem 3ten Bande der Krusenstern'schen Reise Petersburg 1812, und den Zürcherischen Beiträgen.

Muncke, über die Ausdehnung des Seewassers, in den mém. prés. à l'Acad. imp. à St. Petersbourg. T. I. p. 310.

A. Erman, Beobachtungen über die Aenderung des specifischen Gewichts, welche das Meerwasser durch die Wärme erleidet. Poggend. Ann. XII. 463 (1828) u. XXXXI. p. 72 (1837).

Ueber das specifische Gewicht des Meerwassers finden sich außerdem noch viele Angaben in den Schriften der Seefahrer.

II. Ueber den Gefrierpunkt der Kochsalzauflösungen.

a. Des reinen Kochsalzes:

J. A. Bischof und E. Bischof, s. I. *a.*

C. Despretz, über das Maximum der Dichtigkeit und über den Gefrierpunkt der Salzauflösungen. Poggend. Ann. XLI. p. 58 (1837) als Uebers. des Auszugs in den Comtes rendus v. J. 1837, No. 1. p. 124 u. 435; auch im Institut 1837, No. 202. vom 22sten März.

C. Despretz, recherches sur le maximum de densité de l'eau pure et des dissolutions aqueuses. Ann. de chim. et phys. LXX. p. 5 (1839).

b. Des Meerwassers:

Marcet, Horner, Muncke, Erman, s. I. *b.*

Ch. Blagden, experiment on the cooling of water below its freezing point. Phil. trans. 1788, p. 125.

Ch. Blagden, experiments on the effect of various substances in lowering the point of congelation in water. Phil. trans. 1788, p. 277.

Ed. Nairne, experiments on water obtained from the melted ice of sea-water to ascertain whether it be fresh or not and to determine its specific gravity with respect to other water. Also experiments to find the degree of cold in which sea-water begins to freeze. Phil. trans. 1776, p. 249.

Angaben über den Gefrierpunkt des Seewassers, über die Beschaffenheit des Eises und Erscheinungen beim Gefrieren finden sich bei

Parrot, über das Gefrieren des Salzwassers mit Rücksicht auf die Entstehung des Polareises. Gilb. Ann. LVII. p. 144 (1817).

Chaptal und Monge, ist es vortheilhaft, Salzwasser statt des gewöhnlichen Wassers zum Löschen zu gebrauchen. Gilb. Ann. XXIII. p. 349 (1806) aus den Ann. de chim. et phys. 2me Série. LIV. p. 138 (1805).

v. Castillon, Abhandlung über eine merkwürdige Gefrierung. Neues Hamburgisches Magazin St. 47. p. 459. Aus dem XVIII. Theil der hist. de l'Acad. R. d. sc. et b. l. de Berl. a. d. J. 1762. Berlin 1769.

W. Scoresby, an account of the arctic regions in two Vol. Edinbourgh 1820.

W. Scoresby, Journal of a voyage to the northern walefishery; including researches and discoveries on the eastern coast of West-Greenland made in the summer of 1822 in the ship Baffin of Liverpool. Edinbourgh 1823; übers. v. Fr. Kries, Hamburg 1825.

Ferner in den Reisebeschreibungen von A. v. Humboldt, Ross, Hudson, Davis, Baffin, Ellis, Frobisher, Middleton, Parry, Fischer, Franklin, Krusenstern, Manby, Cook, Weddel, Forster u. v. A.

Ein sehr vollständiges Verzeichnifs der wichtigsten Reisen in die Polargegenden findet man in der Introduction p. II. u. ff. von

Ross, Narrative of a second voyage in search of a North-West Passage and of a residence in the arctic regions. London 1835. 4to. c. App.

III. Ueber die Kochpunkte von Kochsalzauflösungen.

Legrand, recherches sur les variations que les sels dissou en diverses proportions produisent dans le point d'ébullition de l'eau. Ann. de chim. et phys. LIX. p. 423. Pogg. Ann. XXXVII. p. 379. Erdmann u. Schweigger VI. 56.

J. A. Bischof und E. Bischof, s. I. *a.*

Siedepunkte mehrerer Salze und Chloride in Pogg. Ann. II. 227. IX. 315. 416. 434. 437.

IV. Ueber den Sättigungsgrad der Kochsalzauflösungen.

Unger, über die Auflösbarkeit des Kochsalzes im Wasser. Journal für praktische Chemie von Erdmann und Schweigger. Bd. VIII. p. 285 (1836).

Fuchs, das Verhalten des Kochsalzes zum Wasser neu untersucht. Kastner's Archiv für die gesammte Naturlehre Bd. VII. p. 407.

Aufserdem Angaben über den Procentgehalt von gesättigten Soolen bei Gay-Lussac, Bergmann, Berzelius, C. J. B. Karsten u. A.

V. Ueber das Maximum der Dichtigkeit von Kochsalzauflösungen.

A. Erman, C. Despretz, Blagden, Marcet, Muncke, s. I. *b.* II. *a.* u. *b.*

I. Bestimmung des specifischen Gewichts der Kochsalzsoolen von verschiedenem Procentgehalte und bei verschiedenen Temperaturen.

§. 3. Methode.

Unter den verschiedenen Methoden, die man zur Bestimmung des spec. Gewichts der Flüssigkeiten anwendet, gab ich der mit der hydrostatischen Waage den Vorzug. Eine andre Methode, die Ausdehnung der Flüssigkeit zu messen und daraus das spec. Gewicht zu berechnen, weil nämlich bei gleicher Masse das Volumen sich umgekehrt wie die Dichtigkeit verhält, ist zwar zur Bestimmung des spec. Gew. des Wassers mit vielem Erfolge angewendet worden; auch hat Muncke sich derselben bedient, um die Ausdehnung des Meerwassers zu messen, und Despretz empfiehlt sie als die zuverlässigste und feinste selbst für Mischungen und Salzlösungen, allein gerade für Salzlösungen schienen mir diese beiden Eigenschaften sehr ungewifs zu sein. Das Haupthindernifs gegen die in Rede stehende Methode liegt in der nicht hinreichend genauen Anfertigung einer so bedeutenden Anzahl der Soolenthermometer, als zu einer Untersuchung, wie die vorliegende ist, nöthig gewesen wäre. Eine sehr concentrirte Kochsalzsoole von 26.5% ändert ihr Volumen von 0° ÷ 100° C. von 1 ÷ 1.054, also nur um 0.054. Bei dieser kleinen Volumänderung hätte man noch 0.0001 ablesen mussen, um ebenso jene Resultate zu erhalten, wie sie vermittelst der Wägung auf der hydrostatischen Waage zu erhalten waren. Sodann bestimmte mich noch der Umstand, dafs eine genaue Bestimmung des Procentgehaltes der Soolen im Soolthermometer weder zu machen noch zu controlliren ist, dazu, diese Methode aufzugeben, deren grofse Vorzüge, namentlich was genaue

Temperaturbestimmungen betrifft, ich übrigens durchaus nicht verkannt habe. Es stand somit nur noch die Wahl zwischen dem Aräometer und der hydrostatischen Waage frei. Man hat es bei der Anfertigung der Aräometer jetzt zu solcher Vollkommenheit gebracht, dafs die durch sie erhaltenen Bestimmungen des spec. Gew. den durch die hydrostatische Waage ausgemittelten an Genauigkeit nur unbedeutend nachstehen möchten, wenn es sich nämlich nur um mittlere Temperaturen handelt. Allein die Gewichtsbestimmungen sollten auch bei hohen und niedrigen Temperaturen vorgenommen werden. Bei hohen Temperaturen würden die aufsteigenden Dämpfe ein scharfes Einstellen des Aräometers unmöglich gemacht haben, auch würde das Aräometer durch den aufsteigenden Luftstrom ungleich mehr afficirt worden sein, wie die hydrostastische Waage, die gegen diesen Uebelstand geschützt werden kann. Endlich bei hohen sowohl als bei niedrigen Temperaturen wäre im Fall der Anwendung des Aräometers die Schwierigkeit sehr grofs gewesen, alle Theile des Instruments in gleicher Temperatur zu erhalten, welche Schwierigkeit zwar für die hydrostatische Waage auch besteht, allein wegen des im Verhältnifs zu der bedeutenden Länge des Aräometers nur kleinen Durchmessers der zu wägenden Glaskugel bei weitem geringer ist.

Es blieb sonach nur die hydrostatische Waage übrig, und die Aufgabe war nun, den Apparat so einzurichten, dafs erstens die Waage gegen den aufsteigenden Luftstrom bei hohen Temperaturen geschützt war, zweitens dafs der Procentgehalt der Soole während einer Beobachtungsreihe sich nicht ändern konnte.

§. 4. Der Apparat.

Um den Zweck möglichster Genauigkeit zu erreichen, wendete ich folgende Vorrichtung an:

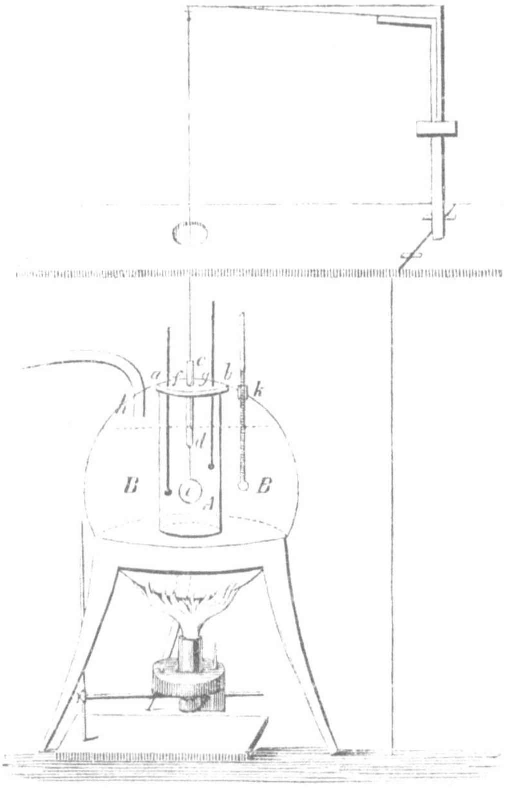

Die zu untersuchende Soole befand sich in einem 8 Zoll hohen cylindrischen Gefäfse von 3 Zoll Durchmesser (*A*), welches durch einen gut aufgeschliffenen Glasdeckel *a b* verschlossen wurde. Durch die Mitte dieses Glasdekkels ging eine Glasröhre *c d* von 1,5 Linien innerer Weite, deren unteres Ende *d* sich bei den Versuchen unter der Oberfläche der Flüssigkeit befand; diese Röhre war angebracht, um das Verdampfen des Wassers aus der Soole bis auf den engen Querschnitt der Röhre zu verringern. Durch die Röhre *cd* führte von der Waage in das Gefäfs *A* ein Pferdehaar, an welchem die zu wiegende Glaskugel *e*

von 1,5 Zoll Durchmesser befestigt war. Wegen der Länge des Pferdehaars mufste das Gewicht desselben berücksichtigt werden, welches durch eine Tara auf der Waage geschah. Zu beiden Seiten der Röhre *c d* waren die Durchbohrungen *f* und *g* angebracht, um zwei Thermometer aufzunehmen, welche die Temperatur der Flüssigkeit oben und unten controllirten. Statt des einen Thermometers konnte während des Erwärmens ein Abzugsrohr für die aufsteigenden Dämpfe aufgesetzt werden. Das ganze Gefäfs *A* hing an einem umgebogenen Rande in einer gröfsern Glaskugel *B* von 11 Zoll Durchmesser, die als Wasserbad diente und bei *h* ein Abzugsrohr für die Dämpfe, bei *k* ein Thermometer oder eine Vorrichtung trug, um die Temperatur im ganzen Gefäfse gleichmäfsig zu machen. Da übrigens die Kugel *B* von bedeutender Gröfse war, so ging die Abkühlung sehr langsam von Statten. Z. B. bei einer Temperatur der Luft von 18° C. kühlte sich die Flüssigkeit ab:

von	bis	in	
70°,9 C.	65°,7	36	Minuten
	58,6	50	-
	57,3	13	-
	57,0	3	-
	53,1	39	-
	48,5	46	-
	44,3	43	-
	42,0	27	-
	38,0	44	-
	35,0	34	-
	34,3	7	-
	30,0	57	-
	27,0	38	-
	26,4	9	-
	24,4	34	-
	23,7	15	-
	22,0	39	-

Also von 70°,9 bis 22°,0 oder 48°,9 in 8 Stunden 54 Minuten, d. h. um die Flüssigkeit um 0°,1 C. abzukühlen, war über eine Minute erforderlich. Wenn umgekehrt die Flüssigkeit zuerst erkältet worden war, ging die Erwärmung eben so langsam vor sich. Eine Versuchsreihe oder die Bestimmung des spec. Gew. einer und derselben Soole bei verschiedenen Temperaturen nahm daher einen ganzen Tag in Anspruch. Die Kugel *B* ruhte in dem Rande eines gufseisernen Dreifufses, welcher Rand mit Kork ausgefüttert war, um die zu starke Wärmeleitung zu verhüten. Die Erwärmung des Wasserbades geschah durch eine Lampe mit doppeltem Luftzuge, durch welche die Flüssigkeit im Wasserbade trotz ihrer bedeutenden Menge doch leicht bis zum Kochen erwärmt werden konnte. Neben dem ganzen Apparate stand ein Stativ, auf welchem die Waage befestigt war. An dem Stative konnte ein Brett, welches in der Mitte einen Ausschnitt hatte, so befestigt werden, dafs das Pferdehaar von der Waage durch den Ausschnitt ging, während die Waage durch das Brett gegen den vom Apparate bei hohen Temperaturen aufsteigenden Luftstrom gesichert war.

Die Waage war sehr empfindlich und gestattete bei der nicht unbedeutenden Belastung von 96 bis 97 Grammen noch 0,0001 Gramme abzulesen. Die verschiedenen Thermometer wurden vor den Versuchen sorgfältig mit einander verglichen. Das eine derselben war von 0°,2 zu 0°,2 getheilt und ging von — 16° R. bis + 45° R., es gestattete daher die genaue Schätzung von 0°,05 R. Für die höheren Temperaturen wurden zwei andre Thermometer angewendet, die nur von Grad zu Grad nach der 80theiligen Skale auf dem Glase selbst getheilt waren, und deren Angaben daher nur bis auf 0°,25 R. mit Sicherheit geschätzt werden konnten. Zwei andre öfters zur Controlle angewendeten Thermometer waren von Grad zu Grad nach der hunderttheiligen Skale getheilt. Bei der Berechnung habe ich später immer die Temperaturen nach der hunderttheilligen Skale umgeschrieben, so dafs, wenn nicht ausdrücklich *R* neben eine Temperatur geschrieben ist, immer Grade der hunderttheiligen Skale gemeint sind.

§. 5. Die Beobachtung.

Die Versuche zur Ermittelung des spec. Gew. wurden nun auf folgende Weise angestellt. Zuerst wurde das Wasserbad *B* bis zu einer hohen Temperatur erwärmt, und hierauf nach Entfernung der Lampe so lange gewartet, bis die Temperaturen in *B* und *A* sich ziemlich ausgeglichen hatten. Nachdem sodann die an dem Deckel *a b* hängenden Tropfen in die Flüssigkeit zurückgebracht worden waren, wurde die Glaskugel *e* von den adhärirenden Luftblasen befreit, entweder durch blofse Bewegung der Kugel in der Flüssigkeit, wenn dies ausreichte, oder sonst vermittelst eines feinen Pinsels. Vor der nun stattfindenden Wägung, wurde die Flüssigkeit gut umgerührt, um eine vollständige Gleichmäfsigkeit der Temperatur hervorzubringen. Sobald diese durch die Thermometer angegeben wurde, notirte ich die Angaben derselben, machte die Wägung und las von Neuem die Thermometer ab. Die Versuche begannen mit den concentrirteren Soolen und endeten mit den schwächeren. Von jeder Soole wurden 16 Salzgehaltsbestimmungen bei verschiedener Temperatur gemacht, und aus diesen das arithmetische Mittel genommen. Diese Bestimmungen geschahen so, dafs in ein kleines tarirtes Gefäfs von Meifsner Porcellan eine Probe der Soole gebracht, und darauf sogleich mit einem gleichfalls tarirten Glasdekkel bedeckt wurde, um bei höheren Temperaturen das Verdampfen des Wassers zu verhindern. Diese Gefäfse mit der Soole wurden hierauf gewogen, sodann wurde die Soole im Sandbade abgedampft, das Salz durch starkes Erhitzen gänzlich getrocknet, und in den tarirten Gefäfsen von Neuem gewogen. Die zu den Wägungen gebrauchte Waage war eben so genau wie die zur Bestimmung des spec. Gew. angewendete, doch konnte 0.0001 Gramme der geringern Belastung wegen mit gröfserer Sicherheit gewogen werden. Aus den Procentgehaltsbestimmungen ging hervor, dafs während der ganzen, wie gesagt einen Tag dauernden Untersuchung einer Soole, ein unmerklicher Theil des Wassers verdunstete, indem die Abweichung vom arithmetischen Mittel ganz unregelmäfsig war, bald positiv bald negativ, zu Anfang und zu Ende der Untersuchung.

Mit Ausschlufs des Wassers wurden 39 Soolen untersucht, eine Soole von 25,32549 Procent*) war die concentrirteste, eine Soole von 0,02743 die schwächste. Die Temperaturen, bei denen beobachtet wurde, gingen von höchstens + 95° C. bis tiefstens — 10° C. Die Intervalle der Temperaturen waren nicht gleich, weil es einige Schwierigkeit gehabt haben würde, genau gleiche Intervalle zu treffen, und obwohl die Berechnung durch diese Beobachtungsweise sehr erleichtert worden wäre, doch einige Ungenauigkeiten bei diesen schon so vielen Fehlern ausgesetzten Beobachtungen nicht zu vermeiden gewesen wären.

Das zur Darstellung der Soolen benutzte Kochsalz war so rein als möglich, es war aus chemisch reiner Salzsäure und eben solchem kohlensauren Natron zusammengesetzt.

§. 6. Berechnung des specif. Gewichts.

Das specif. Gewicht einer Flüssigkeit ist bekanntlich gleich dem Gewichtsverlust, den ein in ihr gewogener Körper gegen sein absolutes Gewicht erleidet, dividirt durch den Gewichtsverlust desselben im Wasser, vorausgesetzt, dafs der Körper bei den beiden Wägungen in der Flüssigkeit und im Wasser gleich grofs ist, oder was dasselbe

*) Procentgehalt p bedeutet, dafs in 100 Theilen der Soole, p Theile Salz enthalten sind.

sagen will, wenn die Temperatur in der Flüssigkeit und im Wasser dieselbe ist:

$$s = \frac{M-m_{\prime\prime}}{M-m_{\prime}},$$

wenn s das specifische Gewicht der Flüssigkeit, M das absolute Gewicht des in ihn gewogenen Körpers, $m_{\prime\prime}$ dessen Gewicht in der Flüssigkeit $m_{\prime}$ sein Gewicht im Wasser ist, und die Temperatur bei beiden Wägungen dieselbe war. Die Einheit des spec. Gew. der Flüssigkeiten ist also das Wasser. Da aber der Gewichtsverlust des im Wasser gewogenen Körpers bei verschiedenen Temperaturen ein ganz verschiedener sein wird, weil sich ja das spec. Gew. des Wassers mit der Temperatur ändert, so mufs man eine bestimmte Temperatur angeben, für welche das Gewicht des Wassers als Einheit genommen werden soll. Sehr häufig hat man + 15° R. als die Temperatur der Einheit angenommen, welches den Vortheil darbietet, dafs die Flüssigkeiten, wenn nicht genau bei + 15° R., so doch bei naheliegenden Temperaturen bequem zu beobachten sind, und daher die bei diesen beobachteten specif. Gew. nicht bedeutend falsch sein werden. Dagegen hat diese Temperatur den grofsen Nachtheil, durchaus willkührlich zu sein, weshalb die verschiedenen Angaben über die specif. Gew., indem von dem einen Beobachter diese, von dem andern jene Temperatur mit demselben Rechte zur Temperatur der Einheit genommen worden ist, durchaus nicht unmittelbar mit einander zu vergleichen sind. Ein anderer nicht unbedeutender Nachtheil ist der, dafs schon bei kleinen Beobachtungsfehlern in der Temperatur der Fehler bei + 15° R. bedeutend ist, während man ihn bei niedrigen, namentlich bei der von mir gewählten von + 4° C. fast vernachlässigen kann. Bei genaueren Bestimmungen des spec. Gew. wird man den Einflufs der Temperaturverschiedenheiten doch in Rechnung bringen müssen und daher gut thun, einen festen keinen Veränderungen unterworfenen Punkt in der Ausdehnung des Wassers als Einheit anzunehmen. Diesen festen Punkt finden wir im Wasser bei seiner kleinsten Ausdehnung im Maximum der Dichtigkeit, dessen Temperatur annäherungsweise genau + 4° C. ist. Diese Einheit habe ich bei meinen Berechnungen zu Grunde gelegt, $m_{\prime}$ bedeutet also das Gewicht des Körpers in Wasser von + 4° C. und $M - m_{\prime}$ ist das Gewicht des von dem Körper verdrängten Volumen Wasser von + 4° C. Da nun $M = V\Delta$, so ist das Volumen des Körpers $V = \frac{M}{\Delta}$, wenn Δ das specif. Gewischt des Körpers gegen Wasser von + 4° bedeutet, also $M - m_{\prime} = \frac{M}{\Delta}$.

Es handelt sich nun um die genaue Berechnung von M und Δ.

Hierbei wendete ich die Correktionen an, die von Bessel angegeben und von Schumacher in einer eignen Broschüre: „Ueber die Berechnung der bei Wägungen vorkommenden Reduktionen von Etatsrath Schumacher, Hamburg 1838" zusammengestellt, und von, die Berechnung erleichternden Tabellen begleitet sind. Die Formeln ergeben sich in aller Kürze folgendermaafsen. Beim Gleichgewicht auf der Waage ist:

$$M = m,$$

d. h. die Masse des Körpers ist gleich der Masse der Gewichte. Da nun aber der Körper sowohl wie die Gewichte ein so grofses Volumen des Mediums, in dem sie gewogen werden, verdrängen, als sie selbst haben, so mufs die Masse des verdrängten Mediums bei der Wägung in Abrechnung gebracht werden. Diese Masse ist:

$\frac{M}{\Delta} R^3 q$ für den Körper,

$\frac{m}{\delta} r^3 q$ für die Gewichte,

wenn R u. r die linearen Ausdehnungen des Körpers und der Gewichte,

$\varDelta$ u. δ die specifischen Gewichte des Körpers und der Gewichte,

und q das spec. Gew. der Luft im Augenblick der Wägung bedeuten. Wir haben jetzt also nicht mehr $M = m$, sondern:

$$M - \frac{M}{\varDelta} R^3 q = m - \frac{m}{\delta} r^3 q \quad \text{oder} \quad M = m \frac{1 - \frac{r^3}{\delta} q}{1 - \frac{R^3}{\varDelta} q}.$$

Kennt man δ, so ist nur noch $\varDelta$ zu ermitteln, da R^3, r^3, q nach Formeln berechnet werden, die später angeführt sind. Um $\varDelta$ zu finden, nimmt man eine neue Wägung des Körpers in Wasser vor, wobei man:

$$M = m_{,} \frac{1 - \frac{r_{,}^3}{\delta} q_{,}}{1 - \frac{R_{,}^3}{\varDelta} Q}$$

erhält, wo $r_{,}$, $R_{,}$, $q_{,}$, statt r, R, q, wegen der möglicherweise verschiedenen Temperaturen stehen, $m_{,}$ das nun gefundene Gewicht des Körpers ist, und Q das spec. Gew. des Wassers bei der Temperatur bedeutet, die es bei der Wägung hatte. Durch Elimination von M erhält man nun für $\varDelta$ die Formel:

$$\varDelta = \frac{m R_{,}^3 Q \left(1 - \frac{r^3}{\delta} q\right) - m_{,} R^3 q \left(1 - \frac{r_{,}^3}{\delta} q_{,}\right)}{m \left(1 - \frac{r^3}{\delta} q\right) - m_{,} \left(1 - \frac{r_{,}^3}{\delta} q_{,}\right)}.$$

Setzt man den hierdurch für $\varDelta$ gefundenen Werth in eine der vorigen Gleichungen für M ein, so erhält man M die Masse oder das absolute Gewicht des Körpers. Zur Berechnung ist es nöthig zu wissen, nach welchen Formeln man r^3 $r_{,}^3$.... R^3 $R_{,}^3$.... q Q.. findet. Für die kubischen Ausdehnungen gelten die Formeln:

$$r^3 = (1 + et)^3 \qquad r_{,}^3 = (1 + et_{,})^3$$
$$R^3 = (1 + ET)^3 \qquad R_{,}^3 = (1 - ET_{,})^3$$

wo $eE\ldots$ die linearen Ausdehnungen für 1° C., und $tt_{,}\ldots$ $TT_{,}\ldots$ die Temperaturen im Augenblick der Wägung sind.

Das spec. Gew. der Luft q findet man aus der Formel:

$$q = \frac{1}{770{,}488} \cdot \frac{B}{760} \cdot \frac{1}{1+t.0{,}00375} = \frac{B}{585571(1+t.0{,}00375)}$$

wo B den Barometerstand in Millimetern ausgedrückt und auf seine Länge bei 0° reducirt bedeutet, und t die Temperatur der Luft in Graden des hunderttheiligen Thermometers im Augenblick der Wägung ist.

Nach Hallström's Angabe berechnet man das spec. Gew. des Wassers Q aus folgender Formel:

$$Q = \frac{1}{1.0001117^{*)}} \cdot \frac{1}{1 - 0.00005759t + 0.0000075611t^2 - 0.0000000351t^3}$$

oder:

(1) $Q = 0.9998884 + 0.0000575836t - 0.00000755696t^2 + 0.0000000342962t^3$,

nach dieser Formel findet man das spec. Gew. des Wassers bei nahe + 4° = 1 und Δ bezieht sich daher auf diese Temperatur. Wo es sich darum handelt, genaue absolute Gewichte zu finden, wird man alle Correktionen mit gröfster Schärfe vornehmen müssen. Schumacher hat für alle diese Correktionen sehr bequeme Tafeln berechnet. Bei der Bestimmung des spec. Gew. sind aber die vom Barometerstand und der Lufttemperatur abhängigen Correktionen sehr unbedeutend und so kann man denn B ohne merklichen Fehler ohne Reduction auf 0° in Millimetern ausdrücken, um q zu finden.

---

*) nicht $\frac{1}{1.000117}$, wie durch einen Druckfehler bei Schumacher steht.

Nachdem nun vermittelst dieser Formel $M-m_{,}=\frac{M}{\varDelta}$ für die angewendete Glaskugel berechnet war, wäre um s zu erhalten weiter nichts nöthig gewesen, als $m_{,,}$ von M abzuziehen und dann $M-m_{,,}$ durch $M-m_{,}$ zu dividiren, wenn nicht die Ausdehnung der Glaskugel hätte berücksichtigt werden müssen. Wenn nämlich $M-m_{,}$ bei $+4^{0}$ C. $= N$ ist, so ist es bei einer andern Temperatur t $= N(1+e[t-4])^{3}$; um daher immer gleiche Volumina der Flüssigkeit und des Wassers zu vergleichen, mufste der Nenner mit der kubischen Ausdehnung multiplicirt werden, wenn diese für $t=+4^{0}$ C. zur Einheit angenommen worden war, also:

$$s=\frac{M-m_{,,}}{M-m_{,}}\cdot\frac{1}{[1+e(t-4)]^{3}},$$

wo t die Temperatur ist, bei der $m_{,,}$ bestimmt worden ist. Der Bequemlichkeit wegen habe ich für den Factor der cubischen Ausdehnung Tabellen beigefügt und zwar für Glas, Kupfer, Messing und Silber, weil aus diesen Substanzen die meisten zur Bestimmung des spec. Gew. von Flüssigkeiten gebräuchlichen Instrumente bestehen. Für Glas habe ich auch die hohen und niedrigen Temperaturen berücksichtigt, für die 3 Metalle nur die mittleren, weil die aus ihnen gefertigten Soolspindeln doch zur Bestimmung des spec. Gew. bei andern Temperaturen nicht ausreichen.

Tafel I.

Log R^3 = $\log[1+(t-4)]^3$ für Silber.
Ausdehnung für 1° C. (= e) = 0,0000191 *).

t	log R^3	Diff.	t	log R^3	Diff.
0°	0.9999005	249	15°	0.0002986	249
1°	0.9999254	249	16	0.0003235	248
2	0.9999503	248	17	0.0003483	249
3	0.9999751	249	18	0.0003732	249
4	0.0000000	249	19	0.0003981	249
5	0.0000249	249	20	0.0004230	248
6	0.0000498	248	21	0.0004478	249
7	0.0000746	249	22	0.0004727	249
8	0.0000995	249	23	0.0004976	249
9	0.0001244	249	24	0.0005225	249
10	0.0001493	249	25	0.0005474	248
11	0.0001742	248	26	0.0005722	249
12	0.0001990	249	27	0.0005971	249
13	0.0002239	249	28	0.0006220	249
14	0.0002488	249	29	0.0006469	248
15	0.0002737	249	30	0.0006717	

Proportional-Theile:

	248	249
0°1	25	25
2	50	50
3	74	75
4	99	100
5	124	125
6	148	149
7	174	174
8	198	199
9	223	224

---

*) nach der Angabe von Schumacher in der angegebenen Broschüre:

Daniel giebt 0,000019512

und Prinsep giebt 0,00001904 für Silber mit $\frac{1}{12}$ Kupfer s. Gehler's phys. Wörterb. X. p. 899.

Tafel II.

Log R^3 = log $[1+e(t-4)]^3$ für Messing.
Ausdehnung für 1° C. (= e) = 0.000018785 *).

t	log R^3		t	log R^3		Proportionaltheile:		
0°	9.9999021	245	15°	0.0002691			244	245
1	9.9999266	244	16	0.0002936	245	0°1	24	25
2	9.9999510	245	17	0.0003181	245	2	49	49
3	9.9999755	245	18	0.0003425	244	3	73	74
4	0.0000000	244	19	0.0003670	245	4	98	98
5	0 0000244	245	20	0.0003915	245	5	122	123
6	0.0000489	245	21	0.0004159	244	6	146	147
7	0.0000734	244	22	0.0004404	245	7	171	172
8	0.0000978	245	23	0.0004649	245	8	195	196
9	0.0001223	245	24	0.0004893	244	9	220	221
10	0.0001468	244	25	0.0005138	245			
11	0.0001712	245	26	0.0005383	245			
12	0.0001957	245	27	0.0005627	244			
13	0.0002202	245	28	0.0005872	245			
14	0.0002447	244	29	0.0006117	245			
15	0.0002691	245	30	0.0006361	244			

*) nach Schumacher a. a. O.
nach Destigny 0.0000187821
Sabine 0.0000176050
Hassler 0.0000189163 geglühtes
Prinsep 0.0000190600
s. Gehler's phys. Wörterb. X. p. 899.

Tafel III.

Log R^3 = log $[1+e(t-4)]^3$ für Kupfer.
Ausdehnung für 1° C. (= e) = 0.00001717 *).

t	log R^3	Diff.	t	log R^3	Diff.
0°	9.9999105		15°	0.0002460	
1	9.9999329	224	16	0.0002683	223
2	9.9999552	223	17	0.0002907	224
3	9.9999776	224	18	0.0003131	224
4	0.0000000	224	19	0.0003354	223
5	0.0000223	223	20	0.0003578	224
6	0.0000447	224	21	0.0003802	224
7	0.0000671	224	22	0.0004025	223
8	0.0000894	223	23	0.0004249	224
9	0.0001118	224	24	0.0004473	224
10	0.0001341	223	25	0.0004696	223
11	0.0001565	224	26	0.0004920	224
12	0.0001789	224	27	0.0005144	224
13	0.0002012	223	28	0.0005367	223
14	0.0002236	224	29	0.0005591	224
15	0.0002460	224	30	0.0005814	223
		223			

Proportionaltheile:

	223	224
0°1	22	22
2	45	45
3	67	67
4	89	90
5	112	112
6	134	134
7	156	157
8	178	179
9	201	202

---

*) nach **Schumacher** a. a. O.

nach **Dulong** und **Petit**	0.000017182	
Daniell	0.000017160	
Prinsep	0.000016910	gewalztes
Edinb. Encycl.	0.000016990	

Tafel IV.

Log R^3 = log $[1+e(t-4)]^3$ für Glas.
Ausdehnung für 1° C. (= e) = 0.00000884815 *).

t	log R^3	Diff.	t	log R^3	Diff.
−20	9.9997231	116	+15	0.0001269	115
19	9.9997347	115	16	0.0001384	116
18	9.9997462	115	17	0.0001500	116
17	9.9997577	116	18	0.0001616	115
16	9.9997693	116	19	0.0001731	115
15	9.9997809	115	20	0.0001846	115
14	9.9997924	115	21	0.0001961	115
13	9.9998039	115	22	0.0002076	115
12	9.9998154	115	23	0.0002191	116
11	9.9998269	115	24	0.0002307	116
10	9.9998384	116	25	0.0002423	116
9	9.9998500	116	26	0.0002539	115
8	9.9998616	115	27	0.0002654	115
7	9.9998731	115	28	0.0002769	115
6	9.9998846	115	29	0.0002884	116
5	9.9998961	115	30	0.0003000	115
4	9.9999076	115	31	0.0003115	116
3	9.9999191	116	32	0.0003231	116
2	9.9999307	116	33	0.0003347	115
− 1	9.9999423	116	34	0.0003462	115
0	9.9999539	115	35	0.0003577	116
+ 1	9.9999654	115	36	0.0003693	116
2	9.9999769	115	37	0.0003809	115
3	9.9999884	116	38	0 0003924	115
4	0.0000000	115	39	0.0004039	115
5	0.0000115	116	40	0.0004154	115
6	0.0000231	116	41	0.0004269	115
7	0.0000347	115	42	0.0004384	116
8	0.0000462	115	43	0 0004500	116
9	0.0000577	116	44	0.0004616	115
10	0.0000693	116	45	0.0004731	116
11	0.0000809	115	46	0.0004846	115
12	0.0000924	115	47	0.0004961	115
13	0.0001039	115	48	0.0005076	115
14	0.0001154	115	49	0.0005191	116

Proportionaltheile:

	115	116
0°1	12	12
2	23	23
3	35	35
4	46	46
5	58	58
6	69	70
7	81	81
8	92	93
9	104	104

*) Dieser Werth ist das Mittel aus den beiden Angaben von Munke, s. Gehler's phys. Wört. X. p. 898:

0.0000088517

0.0000088446

t	$\log R^3$	Diff.	t	$\log R^3$	Diff.	Proportionaltheile:
+49	0.0005191		+ 80	0.0008769		
50	0 0005307	116	81	0.0008884	115	
51	0.0005423	116	82	0.0009000	116	
52	0.0005538	115	83	0.0009115	115	
53	0.0005654	116	84	0.0009235	116	
54	0.0005769	115	85	0.0009347	116	
55	0.0005884	115	86	0.0009462	115	
56	0.0006000	116	87	0.0009577	115	
57	0.0006115	115	88	0.0009693	116	
58	0.0006231	116	89	0.0009809	116	
59	0.0006347	116	90	0.0009924	115	
60	0.0006462	115	91	0.0010039	115	
61	0.0006577	115	92	0.0010154	115	
62	0.0006693	116	93	0.0010269	115	
63	0.0006809	116	94	0.0010384	115	
64	0.0006924	115	95	0.0010500	116	
65	0.0007039	115	96	0.0010616	116	
66	0.0007154	115	97	0.0010731	115	
67	0.0007269	115	98	0.0010846	115	
68	0.0007384	115	99	0.0010961	115	
69	0.0007500	116	100	0.0011076	115	
70	0.0007616	116	101	0.0011191	115	
71	0.0007731	115	102	0.0011307	116	
72	0.0007846	115	103	0.0011423	116	
73	0.0007961	115	104	0.0011539	116	
74	0.0008076	115	105	0.0011654	115	
75	0.0008191	115	106	0.0011769	115	
76	0.0008307	116	107	0.0011884	115	
77	0.0008423	116	108	0.0012000	116	
78	0.0008539	116	109	0.0012115	115	
79	0.0008654	115	110	0.0012231	116	
		115				

Ein Beispiel wird die Anwendung der Tabellen zeigen. Ein Körper, dessen absolutes Gewicht man $= 96.4009 = M$ und dessen Dichtigkeit man $= 2.4987 = \varDelta$ berechnet hat, für den also $\frac{M}{\varDelta} = M - m_{,} = 38.5804$ gleich dem Gewicht des Volumen Wasser von + 4 C. das er verdrängt, ist, wiege in einer Flüssigkeit, deren Temperatur + 28°,5 ist, $56{,}0581 = m_{,,}$. Es wäre dann $M - m_{,,} = 40{,}3428$ und

$$s = \frac{40{,}3428}{38{,}5804} \cdot \frac{1}{R^3}.$$

Ist der Körper von Glas, so ist $\log R^3$ bei + 28°,5 = 0.0002827

Kupfer = 0.0005479

Messing = 0.0005995

Silber = 0.0006345

In diesen 4 Fällen erhielte man das spec. Gew. der Flüssigkeit:

1) für Glas $s = 1{,}04500$

2) für Kupfer $s = 1{,}04436$

3) für Messing $s = 1{,}04424$

4) für Silber $s = 1{,}04415$

hätte man auf die kubische Ausdehnung des Körpers gar keine Rücksicht genommen, so würde man

$s = 1{,}04568$ erhalten haben.

Hieraus geht hervor, dafs der Einflufs der kubischen Ausdehnung sehr bedeutend ist. Sollte daher ein Salinist sich der angehängten Sooltafeln bedienen wollen, so ist es durchaus nöthig, die von dieser Ausdehnung abhängigen Reductionen des spec. Gew. zu machen, um richtige Angaben über den Salzgehalt u. s. w. daraus ableiten zu können, besonders wenn er sich einer metallenen Soolspindel zu bedienen pflegt. Diese Reductionen sind übrigens vermittelst der gegebenen Hülfstafeln leicht zu machen, und es bedarf wohl keiner weiteren Auseinandersetzung, dafs diese überhaupt für die Aräometer und Soolspindeln mit

Auflegegewichten wie für die hydrostatische Waage anwendbar sind. Beim Aräometer und der Soolspindel mit Auflegegewichten ist bekanntlich:

$$s = \frac{M_{,}}{M},$$

d. h. das spec. Gew. der Flüssigkeit ist gleich dem absoluten Gewicht der verdrängten Flüssigkeit, dividirt durch das absolute Gewicht des verdrängten Wassers. Das absolute Gewicht der Flüssigkeit wird durch den Apparat unmittelbar angegeben, und M das absolute Gewicht des verdrängten Wassers von + 4° C. mufs ein für allemal bestimmt werden wie vorher $M - m_{,}$. Damit sodann die kubische Ausdehnung berücksichtigt werde, mufs man mit $\frac{1}{R^3}$ multipliciren, also:

$$s = \frac{M_{,}}{M} \cdot \frac{1}{R^3}.$$

Sind die Aräometer oder Soolspindel für eine bestimmte Temperatur, z. B. für + 15° R. = 18°,75 C. angefertigt und nennt man das mittelst derselben gefundene spec. Gew. für die Einheit dieser Temperaturen $s_{,}$, so hat man dies mit dem spec. Gew. des Wassers bei 15° R., d. i. mit 0,998537 zu multipliciren, um das spec. Gew. auf die Einheit zu bringen, die in den angehängten Tabellen angenommen worden ist. Also ist

$$s = s_{,} \cdot \frac{0{,}998537}{R^3}.$$

§. 7.
Berechnung der Formel für das specifische Gewicht.

Nachdem ich die specifischen Gewichte für die 39 verschiedenen Soolen auf die angegebene Weise berechnet hatte, ging ich zur Entwicklung der allgemeinen Formel, vermittelst welcher man das spec. Gew. irgend einer Kochsalzsoole von beliebigem Procentgehalte und beliebiger Temperatur berechnen könne, über.

Das spec. Gew. einer Soole ist eine Function der Temperatur und des Procentgehaltes

$$s = f(t, p).$$

Für ein bestimmtes p kann man also s in einer Reihe, die nach Potenzen von t fortgeht, darstellen:

$$s = \alpha + \beta t + \gamma t^2 + \delta t^3 + \ldots.$$

Die Gröfsen α, β, γ, δ, ... in dieser Reihe sind nun offenbar Functionen des Procentgehalts, und man kann sie daher in Reihen, die nach Potenzen von p fortlaufen, entwickeln:

$$\begin{aligned}
\alpha &= A + Bp + Cp^2 + Dp^3 + \ldots. \\
\beta &= A_{,} + B_{,}p + C_{,}p^2 + \ldots. \\
\gamma &= A_{,,} + B_{,,}p + C_{,,}p^2 + \ldots. \\
\delta &= A_{,,,} + B_{,,,}p + \ldots.
\end{aligned}$$

Die allgemeine Formel für s ist daher:

$$\begin{aligned}
s = {} & A + Bp + Cp^2 + Dp^3 + \ldots. \\
& + (A_{,} + B_{,}p + C_{,}p^2 + \ldots.)t \\
& + (A_{,,} + B_{,,}p + C_{,,}p^2 + \ldots.)t^2 \\
& + (A_{,,,} + B_{,,,}p + \ldots. \qquad)t^3 \\
& + \ldots.
\end{aligned}$$

Es war nun die Aufgabe, die Constanten $ABCD$.... $A_{,}B_{,}C_{,}$.... u. s. f. durch die beobachteten Werthe zu bestimmen, und in der Entwicklung der Reihen so weit zu gehen, dafs die berechneten Werthe sich den beobachteten genügend annäherten.

Einige dieser Constanten konnten schon vorher als bestimmt angenommen werden. Für $p = 0$, also für das Wasser geht die Formel in

$$s = A + A_{,}t + A_{,,}t^2 + A_{,,,}t^3 \ldots. \text{ über,}$$

und um die Formel für das spec. Gew. der Soolen sich gut an die des Wassers anschliefsen zu lassen, nahm ich die Constanten $A\,A_{,}\,A_{,,}\,A_{,,,}$ aus der von Hallström gegebenen oben angeführten Formel, nämlich:

$$A = 0{,}9998884 \qquad A_{,} = 0{,}0000575836$$
$$A_{,,} = -0{,}00000755696 \qquad A_{,,,} = 0{,}0000000342972$$

Da ferner Hallström in der Entwicklung der Reihe beim Wasser nicht weiter wie bis zur 3ten Potenz gegangen ist, und es aus der Beobachtung hervorgeht, dafs die Soolen sich um so regelmäfsiger ausdehnen, je concentrirter sie sind; so nahm ich an, dafs für eine concentrirte Soole von 27 Procent die beiden Glieder $(A_{,,,}+B_{,,,}p)t^3$ Null würden. Statt dieser beiden Glieder setzte ich also

$$A_{,,,}\left(\frac{27-p}{27}\right)t^3,$$

was für $p=27$ zu Null, und für $p=0$ zu $A_{,,,}$ wird.

Substituirt man den Werth von $A_{,,,}$ aus Hallström's Formel, so erhält man:

$$(0{,}0000000342962 - 0{,}0000000012702p)t^3.$$

Die Formel für s war demnach schon:

$$\begin{aligned} s = {} & 0{,}9998884 + Bp + Cp^2 + Dp^3 \\ & + (0{,}0000575836 + B_{,}p + C_{,}p^2)t \\ & + (-0{,}00000755696 + B_{,,}p + C_{,,}p^2)t^2 \\ & + (0{,}0000000 - 0{,}0000000012702p)t^3 \end{aligned}$$

und es bleibt nur noch übrig, die Constanten $B\,C\,D\;B_{,}\,C_{,}\;B_{,,}\,C_{,,}$ zu bestimmen. Zur Berechnung wendete ich die Methode der kleinsten Quadrate an, und zwar theilte ich der grofsen Anzahl der Beobachtungen und Constanten wegen die Rechnung in zwei Theile. Zuerst wurden $B\,C\,D$ die Constanten für $t=0$, sodann in einer zweiten Rechnung die andern bestimmt. Aus sämmtlichen Versuchsreihen berechnete ich durch Interpolation die Werthe von

s für $t=0$ aus den dieser Temperatur nahe liegenden beobachteten Werthen, zu welcher Berechnung 140 Beobachtungen verwendet wurden, die 39 wohl sehr genaue Werthe von s für $t=0$ gaben. Diese 39 Werthe wurden in 14 Mittelwerthe vereinigt, welche nun zur Berechnung der Constanten BCD verwendet wurden. Ich führe hier weder die Beobachtungen noch die Rechnungen, welche kein weiteres Interesse haben, an, sondern nur das Resultat der Rechnung, welches beweist, dafs kein Fehler von Bedeutung vorgefallen sein kann, wie ich denn durch öftere Wiederholung aller in dieser Arbeit vorkommenden Rechnungen mich von der Richtigkeit derselben überzeugt habe. Der Ansatz der Rechnung ist:

$$s = 0{,}9998884 + Bp + Cp^2 + Dp^3 \text{ oder}$$

$$s = 0{,}9998884 + 10B\frac{p}{10} + 1000C\frac{p^2}{1000} + 100000D\frac{p^3}{100000}$$

also nach der gewöhnlichen Bezeichnung:

$$a = \frac{p}{10} \qquad x = 10B$$

$$b = \frac{p^2}{1000} \qquad y = 1000C \qquad n = -s + 0{,}9998884$$

$$c = \frac{p^3}{100000} \qquad z = 100000D \qquad S = a + b + c$$

Die Rechnung gab:

	Ordnung a, b, c.	Ordnung c, b, a.	Mittelwerthe.
$\log z$	5,6139689	5,6145477	5,6142583
$\log y$	$4{,}4310342_n$	$4{,}4340017_n$	$4{,}4325180_n$
$\log x$	5,8866830	5,8866900	5,8866865

also $\log B = 4{,}8866865$
$\log C = 1{,}4325180_n$
$\log D = 0{,}6142583$

wo die ganzen Zahlen in Einheiten der 7ten Decimalstelle ausgedrückt sind. Folglich ist

$$s = 0{,}9998884 + 0{,}00770417p - 0{,}0000027828p^2 + 0{,}00000041139p^3$$
$$+ (0{,}0000575836 + B_{,}p + C_{,}p^2)t$$
$$+ (-0{,}00000755696 + B_{,,}p + C_{,,}p^2)t^2$$
$$+ (0{,}0000000342962 - 0{,}0000000012702p)\,t^3$$

Die Summe der Fehlerquadrate $[nn3]$ bei der Berechnung von BCD war 18200000, also der wahrscheinliche Fehler $= \frac{2}{3}\sqrt{\frac{18200000}{14}} = 760$ Einheiten der 7ten Decimalstelle.

Hierauf nahm ich den zweiten Theil der Rechnung, die Bestimmung von $B_{,}\ B_{,,}\ C_{,}\ C_{,,}$ vor. Aus den Beobachtungen wurden 25 Werthe von s genommen, die jeder durch Interpolation aus 10 Werthen erhalten worden waren, so dafs also im Ganzen 250 Beobachtungen der Berechnung dieser 4 Constanten zu Grunde gelegt wurden, und zwar waren die Temperaturen von nahe 0° ausgeschlossen, weil diese schon bei dem ersten Theile der Rechnung angewendet worden waren. Nennt man die Summe aller schon gefundenen Glieder G, so ist

$$s = G + B_{,}pt + C_{,}p^2t + B_{,,}pt^2 + C_{,,}p^2t^2.$$

Der Ansatz der Rechnung ist:

$$a = pt \qquad x = B_{,}$$
$$b = p^2t \qquad y = C_{,} \qquad n = -s + G$$
$$c = p^2t^2 \qquad z = B_{,,} \qquad S = a + b + c + d$$
$$d = p^2t^2 \qquad u = C_{,,}$$

Die Rechnung gab:

	Ordnung $abcd$	Ordnung $dcba$	Mittelwerthe
$\log u$	$8{,}9154493_n$	$8{,}9154022_n$	$8{,}9154258_n$
$\log z$	$0{,}6347235$	$0{,}6347044$	$0{,}6347140$
$\log y$	$0{,}8582797$	$0{,}8582479$	$0{,}8582638$
$\log x$	$2{,}5734161_n$	$2{,}5734030_n$	$2{,}5734096_n$

Also
$$\log B_{,} = 2{,}5734096_n$$
$$\log C_{,} = 0{,}8582638$$
$$\log B_{,,} = 0{,}6347140$$
$$\log C_{,,} = 8{,}9154258_n\ (-10),$$

wo wieder die ganzen Zahlen in Einheiten der 7ten Decimalstelle ausgedrückt sind. Folglich ist die vollständige Gleichung für s

$$(2)\quad s = 0{,}9998884 + 0{,}00770417p - 0{,}0000027828p^2 + 0{,}00000041139p^3$$
$$+ (0{,}0000575836 - 0{,}0000374467p + 0{,}000000721546p^2)t$$
$$- (0{,}00000755696 - 0{,}000000431235p + 0{,}00000000823049p^2)t^2$$
$$+ (0{,}0000000342962 - 0{,}0000000012702p)t^3$$

Die Summe der übrigbleibenden Fehlerquadrate $[nn4]$ bei dieser zweiten Rechnung war 229350000, also der wahrscheinliche Fehler $= \frac{2}{3}\sqrt{\frac{229350000}{25}} = 2020$ Einheiten der 7ten Decimalstelle des specifischen Gewichts. Die Formel giebt also die beobachteten spec. Gew. nur etwa bis zur 4ten Decimalstelle wieder, dennoch wollte ich in der Entwicklung der Reihen nicht weiter gehen, weil die Summen der Fehler mit Rücksicht auf ihr Zeichen nahe zu Null wurden. Der Grund der ziemlich bedeutenden Ungenauigkeit, im Verhältnifs zu den Bestimmungen des spec. Gew. beim Wasser, liegt in der verdoppelten Anzahl von Beobachtungsfehlern, beim Wasser ist nur die eine Wägung zur Bestimmung des spec. Gew. und die Bestimmung der Temperatur der Wägung zu machen. Bei der Untersuchung der Salzsoolen treten hierzu noch zwei Wägungen zur Bestimmung des Procentgehaltes. Bringt man diese Fehlerquellen in Anschlag, so wird man mit dem Resultate von 4 wahrscheinlich richtigen Decimalen des spec. Gew. zufrieden sein können.

Mittelst der gefundenen Formel sind die spec. Gewichte der Kochsalzsoolen in den angehängten Tabellen berechnet und zwar auf 6 Decimalstellen, damit durch die Interpolation für die nicht in den Tabellen enthaltenen Procentgehalte und Temperaturen, ohne auf die zweiten Differenzen Rücksicht zu nehmen, 4 Decimalstellen sicher so erhalten werden können, als wenn sie unmittelbar aus der Formel berechnet worden wären.

Herr Bischof giebt (a. a. O. S. 336) die Formel für das spec. Gewicht der Kochsalzsoolen, wenn Wasser von + 15° R. als Einheit genommen, und $s = 100$ für $p = 0$ gesetzt wird:

$$s = 13{,}2063359 + 0{,}6102337p + \sqrt{7533{,}1401275971 + 16{,}1179p + 0{,}372385182078p^2}$$

bringt man dies auf die Form einer Reihe, die nach Potenzen von p fortgeht, dividirt diese mit 100 und multiplicirt sie mit 0,998537 dem spec. Gew. des Wassers bei + 15° R. = + 18,75° C., um sie auf die Einheit zu bringen, die ich in meiner Formel gebraucht habe, so erhält man:

$$s = 0{,}998537 + 0{,}00702057p + 0{,}000020925p^2$$

für $t = 18°{,}75$ geht aber die von mir gegebene Formel über in:

$$(4)\quad s_{18,75} = 0{,}998537 + 0{,}00714467p + 0{,}00000793281p^2 + 0{,}00000041139p^3.$$

Für die Temperatur, welche als die der gröfsten Dichtigkeit des Wassers angenommen wurde, nämlich + 4° C. ist

$$(3)\quad s_4 = 1, + 0{,}0075612p - 0{,}0000000277p^2 + 0{,}00000041139p^3.$$

Im Allgemeinen ergiebt sich, dafs man durch die Berechnung nach der Formel von Bischof, bei gleichem specifischen Gewicht bei derselben Temperatur und auf dieselbe Einheit reducirt, für die schwächern Soolen einen kleinern und für die concentrirteren Soolen einen gröfseren Procentgehalt erhält, wie nach meinen Tafeln.

II. Von den Temperaturen der Gefrier- und Siedepunkte und von den Sättigungsgraden der Kochsalzauflösungen in Wasser.

§. 8.

Von den Gefrierpunkten der Kochsalzsoolen.

Die Beobachtung der beiden Gränzpunkte des flüssigen Aggregatzustandes: „des Gefrier- und des Siedepunktes" ist bei den Salzauflösungen Schwierigkeiten eigener Art unterworfen. Beide Punkte haben das Gemeinsame, dafs man bei ihnen streng genommen nur einen Augenblick lang dieselbe Flüssigkeit beobachtet. Was zuerst den Gefrierpunkt betrifft, so kann man denselben für die Soolen nicht in der Weise bestimmen, wie beim Wasser. Dieses kann unter Umständen weit unter seinen Gefrierpunkt erkaltet werden, ohne dafs eine Eisbildung eintritt, sodann wird das Quecksilber des Thermometers plötzlich steigen, und zwar kann dies Steigen sich weit über den Gefrierpunkt erstrecken. Nach einiger Zeit indessen wird das Thermometer einen bestimmten Punkt angeben, unter den es beim Gefrieren nicht sinkt, so lange noch flüssiges Wasser vorhanden ist, und über den es beim Aufthauen nicht steigt, so lange sich noch Eis in der Flüssigkeit befindet, abgesehen von den Temperaturunterschieden, die sich zwischen den verschiedenen Schichten der Flüssigkeit zeigen. Ein ganz anderes Verhalten zeigen die Soolen. Man kann diese bis weit unter ihren Gefrierpunkt abkühlen, ohne dafs eine Eisbildung eintritt; z. B. beobachtete ich bei einer Soole von ungefähr 7 Procent einen Thermometerstand von — 13° C. während ihr wahrer Gefrierpunkt etwa bei — 5°,25 C. liegt. Diese Erscheinung tritt bei den Salzsoolen viel leichter ein wie beim Wasser, wo sie zu den Seltenheiten gehört, und nur dann beobachtet wird, wenn das Wasser, ohne im geringsten erschüttert zu werden, einer bedeutenden Kälte ausgesetzt ist, während sie bei den Soolen, trotz der kleinen unvermeidlichen Erschütterungen beim Experimentiren, häufig vorkam. Tritt nun in der Soole eine Eisbildung ein, so steigt das Thermometer, durch die frei werdende Wärme wie beim Wasser, oft weit über den Gefrierpunkt und fällt darauf langsam wieder, ein Stehenbleiben auf einer constanten Temperatur wie beim Wasser ist aber nicht zu erwarten. Denn während beim Wasser die gefrierende Substanz immer dieselbe bleibt, hat man es bei den Soolen mit einer sich fortwährend ändernden zu thun. Gefriert nämlich die Soole, so enthält das Eis nur wenig Salz, welches nach der Meinung einiger Physiker nur in der zwischen den Eiskrystallen haften gebliebenen Soole enthalten, nach Parrot's Angabe aber mit dem Eise zu einem Körper zusammenkrystallisirt ist; der flüssig bleibende Theil der Soole mufs daher nothwendig etwas concentrirter werden, wie er vorher war. Ist nun die äufserere Temperatur nur kalt genug, um in dem zurückgebliebenen flüssigen Theile eine Eisbildung zu bewirken, so wiederholt sich der Procefs, es bildet sich Eis, welches etwas mehr Salz enthält wie das zuerst entstandene und eine wieder etwas concentrirtere Soole bleibt zurück. Bei hinreichend tiefer Temperatur wird man also aus einer schwachen Soole mit einigem Salzverluste durch das Gefrieren zuletzt einen flüssigen Rest ganz concentrirter Soole erhalten. Man hat von dieser Eigenschaft der Soolen sich beim Gefrieren in fast reines Wassereis und concentrirtere Soolen zu zerlegen hin und wieder in nördlichen Gegenden wohl Gebrauch gemacht, um das Einsieden der schwachen Soolen zu ersparen, indem man diese bei kaltem Wetter dem Gefrieren aussetzte, doch scheint dies Verfahren praktisch nicht von grofsem Nutzen zu sein. Man sieht aus diesem Verhalten indessen, dafs man nicht wie beim Wasser warten kann, bis das Thermometer einen constanten Punkt anzeigt, der dann als Gefrierpunkt zu betrachten wäre, sondern nach einmal eingetretener Eisbildung sinkt das Thermometer fortwährend, bis es die Temperatur der Umgebung angenommen hat. Der Beobachtungsfehler würde nun am besten vermieden werden, wenn man eine beträchtliche Quantität von Salzsoole gefrieren liefse; durch das Ausscheiden des ersten Salzes würde die Soole nur unmerklich concentrirter werden, und man hätte recht genaue Bestimmungen zu erwarten, wenn die Temperatur der ersten Eisschicht als die des Frostpunktes angenommen würde: alle Beobachtungen würden unmerklich zu tiefe Frostpunkte geben. Da es aber schwer ist, bedeutende Soolmengen zum Gefrieren zu bringen, und mir der Winter $18\frac{43}{44}$, in welchem ich diese Untersuchungen anstellte, sehr wenig günstig war, um etwa im Freien das Frieren bedeutender Quantitäten noch dazu concentrirterer Soolen zu bewerkstelligen, so mufste ich mich mit den Bestimmungen begnügen, die ich bei kleineren vermittelst künstlicher Kältemischungen zum Gefrieren gebrachten Mengen erhielt. Das Gefäfs, in welchem ich die Soolen gefrieren liefs, war ein Glaskolben, der bis zu dem Punkte, bis zu welchem er gefüllt wurde, 300 Grammen destillirtes Wasser fafste. Vor dem Erkalten und nach demselben, nachdem das Eis wieder aufgethauet und die Soole durch Schütteln wieder homogen gemacht worden war, wurden jedesmal 4 Procentgehaltsbestimmungen gemacht, aus denen das arithmetische Mittel genommen wurde. Der Kolben wurde an einem ruhigen Orte in eine Kältemischung gestellt, sobald die Eisbildung in ihm eintrat, wurde er herausgenommen, und das Thermometer in das Eis gehalten. Durch die beim Frieren freiwerdende Wärme war das Thermometer häufig bedeutend gestiegen, und fiel nur in dem Eise wieder bis nahe auf den Gefrierpunkt der Soole. Es mag diesen nie vollkommen erreicht haben, weil das Eis durch das Herausnehmen des Kolbens aus der Kältemischung wieder aufzuthauen begann; der Fehler kann indessen nicht beträchtlich sein, und wird wahrscheinlich von den unvermeidlichen Beobachtungsfehlern verdeckt werden. Die Kältemischung war für die weniger concentrirten Soolen aus 5 Thl. Salmiak, 5 Thl. Salpeter 8 Thl. Glaubersalz und 16 Thl. feingestoſsenem Eise zusammengesetzt. Um hinlänglich tiefe Temperaturen für concentrirtere Auflösungen zu erhalten, wurde theils Chlorcalcium angewendet, theils in der zuerst genannten Kältemischnng verdünnte Schwefelsäure (4 Thl. Säure und 1 Thl. Wasser) abgekühlt, nnd diese mit Eis im Verhältniſs 1:3 vermischt. Aus 53 Beobachtungen wurden, da einige eine Proportionalität der Gefrierpunktstemperatur zu dem Procentgehalte zeigten, 13 Mittelwerthe bestimmt, mit welchen die Berechnung der Formel nach der Methode der kleinsten Quadrate unternommen wurde.

f_t die Temperatur des Frostpunktes kann als eine Funktion des Procentgehaltes betrachtet, und also in einer Reihe nach Potenzen von p entwickelt werden

$$f_t = Ap + Bp^2 + \dots$$

Der Ansatz der Rechnung war:

$$a = p \qquad x = A \qquad n = f_t$$

$$b = \frac{p^2}{10} \qquad y = 10B \qquad S = a + b$$

Die Rechnung ergab:

	Ordnung a, b.	Ordnung b, a.	Mittelwerthe.
$\log x$	$9{,}8844445_n$	$9{,}8844501_n$	$9{,}8844473_n$
$\log y$	$8{,}3471407$	$8{,}3472922$	$8{,}3472165$

Also
$$\log A = 9{,}8844473_n$$
$$\log B = 7{,}3472165$$

Folglich wird die Reihe:

$$(5) \quad f_t = 0 - 0{,}7663855p + 0{,}00222442p^2.$$

Die Rechnung zeigte ferner, daſs es nicht rathsam war, zu einer höheren Potenz von p zu gehen. Die

Summe der Fehlerquadrate $[nn2]$ war = 1,0588, also ist der wahrscheinliche Fehler $= \frac{2}{3}\sqrt{\frac{1,0588}{13}} = 0^{\circ},19$, eine Gröfse, die weit kleiner ist als die Differenzen, die zwischen den verschiedenen Angaben über das Gefrieren des Meerwassers bestehen.

Man scheint noch nicht darüber einig zu sein, ob das Eis, welches sich beim Gefrieren der Soolen bildet, reines Wassereis ist, zwischen dessen Lamellen und an dessen Oberfläche Soole haften bleibe, weshalb man diesem Eise mitunter einen geringen Salzgehalt zugeschrieben habe, oder ob Salztheile wirklich mit dem Eise zusammen krystallisiren. Parrot behauptet a. a. O. entschieden das letztere, indem er in dem sehr sorgfältig abgewaschenen Eise verschiedener Soolen Salz fand, dessen Menge zunahm, je concentrirter die Soole war. Die geringe Anzahl von Versuchen, die ich über diesen Gegenstand anstellen konnte, bestätigt die Ansicht von Parrot. Wenn sich ziemlich starkes Eis beim Gefrieren der Soole, deren Procentgehalt vorher bestimmt worden war, gebildet hatte, nahm ich es heraus, wusch es mit destillirtem Wasser sorgfältig ab und trocknete es mit Fliefspapier. Hierauf bestimmte ich den Salzgehalt des Eises sowohl, wie den des zurückgebliebenen flüssigen Theiles der Soole, wobei ich fand, dafs das Eis immer beträchtlich weniger, der Rest der Soole immer etwas mehr Salz enthielt als die zuerst angewendete Soole. Ferner überzeugte ich mich, dafs der Salzgehalt des Eises zunahm, je mehr von der Soole fror, und je concentrirter die Soole war, wenigstens geschah bei concentrirtern Soolen die Zunahme des Salzgehaltes im Eise von den zuerst gefrierenden Schichten bis zu den späteren weit schneller wie bei den schwächern.

Parrot erklärt sich den Vorgang beim Gefrieren auf folgende Weise: Er nimmt an, dafs das erste sich bildende Eis ganz aus reinem Wasser gebildet sei, während der

Salzgehalt ausgeschieden und an die nächste Umgebung des Eises abgegeben werde. Die Ausgleichung des Salzgehaltes in der Soole kann aber nicht so schnell vor sich gehen, wie die Mittheilung der Temperatur, denn es vergeht sehr lange Zeit, ehe eine Flüssigkeit, die aus verschieden gesättigten Schichten besteht, im ruhigen Zustande homogen geworden ist, während die Temperatur bald in der ganzen Flüssigkeit dieselbe ist. Folglich werden die Eiskrystalle bei ihrem Wachsen immer mehr Salz einschliefsen, bis zuletzt eine concentrirte Soole übrig bleibt. Aus dieser mufste sich bei noch weiterem Erkalten Salz ausscheiden, doch will Parrot dies nie bemerkt haben, wenigstens nicht unzweifelhaft, und es kann wohl sein, dafs bei Anwendung geringer Mengen von Soole der kleine Rest concentrirter Soole sich capillarisch zwischen den Eiskrystallen in die Höhe zieht, indem diese Krystalle nie eine feste Masse bilden, sondern aus Spiefsen und Blättchen bestehen, welche hinlängliche Zwischenräume haben, um den Rest der Soole zwischen sich aufzunehmen. Bei Abkühlung von ganz concentrirten Soolen habe ich eine deutliche Ausscheidung von Salz wahrgenommen, worüber ich später noch Einiges anführen werde.

Da die Thatsache festzustehen schien, dafs in dem Eise der Soolen Salz in verschiedenen Verhältnissen eingefroren ist, so wäre es interessant gewesen zu entscheiden, ob die verschiedenen Beimengungsverhältnisse Einflufs auf die Krystallform des Eises ausüben. Schon Parrot bemerkte, dafs die zuerst sich bildenden Eiskrystalle spiefsförmig in die Soole hineingingen, dafs aber das später gebildete Eis von blättriger Structur sei. Einige Gefrierversuche, die ich gemacht habe, gaben mir zwar keine Resultate über die Structur der Eiskrystalle in den Salzsoolen, lieferten aber andere, vielleicht nicht uninteressante Resultate. Ich setzte nämlich destillirtes, abgekochtes, Regen- und Brunnen-Wasser, ferner Soolen von etwa 1, 2, 3 und 4 Procenten Salzgehalt in cylindrischen Glasgefäfsen unter einer ziemlich dicken Leinölschicht im Freien dem Gefrieren aus. Das Eis hatte in allen Gläsern ein merklich verschiedenes Ansehen. Einen schönen Anblick gewährte das Eis des destillirten Wassers, in welchem sich die Luftblasen zu langen Fäden ausgedehnt und strahlenförmig um eine Axe gruppirt hatten. Beim Regenwasser war zwar diese Regelmäfsigkeit der Erscheinung nicht bemerkbar, doch dehnten sich auch hier die Luftblasen aus und strebten nach einer Axe hin. Im abgekochten Wasser waren die Luftblasen nicht mehr fadenförmig, obwohl auch hier noch eine Gruppirung um eine Axe ersichtlich war. Im Eise des Brunnenwassers waren die Luftblasen von ganz unregelmäfsiger Form und Lage, aber in grofser Menge vorhanden, so dafs das Eis undurchsichtig wurde, während es beim destillirten und Regenwasser durchaus klar war. Alles aus reinem Wasser gebildete machte aber eine compakte Masse aus, in der keine blättrige Absonderung, noch einzelne Krystallbildung zu bemerken war. Ganz anders war das Aussehen des Eises aus den Soolen. Luftblasen waren darin gar nicht zu bemerken, das Eis war streifig und locker, indem es aus Nadeln und dünnen Eisblättchen bestand, welche sich unter verschiedenen Winkeln kreuzten. Eine Verschiedenheit unter den, aus den verschiedenen Soolen gebildeten Eisarten habe ich mit Bestimmtheit nicht wahrnehmen können, aufser dafs die nadelförmigen Krystalle seltener und kürzer, und vielleicht die Winkel, unter denen die Eisblättchen sich kreuzten, andere waren, wenn dies nicht Zufälligkeiten sind, die mit dem Salzgehalte des Eises in gar keinem Zusammenhange stehen.

§. 9. Von den Siedepunkten der Kochsalzsoolen.

Mit Fehlern anderer Art sind die Beobachtungen der Siedepunkte der Soolen behaftet. Das Thermometer giebt vermöge seiner Trägheit nicht augenblicklich die Temperatur der Flüssigkeit an; im Augenblicke des Siedens der Soole hat das Thermometer daher noch nicht die Siedetemperatur angenommen, und man mufs die Soole deshalb einige Zeit im Sieden erhalten. Während des Kochens steigt nun der Thermometer fortwährend, was daher rührt, dafs fortwährend etwas Wasser aus der Soole verdampft, diese concentrirter wird und deswegen einen höhern Kochpunkt angiebt. Um genaue Resultate zu erhalten, müfste man folglich in demselben Augenblicke die Temperatur ablesen, und die Bestimmung des Procentgehalts machen. Streng genommen ist dies nicht möglich, weshalb unvermeidlich ein Beobachtungsfehler entsteht, der aber unbedeutend gemacht werden kann, wenn man eine beträchtliche Menge der Soole der Untersuchung unterwirft. Bedeutender ist der Fehler, den man beim Ablesen der Siedetemperatur am Thermometer begehen kann, und der durch das Aufstofsen beim Kochen und durch das Uebersättigen der Soolen hervorgebracht wird. Das Aufstofsen vermeidet man, indem man Stücken Zink in die Soole wirft, wie dies Legrand angegeben hat, wodurch ein ruhiges Sieden hervorgebracht wird. Ist die Soole so concentrirt, dafs sich fortwährend Salz ausscheidet, so entstehen Schwankungen im Thermometer, indem das Quecksilber stofsweise steigt und fällt; es steigt, so lange das Salz sich in der Flüssigkeit aufgelöst befindet, sobald sich aber Salz ausscheidet, fällt es plötzlich. Im ersten Falle wird die Soole immer concentrirter, sie übersättigt sich, die Temperatur ist deshalb zu hoch. Sondert sich aber Salz ab, so wird der Procentgehalt plötzlich vermindert und das Thermometer giebt dann die, diesem verminderten Procentgehalte entsprechende Siedetemperatur an. Man mufs deswegen die Temperaturen während des Ausscheidens des Salzes als die Siedetemperaturen ablesen. Von jeder Soole, deren Kochpunktstemperatur bestimmt war, wurden sogleich 4 Proben zu Procentgehaltsbestimmungen genommen. Natürlich wurde bei den Beobachtungen auch darauf Rücksicht genommen, ob der Kochpunkt des reinen Wassers wegen des Barometerstandes während der Beobachtungen höher oder tiefer als 100° lag, und diese Differenz in Rechnung gebracht. Im Ganzen beobachtete ich 49 Kochpunkte, aus denen durch Interpoliren 9 Mittelwerthe bestimmt wurden. Diese 9 Werthe wurden zur Berechnung der Formel für K_t oder die Temperatur des Kochpunkts angewendet, wobei K_t als Function von p betrachtet und daher in einer Reihe nach Potenzen von p

$$K_t = 100 + Ap + Bp^2$$

entwickelt wurde.

Der Ansatz der Rechnung war also:

$$a = p \qquad A = x \qquad n = 100 - K_t$$
$$b = p^2 \qquad B = y \qquad S = a + b$$

Die Rechnung ergab:

	Ordnung a, b.	Ordnung b, a.	Mittelwerthe.
$\log x =$	9.3069374	9.3069340	9.3069357
$\log y =$	7.5459169	7.5459250	7.5459210

$$\log A = 9.3069357 \qquad \log B = 7.5459210$$

(6) Folglich $K_t = 100 + 0.20274p + 0.003515p^2$.

Die Summe der Fehlerquadrate $[nn2]$ war 0,4788, also ist der wahrscheinliche Fehler $= \frac{2}{3}\sqrt{\frac{0{,}4788}{9}} = 0^\circ{,}154$.

Die nach dieser Formel berechneten Werthe für die Kochpunktstemperatur der Soolen halten ungefähr die Mitte zwischen den von Bischof und den von Legrand gegebenen Zahlen. Einen Vergleich bietet die folgende Tafel für die Kochpunkte von 5 Soolen, von resp. 5, 10, 15, 20, 25 Procent dar. Die erste Columne giebt den Procentgehalt der Soole, die zweite die Kochpunktstemperatur derselben nach Bischof, die 3te diese Gröfse nach der Formel K_t, die 4te dieselbe nach Legrand in Graden des hunderttheiligen Thermometers.

p	Bischof	*Kt*	Legrand
0	100,00	100,00	100,00
	150	110	80
5	101,50	101,10	100,80
	153	128	95
10	103,03	102,38	101,75
	160	145	125
15	104,63	103,83	103,00
	163	163	160
20	106,26	105.46	104,60
	167	181	200
25	107,93	107,27	106,60

§. 10. Die Sättigungsgrade der Kochsalzsoolen.

Es ist früher behauptet worden, Wasser löse bei allen Temperaturen eine gleich grofse Menge Kochsalz auf. **Fuchs** hat hierüber eine Untersuchung angestellt, durch welche er diese Meinung bestätigt zu finden meinte. Er gab ferner an, dafs die geringste Beimengung von fremden Bestandtheilen, besonders von erdigen Salzen, diese Eigenschaft des Kochsalzes verändere, und dafs nur bei Soolen von einem solchen verunreinigten Salze eine Ausscheidung des Salzes durch Abkühlen zu erreichen wäre. Ihm widersprach **Unger**, der bei der Untersuchung der Soolen von durchaus reinem Kochsalze dennoch bei Erhöhung der Temperatur eine Zunahme des Procentgehaltes fand. Bei so entgegengesetzten Meinungen schien es mir interessant, die Untersuchung über die Sättigungsgrade noch einmal vorzunehmen, besonders da man bei der Einrichtung der Tabellen hierauf wird Rücksicht zu nehmen haben. Denn wenn es richtig ist, dafs Wasser bei verschiedenen Temperaturen verschiedene Salzmengen auflöst, so kann eine Soole, die bei $+10^{\circ}$ gesättigt ist, bei $+9^{\circ}$ nicht mehr bestehen, man darf also dann in den Tabellen Soolen nicht mehr bei niedrigeren Temperaturen anführen, als bei welchen ihre Sättigung bestimmt ist. Die niedrigste Temperatur, bei der eine Soole noch bestehen kann, will ich die Sättigungstemperatur $\mathfrak{S}_t$ nennen, während der zu $\mathfrak{S}_t$ gehörige Procentgehalt mit dem Namen Sättigungsgrad P bezeichnet werden mag. Zuerst wollte ich mich überzeugen, ob eine Abnahme des Procentgehalts bei Erniedrigung der Temperatur überhaupt wahrzunehmen sei. Ich erwärmte deshalb eine schon sehr concentrirte Soole bis + 109°; nachdem sie einige Zeit gekocht und sich Salz ausgeschieden hatte, liefs ich sie etwas abkühlen, so lange, als noch kleine Salzkrystalle in der Flüssigkeit suspendirt erschienen. Als sie ganz klar geworden war, machte ich 4 Procentgehaltsbestimmungen und setzt sie darauf in eine Kältemischung, in der ich sie bis — 4° abkühlte. Nachdem sich die Flüssigkeit, die sich inzwischen etwas getrübt hatte, einige Zeit in dieser Temperatur erhalten und wieder klar geworden war, machte ich wiederum 4 Procentgehaltsbestimmungen, durch die sich eine unzweifelhafte Abnahme des Salzgehaltes etwa von 2,5 Proc. bei Erniedrigung der Temperatur um 105° ergab. Das angewendete Kochsalz war durchaus rein, indem es, wie schon früher gesagt, aus Salzsäure und kohlensaurem Natron zusammengesetzt war. Als die Thatsache mir festzustehen schien, dafs die Auflösungskraft des Wassers für Kochsalz bei verschiedenen Temperaturen allerdings verschieden sei, ging ich zur genauern Bestimmung von P und $\mathfrak{S}_t$ über. Eine Soole, von deren Sättigung ich mich überzeugt halten konnte, da sie einige Wochen über Salz gestanden hatte, und häufig umgeschüttelt worden war, wurde zu dem Versuche genommen. Zuerst bestimmte ich ihren Procentgehalt bei der Temperatur die sie grade hatte. Dann erwärmte ich sie, wobei fortwährend Wasser verdampfte, und die Soole durch Umrühren gleichmäfsig concentrirt erhalten wurde. Während des Erwärmens machte ich bei verschiedenen Temperaturen Procentgehaltsbestimmungen und zwar jedesmal 4, aus denen ich das arithmetische Mittel nahm. Als die Soole anfing zu kochen, hörte ich mit dem Erwärmen auf, weil das bedeutend starke Ausscheiden von Salz die Bestimmungen ungenau gemacht hätte, indem leicht Salzkrystalle in die Proben, die zur Salzgehaltsbestimmung dienten, hätte kommen können. Dagegen wurde die Soole nun abgekühlt und für die niedrigern Temperaturen dasselbe Verfahren wiederholt. Im Ganzen bestimmte ich für 51 Temperaturen den Procentgehalt. Aus diesen 51 Beobachtungen wurden durch Interpolation 12 Mittelwerthe gefunden, die ich bei der Berechnung der Formel für P benutzte. Den Sättigungsgrad P sah ich als eine Funktion der Temperatur t an, und entwickelte ihn demnach in einer Reihe von Potenzen nach t

$$P = A + Bt + Ct^2$$

Der Ansatz der Rechnung war also:

$$\begin{array}{lll} a = 1 & A = x & \\ b = t & B = y & n = -P \\ c = t^2 & C = z & S = a+b+c. \end{array}$$

Die Rechnung ergab allein aus der Ordnung a, b, c, (da der Divisor $[aa2]$ in der Ordnung c, b, a zu klein war und zu ungenaue Werthe gab):

Ordnung a, b, c.

$$\begin{array}{l} \log x = 1{,}4235570 = \log A \\ \log y = 8{,}2293199 = \log B \\ \log z = 5{,}9550212 = \log C \end{array}$$

folglich

$$(7) \quad P = 26{,}519 + 0{,}0169559t + 0{,}0000901615t^2.$$

Die Summe der Fehlerquadrate $[nn3]$ war $= 0{,}0323$ also ist der wahrscheinliche Fehler $\frac{2}{3}\sqrt{\frac{0{,}0323}{12}} = 0{,}0346p.$

Löst man diese Formel nach t auf, wo dann $\mathfrak{S}_t$ für t und p für P zu setzen ist, so erhält man:

$$(8) \quad \mathfrak{S}_t = -94{,}0307 + \sqrt{8841{,}78 + \frac{p - 26{,}519}{0{,}0000901615}}\,.$$

Daher wird $\mathfrak{S}_t = -94^0{,}0307$ für $p = 25{,}722$; für ein kleines p ist der Werth unter dem Wurzelzeichen negativ, folglich wird $\mathfrak{S}_t$ alsdann imaginär, oder eine Soole, die mit weniger als 25,722 Procent gesättigt wäre, kann es nicht geben, wenn es anders schon des Gefrierens wegen möglich wäre, eine Soole bei so niedriger Temperatur flüssig zu erhalten.

Unger giebt an, dafs nach seinen Untersuchungen

$p = 26{,}535$ für $+1^0$ und

$= 28{,}225$ bei der Siedehitze sei.

Aus der Formel für p findet man:

$p = 26{,}536$ für $t = +1$ und

$p = 29{,}116$ für $t = 100$.

Der Procentgehalt bei $+1^0$ wäre demnach gleich zu nennen, den bei $+100$ gäbe die Formel für P um 0,891 höher an als Unger; jedenfalls scheint es sicher zu sein, dafs Wasser bei verschiedenen Temperaturen eine verschiedene Auflösungskraft für das Kochsalz besitzt. Bischof giebt für $+18^0{,}75$ den Werth von $P = 27{,}40$ an, nach der Formel (7) findet man 26,86, nach Unger würde P noch etwas aber unbedeutend kleiner sein. Die Angabe von Bischof scheint daher entschieden zu hoch. C. J. B. Karsten giebt P für diese Temperatur = 26,75, was mit den von Unger und mir gefundenen Werthen sehr nahe übereinstimmt. Die Angabe von Bergmann *) ist sehr unbestimmt, er sagt dafs

kaltes Wasser in $2\frac{14}{17}$ Theilen, 1 Theil Salz auflöse,
warmes - $2\frac{13}{17}$
demnach enthielte eine kalte gesättigte Soole 26,154p
eine warme 26,562p

zwei Bestimmungen, welche nach allen andern Beobachtern viel zu klein sind, und zeigen, dafs die Soolen nicht vollständig gesättigt waren.

Nach Gay Lussac **) lösen:

100 Th. Wasser von $11^0 - 15^0{,}7$ R. 35,8 Th. Salz auf,
100^0 40,3

also eine gesättigte Soole von $11^0 - 15^0{,}7$ enthält 26,362p
100^0 28,724p

was eine gleich starke Zunahme des Salzgehaltes ergiebt, wie ich sie gefunden habe.

---

*) Kastner's Arch. Bd. VII. **) ebendas.

Aus der Form der Gleichung für P geht hervor, dafs die Kochsalzsoolen kein Maximum des Procentgehaltes haben, wie man dies wohl bei andern Soolen beobachtet hat, sondern dafs mit wachsendem t auch p beständig wächst. Aus den Formeln für $\mathfrak{S}_t$ K_t f_t geht ferner hervor, dafs es eine Soole geben mufs, deren Sättigungstemperatur mit ihrem Kochpunkte unter dem gewöhnlichen Luftdrucke, und eben so eine, deren Gefrierpunkt mit der Sättigungstemperatur zusammenfällt. Nach der Formel K_t kocht nun eine Soole, deren $p = 29{,}5$ ist, bei $+109^\circ{,}04$, ihre Sättigungstemperatur ist aber $+110^\circ{,}6$, folglich kann es unter dem gewöhnlichen Luftdrucke keine Kochsalzsoole von dem Procentgehalte 29,5 geben. Für eine Soole, deren $p = 29{,}4$ ist, findet man nach den Formeln $K_t = +108^\circ{,}99$ $\mathfrak{S}_t = 107^\circ{,}9$, folglich kann eine Soole dieses Procentgehaltes zwischen $107^\circ{,}9$ u. $108^\circ{,}99$ auch bei dem gewöhnlichen Luftdrucke bestehen.

Eine Soole von 26,3 Procent friert nach der Formel für f_t bei $-18^\circ{,}61$, ihre Sättigungstemperatur $\mathfrak{S}_t$ ist $= -14^\circ{,}0$. Diese Soole kann also ihren Gefrierpunkt nicht erreichen, weil sie zu ihrem Bestehen mit dem angegebenen Procentgehalte eine Temperatur von niedrigstens -14° nöthig hat, unter welcher sich Salz ausscheiden mufs. Dagegen ist für eine Soole, deren $p = 26{,}2$ ist, $f_t = -18{,}55$ $\mathfrak{S}_t = -21{,}4$, sie kann daher von ihrem Frostpunkte an mit dem angegebenen Procentgehalte existiren.

III. Vom Maximum der Dichtigkeit der Kochsalzauflösungen.

§. 11.

Die Frage, ob Meerwasser ebenso wie süfses Wasser ein Maximum der Dichtigkeit bei einer Temperatur oberhalb des Gefrierpunktes habe, ist schon oft der Gegenstand der Untersuchung gewesen, und von A. Erman, Muncke, Despretz entschieden mit nein beantwortet worden. Allein es herrscht eine so grofse Verschiedenheit unter den Angaben dieser Physiker, indem Erman — 12° R. = — 15° C., Muncke — 5°,25, Despretz — 3°,67 als die Temperatur des Maximi angeben, dafs es mir der Mühe werth schien, für die reinen Kochsalzauflösungen die von dem Procentgehalt abhängige Temperatur des Maximi der Dichtigkeit zu bestimmen. Wenn das vermittelst dieser Untersuchung gefundene Resultat auch nicht als streng für das Meerwasser geltend wird angesehen werden können, so wird es doch erlaubt sein, es für annähernd richtig zu halten, besonders da es den Vorzug hat, aus einer grofsen Anzahl von Beobachtungen, bei denen man den Einflufs in den Aenderungen von p bemerkte, erhalten worden zu sein.

Aus der oben für s entwickelten allgemeinen Formel läfst sich schon der Werth für die Temperatur des Maximi in einer Reihe nach Potenzen von p fortschreitend berechnen. Die Aufgabe ist diese: es ist die allgemeine Gleichung:

$$\begin{aligned} s = & A + Bp + Cp^2 + Dp^3 \\ & + (A_{,} + B_{,}p + C_{,}p^2)t \\ & + (A_{,,} + B_{,,}p + C_{,,}p^2)t^2 \\ & + (A_{,,,} + B_{,,,}p)t^3 \end{aligned}$$

gegeben, die man auch in folgender Form schreiben kann:

[1] $$\begin{aligned} s = & \alpha_0 + \alpha_{,}t + \alpha_{,,}t^2 + \alpha_{,,,}t^3 \\ & + (\beta_0 + \beta_{,}t + \beta_{,,}t^2 + \beta_{,,,}t^3)p \\ & + (\gamma_0 + \gamma_{,}t + \gamma_{,,}t^2)p^2 \\ & + (\delta_0)p^3 \end{aligned}$$

oder noch kürzer $s = a + bp + cp^2 + dp^3$,

man verlangt t in einer nach Potenzen von p fortlaufenden Reihe ausgedrückt für den Fall, dafs s ein Maximum ist.

Die Gleichung [1] nach t differenzirt giebt, wenn $p =$ Const. und $ds = 0$ gesetzt wird.

[2] $0 = \alpha_{,} + 2\alpha_{,,}t + 3\alpha_{,,,}t^2 + p(\beta_{,} + 2\beta_{,,}t + 3\beta_{,,,}t^2) + p^2(\gamma + 2\gamma_{,,}t)$.

Hieraus müssen die Differenzialquotienten $\frac{dt}{dp}$, $\frac{d^2t}{dp^2}$, $\frac{d^3t}{dp^3}$ entwickelt, und sodann in ihnen $p = 0$, $t = w$ gesetzt werden, wo w die Temperatur des Maximi beim Wasser ist, dann ist

[3] $$t_m = w + \left(\frac{dt}{dp}\right)_{w,0} p + \left(\frac{d^2t}{dp^2}\right)_{w,0} \frac{p^2}{2} + \left(\frac{d^3t}{dp^3}\right)_{w,0} \frac{p^3}{6} \cdots$$

die gesuchte Gleichung für die Temperatur des Maximum. Bestimmen wir jetzt die Differenzialquotienten. Die erste Differenziation von [2] giebt:

$$\begin{aligned} &(2\alpha_{,,} + 2.3.\alpha_{,,,}t) \\ &+ (\beta_{,} + 2\beta_{,,}t + 3\beta_{,,,}t^2)dp + (2\beta_{,,} + 2.3\beta_{,,,}t)p\,dt \\ &+ 2(\gamma_{,} + 2\gamma_{,,}t)p\,dp + 2\gamma_{,,}p^2dt \end{aligned}$$

oder geordnet und der Bequemlichkeit wegen dp als Einheit gesetzt:

[4] $$\left\{\begin{aligned} &\beta_{,} + 2\beta_{,,}t + 3\beta_{,,,}t^2 + 2(\gamma_{,} + 2\gamma_{,,}t)p \\ &\quad + dt(2\alpha_{,,} + 2.3\alpha_{,,,}t + [2\beta_{,,} + 2.3\beta_{,,,}t]p + 2\gamma_{,,}p^2). \end{aligned}\right.$$

Der Faktor von dt heifse M, dann erhält man bei der zweiten Differenziation aus dem ersten Gliede:

$$(2\beta_{,,} + 2.3\beta_{,,,}t + 4\gamma_{,,}p)dt + 2(\gamma_{,} + 2\gamma_{,,}t)dp$$

aus dem zweiten Gliede:

$$(2\beta_{,,} + 2.3\beta_{,,,}t + 4\gamma_{,,}p)dpdt + Md^2t + (2.3\alpha_{,,,} + 2.3\beta_{,,,}t)dt^2.$$

Dies geordnet und $dp = 1$ gesetzt giebt:

[5] $$\left\{\begin{aligned} &2(\gamma_{,} + 2\gamma_{,,}t) + 2.3(\alpha_{,,,} + \beta_{,,,})dt^2 + Md^2t \\ &\qquad + (4\beta_{,,} + 12\beta_{,,,}t + 8\gamma_{,,}p)dt. \end{aligned}\right.$$

Nun [5] zuerst nach t differenzirt:

$$\begin{aligned} 4\gamma_{,,} + Md^3t + \left\{\begin{matrix} 6\alpha_{,,,} + 6\beta_{,,,}p \\ + 12\beta_{,,,}t + 12\alpha_{,,,} \end{matrix}\right\} dtd^2t + 6\beta_{,,,}dt^3 + 12\beta_{,,,}dt^2 \\ + (4\beta_{,,} + 12\beta_{,,,}t + 8\gamma_{,,}p)d^2t \end{aligned}$$

ferner nach p differenzirt:

$$d^2t(2\beta_{\prime\prime} + 2.3\beta_{\prime\prime\prime}t + 4\gamma_{\prime\prime}p + dt(8\gamma_{\prime\prime})$$

und diese beiden Differenziationen zusammengezogen:

[6] $4\gamma_{\prime\prime} + dt(8\gamma_{\prime\prime}) + dt\,d^2t(18\alpha_{\prime\prime\prime} + 6\beta_{\prime\prime\prime}p + 12\beta_{\prime\prime\prime}t) + dt^2(12\beta_{\prime\prime\prime}) + dt^3(6\beta_{\prime\prime\prime}) + d^2t(6\beta_{\prime\prime} + 18\beta_{\prime\prime\prime}t + 12\gamma_{\prime\prime}p) + Md^3t.$

Aus [4], [5] u. [6] erhalten wir nun die 3 Coefficienten der Gleichung [3], wenn wir $p = 0$ und $t = w$ setzen, dadurch werden [4], [5] u. [6]

[7] . . . . $\beta_{\prime} + 2\beta_{\prime\prime}w + 3\beta_{\prime\prime\prime}w^2 + dt(2\alpha_{\prime\prime} + 6\alpha_{\prime\prime\prime}w)$

[8] . . . . $(2\alpha_{\prime\prime} + 6\alpha_{\prime\prime\prime}w)d^2t + 6(\alpha_{\prime\prime\prime} + \beta_{\prime\prime\prime}w)dt^2 + (4\beta_{\prime\prime} + 12\beta_{\prime\prime\prime}w)dt + 2\gamma_{\prime} + 4\gamma_{\prime\prime}w$

[9] $4\gamma_{\prime\prime} + dt(8\gamma_{\prime\prime}) + dt.d^2t(18\alpha_{\prime\prime\prime} + 12\beta_{\prime\prime\prime}w) + dt^2(12\beta_{\prime\prime\prime}) + dt^3(6\beta_{\prime\prime\prime}) + (6\beta_{\prime\prime} + 18\beta_{\prime\prime\prime}w)d^2t + (2\alpha_{\prime\prime} + 6\alpha_{\prime\prime\prime}w)d^3t.$

Folglich werden die Coefficienten der Gleichung [3]

[10] . . . . $\left(\frac{dt}{dp}\right)_{w,0} = \frac{-\beta_{\prime} - 2\beta_{\prime\prime}w - 3\beta_{\prime\prime\prime}w^2}{2\alpha_{\prime\prime} + 6\alpha_{\prime\prime\prime}w}$

[11] $\left(\frac{d^2t}{dp^2}\right)_{w,0} = \frac{-6(\alpha_{\prime\prime\prime} + \beta_{\prime\prime\prime}w)\left(\frac{dt}{dp}\right)^2_{w,0} - (4\beta + 12\beta_{\prime\prime\prime}w)\left(\frac{dt}{dp}\right)_{w,0} - 2\gamma_{\prime} - 4\gamma_{\prime\prime}w}{2\alpha_{\prime\prime} + 6\alpha_{\prime\prime\prime}w}$

[12] . . . . $\left(\frac{d^3t}{dp^3}\right)_{w,0} =$

$$\frac{-(6\beta_{\prime\prime} + 18\beta_{\prime\prime\prime}w)\left(\frac{d^2t}{dp^2}\right)_{w,0} - (6\beta_{\prime\prime\prime})\left(\frac{dt}{dp}\right)^3_{w,0}(-12\beta_{\prime\prime\prime})\left(\frac{dt}{dp}\right)^2_{w,0} - (18\alpha_{\prime\prime\prime} + 12\beta_{\prime\prime\prime}w)\left(\frac{dt}{dp}\right)_{w,0}\left(\frac{d^2t}{dp^2}\right)_{w,0} - (8\gamma_{\prime\prime})\left(\frac{dt}{dp}\right)_{w,0} - 4\gamma_{\prime\prime}}{2\alpha_{\prime\prime} + 6\alpha_{\prime\prime\prime}w}.$$

Setzt man nun successive in die Formeln [10] u. [11] die numerischen Werthe für die $\alpha\beta\gamma$ ein, nämlich:

$$\left.\begin{aligned}
\alpha_{,,} &= -0.00000755696000 \\
\alpha_{,,,} &= +0.00000003429620 \\
\beta_{,} &= -0.00003744640000 \\
\beta_{,,} &= +0.00000043123500 \\
\beta_{,,,} &= -0.00000000127020 \\
\gamma_{,} &= +0.00000072154600 \\
\gamma_{,,} &= -0.00000000823049
\end{aligned}\right\} \text{nach der Formel für } s.$$

$w = +3.92$ nach Hallström's Formel,

so wird die Gleichung [3]

$$[13] \qquad t = +3,92 - 2,4p - 0,06p^2.$$

Der 3te Coefficient $\left(\frac{d^3t}{dp^3}\right)_{w,0}$ wurde nicht aus [12] berechnet, sondern direkt aus der Formel für s gefunden, indem in diese $p = 10$ und $p = 20$ eingesetzt und der Werth von t gesucht wurde, wo s ein Maximum ist. Dies gab:

für $p = 10$	für $p = 20$
$t = -25^\circ,1$	$t = -65^\circ,1$

dagegen findet man nach der Formel [13]

für $p = 10$	für $p = 20$
$t = -26^\circ,1$	$t = -68^\circ,1$

daraus folgt für den Werth des Coefficienten c von p^3

im ersten Falle $c.10^3 = 1$ also $c = +0,0010$
im zweiten Falle $c.20^3 = 3$ also $c = +0,0004$

folglich im Mittel $c = \left(\frac{d^3t}{dp^3}\right)_{w,0} = +0,0007$.

Die ganze Reihe für die Temperatur des Maximi

$$(9) \; [14] \qquad t_m = +3,92 - 2,4p - 0,06p^2 + 0,00007p^3.$$

§. 12.

Zur Prüfung der Richtigkeit dieser Reihe hatte ich aber nur wenige Beobachtungen. Bei den Soolen nimmt nämlich, wie auch schon aus dieser Formel hervorgeht, die Temperatur des Maximi mit wachsendem p so schnell ab, dafs sie schon bei niedrigem Procentgehalte unterhalb des Gefrierpunktes der Soole liegt. Directe Beobachtungen mittelst der hydrostatischen Waage wird man also nur in geringer Anzahl machen können; denn wenn man auch im Stande ist, eine Soole bis weit unter ihren Gefrierpunkt abzukühlen, ohne dafs eine Eisbildung eintritt, so kann man dieses doch nur dadurch erreichen, dafs man sie unbewegt erhält, eine Bedingung, die bei der Wägung mittelst der hydrostatischen Waage und des Aräometers nicht erfüllt werden kann.

Man mufs sich also, um das Maximum der Dichtigkeit beobachten zu können, einer andern Methode zuwenden, deren mehre vorgeschlagen worden sind. Die Ausdehnungsmethode, deren sich Hallström, Despretz, Muncke u. A. bedient haben, wählte ich derselben Gründe wegen nicht, die mich dieselbe bei der Bestimmung der spec. Gew. der Soolen verwerfen liefsen. Die Methode der Abkühlung schien mir bei weitem einfacher zu sein, und ebenfalls gute Resultate zu versprechen. Unter den verschiedenen Abkühlungsmethoden wählte ich wiederum die einfachste, nämlich die von A. Erman, vermittelst welcher es mir gelang, bis — 10° C. ein Maximum zu beobachten, was freilich um die Richtigkeit der für t_m gefundenen Reihe auch für gröfsere p zu prüfen, nicht ausreichend ist, aber für die schwächeren Soolen eine genügende Controlle gab.

Die Methode besteht einfach darin, dafs man die Abkühlungszeiten für die Temperaturen beobachtet, die von einem in der Flüssigkeit befindlichen Thermometer angegeben werden: die Temperatur, bei welcher die Abkühlung am langsamsten von Statten geht, ist die des Maximi der Dichtigkeit. Die überraschende Einfachheit dieser Methode scheint Mifstrauen gegen dieselbe erweckt zu haben, da meines Wissens nach A. Erman kein Physiker von derselben Gebrauch gemacht hat, dennoch hätte sie gerade der Leichtigkeit wegen, mit welcher vermittelst derselben die Beobachtungen anzustellen sind, eine besondere Berücksichtigung wohl verdient. Es möchte schwer sein, einen theoretischen Grund für die Richtigkeit der Methode zu geben; vielleicht liegt er darin, dafs die Richtung der Bewegung in den Theilen der Flüssigkeit beim Maximum der Dichtigkeit umgekehrt, nämlich eine Zusammenziehung in eine Ausdehnung verwandelt wird, dafs also in dem Beharrungsvermögen der Grund zu suchen wäre, weshalb eine gröfsere Zeit erfordert wird, die Bewegung bei veränderter Richtung um gleich viel fortzusetzen, als bei gleichbleibender.

Sei dem wie ihm wolle, sowohl die Beobachtungen, die ich zur Prüfung der Methode zuerst mit destillirtem Wasser anstellte, als auch die späteren bei Soolen gemachten, zeigten deutlich die Zweckmäfsigkeit des eingeschlagenen Weges. Ein Kolben von dünnem Glase, der bis zu dem Punkte, bis zu welchem er gefüllt war, etwa 120 Grammen Wasser fafste, wurde in eine Kältemischung gestellt. In das Wasser (später in die Soole) wurde das oben erwähnte bis auf 0°,2 R. getheilte Thermometer so weit eingesenkt, dafs die Skale desselben gerade beim Niveau der Flüssigkeit anfing. Beim Beginn des Versuchs wurde der Kolben schnell in die Kältemischung getaucht, zugleich die Temperatur abgelesen und mit dem Zählen der Zeittheile, entweder nach einem Sekundenpendel oder einem Chronometer, welches 0″,4 schlug, der Anfang gemacht *). Zur Elimination des Fehlers, der aus der Träg-

*) Bei diesen Versuchen wurde ich durch die Hrn. Dr. v. Feilitzsch und M. Rosenstiel gütigst unterstützt, die das Zählen übernah-

heit des Thermometers hervorgehen mufste, wurden ebenso wie die Abkühlungszeiten auch die Erwärmungszeiten beobachtet, indem die Flüssigkeit, sobald sie bis unterhalb des Maximi abgekühlt worden war, aus der Kältemischung entfernt und durch die Temperatur der umgebenden Luft langsam erwärmt wurde. Das Herausnehmen der Flüssigkeit mufste sehr vorsichtig geschehen, weil es öfter vorkam, dafs die Flüssigkeit, die meist weit unter ihren Gefrierpunkt abgekühlt war, bei der Erschütterung plötzlich fast ganz gefror. A. Erman hat bei seinen Versuchen wegen der schnellen Angaben seines Thermometers wahrscheinlich nicht nöthig gehabt, auf die Trägheit desselben Rücksicht zu nehmen, bei dem von mir benutzten grofsen und etwas trägen Instrumente war diese Vorsicht durchaus nöthig.

Die Zeiteinheit war bei den Versuchen bald 1″ bald 0″,4, natürlich bei jeder Versuchsreihe dieselbe. Beispielsweise führe ich hier eine Versuchsreihe bei destillirtem Wasser an. Die Temperatur der Kältemischung betrug zu Anfang des Versuchs —4°,2, zu Ende —3°,9, die der Luft + 12°.

Temperatur d. Flüssigkeit nach R.	Abkühlungszeit	Temperatur d. Flüssigkeit nach R.	Erwärmungszeit
+14° ÷ +12	5	+1° ÷ +1,2	32
10	7	4	35
8	11	6	23
5,4	27	8	18
4,8	11	2,0	16
4,2	20	2	23
3,8	20	4	18
6	15	6	25
4	11	7	18
2	20	8	12
0	30	3,0	30

men, während ich die Temperaturen angab; sobald ich eine Temperatur bezeichnete, wurde mir die seit der letzten Angabe verflossene Zeit genannt, diese beiden Data wurden sogleich notirt. Eine Täuschung hat also füglich nicht stattfinden können.

Temperatur d. Flüssigkeit nach R.	Abkühlungs-zeit	Temperatur d. Flüssigkeit nach R.	Erwärmungs-zeit
+ 3°,0 ÷ + 2,8 . . .	68	+ 3°,0 ÷ + 3,2 . . .	57
7 . . .	106 t_m	4 . . .	120
6 . . .	46	5 . . .	146
5 . . .	37	6 . . .	175 t_m
4 . . .	16	9 . . .	119
3 . . .	19	4,0 . . .	29
2 . . .	10	1 . . .	31
0 . . .	18	2 . . .	23
1,8 . . .	16	4 . . .	57
6 . . .	16	5 . . .	31
4 . . .	21	6 . . .	24
2 . . .	31	7 . . .	28
0 . . .	33	8 . . .	25
0,8 . . .	37	9 . . .	30
4 . . .	78		

Es ergiebt sich aus dieser Reihe:

t_m beim Abkühlen $= + 2°,7$ R.

t_m beim Erwärmen $= + 3°,6$ R.

folglich im Mittel $t_m = + 3°,15$ R.

nach Hallström $t_m = + 3°,92$ C. $= + 3°,136$ R.

ein wohl hinreichend genaues Resultat, um mit vollem Vertrauen diese Methode zur Bestimmung des Maximi der Dichtigkeit bei den Salzsoolen anzuwenden. Ich führe keine weiteren Beobachtungsreihen für das Wasser an, obwohl ich deren 10 angestellt habe. Als Mittel aus allen 10 Reihen erhielt ich

$t_m = + 3°,16$ R. $= 3°,95$ C. für das Wasser.

Einen Umstand, der sich bei den Versuchen ereignete, kann ich nicht verschweigen, weil er gegen die Methode zu sprechen scheint und leicht Mifstrauen gegen sie erwecken könnte, wenn andere Beobachter durch denselben gestört werden, ohne vorher auf ihn aufmerksam gemacht worden zu sein. Statt des erwähnten Kolbens hatte ich nämlich mitunter andere bald kleinere, bald gröfsere Gefäfse genommen, war dies zu klein, so war durchaus kein Maximum zu bemerken, dasselbe fand Statt, wenn die Kältemischung eine zu niedrige Temperatur hatte, in beiden Fällen ging offenbar die Abkühlung viel zu schnell vor sich, als dafs das Thermometer den Temperaturen hätte folgen können, auch war es leicht möglich, dafs die unvermeidlichen Beobachtungsfehler das wirklich eintretende Maximum verdeckten. War dagegen das Gefäfs zu grofs oder die Temperatur der Kältemischung nicht niedrig genug, so war das Maximum wieder schwer zu erkennen, weil die Flüssigkeit offenbar immer langsamer abgekühlt wurde, je mehr ihre Temperatur mit der der Flüssigkeit übereinstimmte. Es ist mir häufig genug zugestofsen, dafs aus einer dieser Ursachen eine Versuchsreihe ohne Resultat blieb, im Allgemeinen habe ich dann mit dem oben angegebenen Gefäfse stets ein deutliches Maximum erhalten, wenn die Temperatur der Kältemischung nicht zu tief unter der Temperatur des Maximi lag.

Ich lasse nun einige Beobachtungsreihen für Soolen folgen; sie alle aufzuführen schien mir überflüssig, da sie den folgenden ganz ähnlich sind. Der zu den Soolen gehörige Procentgehalt wurde im Mittel aus 4 ÷ 6 Bestimmungen erhalten.

1) $p = 0{,}3807$ Temp. d. Kältemischung $= -5^{\circ}$R. ÷ $-4^{\circ},8$R.
Temperatur der Luft $= +13^{\circ}$R.

a		*b*	
t	Abkühlungszeit	*t*	Erwärmungszeit
$+10^{\circ}$ ÷ $+9^{\circ}$	9	$+1^{\circ},5$ ÷ $+1^{\circ},7$	46
8	12	9	30
7	13	2,0	27
5,8	17	1	31
4,8	27	2	38
6	7	3	41
4	9	4	56
2	10	5	57
0	10	6	89
3,8	13	7	178
6	17	8	214 t_m
4	13	9	146
2	20	3,0	93
0	24	2	84
2,8	28	4	90
6	38	6	55
5	25	8	61

a		*b*	
t	Abkühlungszeit	t	Erwärmungszeit
$+2^{\circ},5 \div +2^{\circ},4$	26	$+3^{\circ},8 \div +4^{\circ},0$	40
3	38	$+4,2$	48
2	48		
1	103 t_m		
0	70		
1,9	34		
8	34		
7	34		
6	30		
5	29		
4	24		
2	36		
$+1,0$	38		

t_m aus *a* $= +2^{\circ},1$ R.

t_m aus *b* $= +2^{\circ},8$ R.

folglich t_m im Mittel $= +2^{\circ},45$ R. $= 3,0625$ C.

2) $p = 1,14795$ Temp. d. Kältemischung $= -7^{\circ}$R. $\div -6^{\circ},6$R.

Temperatur der Luft $= +11^{\circ},5$ R.

a		*b*	
t	Abkühlungszeit	t	Erwärmungszeit
$+11^{\circ} \div +9^{\circ}$	13	$-1^{\circ},0 \div -0^{\circ},8$	61
7	11	6	29
6	6	4	24
5	9	2	14
4	10	$-0,0$	19
2,8	18	$+2$	24
2	16	4	26
0	7	6	31
1,8	10	8	41
6	12	1,0	61
4	15	2	107
2	19	3	209 t_m
0	32	4	40
0,8	56	5	30
7	98	6	26
6	145 t_m	7	33
4	33	8	22
$+0,0$	21	2,0	43
-2	18	2	51
$-0,4$	18	4	50
		6	48
		$+2,8$	48

t_m aus *a* $= +0^{\circ},6$ R.

t_m aus *b* $= +1^{\circ},3$ R.

folglich t_m im Mittel $= +0^{\circ},95$ R. $= 1^{\circ},1875$ C.

Ganz anders wie in diesen beiden Beispielen war der Gang der Abkühlung in:

3) $p = 5{,}7678$ Temp. d. Mischung $= -12°{,}5$ R. ÷ $-12°$ R.
Temper. der Luft $= +12°$ R.

t	Abkühlungszeit	t	Abkühlungszeit
+4° ÷ +3°	5	−6°,7 ÷ −6°,8	8
2	4	9	9
1	6	7,0	7
+0	8	1	11
−1,	10	2	7
4	5	3	14
8	6	4	17
2,2	6	5	16
6	7	6	20
3,0	8	7	18
2	6	8	19
6	10	9	23
8	5	8,0	22
4,0	6	1	18
2	7	2	24
4	7	3	19
6	7	4	26
8	8	5	23
5,0	8	6	27
2	9	7	30
4	8	8	28
6	11	9	29
7	6	9,0	26
8	5	1	33
9	6	2	34
6,0	5	3	27
1	7	4	32
2	5	5	35
3	9	9,6	38
4	6	7	29
5	8	8	40
6,6	6	9	37
7	9	−10,0	42

Bei — 10° R. bildete sich plötzlich Eis, das Thermometer stieg bis + 3° R. und sank darauf im Eise, nachdem der Kolben aus der Kältemischung entfernt worden war, bis — 3°,5 R.

Mit Ausnahme der kleinen Beobachtungsfehler zeigten sich daher durchaus keine Unregelmäfsigkeiten im Gange der Abkühlung, der zunehmend langsamer wurde, je mehr die Temperatur der Soole sich der der Kältemischung nähert.

Im Ganzen beobachtete ich nach dieser Methode 17 Maxima, die ich hier anführen will:

	t_m beim Abkühl. n. R.	t_m beim Erwärm. n. R.	t_m im Mittel nach R.	t_m im Mittel nach Cels.	p
1	+ 2°,1	+ 2°,8	+ 2°,45	+ 3°,0625	0,3807
2	+ 0,6	+ 1,3	+ 0,95	+ 1,1875	1,14795
3	— 0,6	— 0,1	— 0,35	— 0,4375	1,6391
4	1,3	0,6	0,95	1,1875	1,9883
5	1,4	0,6	1,00	1,25	2,1021
6	2,35	1,4	1,875	2,34375	2,3976
7	2,8	1,6	2,2	2,75	2,5845
8	2,7	2,45	2,575	3,21875	2,8381
9	3,85	2,8	3,325	4,15625	3,0476
10	4,5	4,1	4,3	5,375	3,4222
11	4,6	4,7	4,65	5,8125	3,6007
12	4,9	4,7	4,8	6,	3,7123
13	5,85	4,55	5,2	6,5	3,8334
14	5,6	5,3	5,45	6,8125	3,9573
15	6,85	5,9	6,375	7,96875	4,3112
16	7,8	7,1	7,45	9,3125	4,7241
17	— 8,9	— 7,3	— 8,1	10,125	5,0306

Man kann t_m nun als Funktion von p betrachten und in einer Reihe nach Potenzen von p entwickeln:

$$t = + 3^{\circ},92 + Ap + Bp^2 + Cp^3.$$

Die Constanten ABC wurden nach der Methode der kleinsten Quadrate durch die angeführten 17 Werthe bestimmt. Der Ansatz der Rechnung war:

$$a = \frac{p}{10} \qquad x = 10A$$

$$b = \frac{p^2}{100} \qquad y = 100B \qquad n = +3,92 - t$$

$$c = \frac{p^3}{1000} \qquad z = 1000C \qquad S = a + b + c$$

Die Rechnung ergab:

	Ordnung $a, b, c.$	Ordnung $c, b, a.$	Mittelwerthe.
$\log x =$	$1,3683558_n$	$1,3687855_n$	$1,3685707_n$
$\log y =$	$1,0242408_n$	$1,0184165_n$	$1,0213287_n$
$\log z =$	0,3521825	0,3120232	0,3321030

Also
$$\log A = 1{,}3685707_n$$
$$\log B = 9{,}0213287_n$$
$$\log C = 7{,}3321029$$

Folglich:

(10) $t_m = +3^{\circ},92 - 2{,}3365 p - 0{,}10503 p^2 + 0{,}002148 p^3.$

Hätte man die Werthe aus Ordnung c, b, a allein nehmen wollen, die wegen des gröfseren Divisors $[aa2]$ zuverlässiger erschienen, so würde man

(11) $t_m = +3^{\circ},92 - 2{,}33768 p - 0{,}104332 p^2 + 0{,}0020513 p^3$

erhalten haben.

Die Summe der Fehlerquadrate $[nn3]$ fand sich $= 0{,}258$, folglich ist der wahrscheinliche Fehler $\frac{2}{3}\sqrt{\frac{0{,}258}{17}} = 0{,}082$.

Vergleicht man diese beiden Formeln mit der oben für t_m gefundenen (9):

(9) $t_m = +3^{\circ},92 - 2{,}4 p - 0{,}06 p^2 + 0{,}0007 p^3$,

so findet man sie dieser in der Form ganz gleich, in den Werthen der Coefficienten zwar nicht unbedeutend abweichend, doch hat diese Verschiedenheit erst auf Soolen von grofsem p Einflufs, für welche die Formel t_m weder verbürgt werden soll noch überhaupt von Interesse ist. Für die Soolen geringeren Procentgehaltes dagegen findet man nach allen 3 Formeln t_m nahezu von gleicher Gröfse, ein Resultat, welches bei der Verschiedenheit der angewendeten Methoden wohl genügend genannt werden kann.

Zur Vergleichnng mit den aus diesen Formeln für t_m berechneten Werthen habe ich, was reine Kochsalzsoolen, nicht das Meerwasser betrifft, nur wenige Angaben finden können, es sind dies folgende:

A. Erman giebt in der angeführten Abhandlung an, dafs eine Soole von 1,020 spec. Gewicht, deren Gefrierpunkt — 1°,25 R. sei, kein Maximum habe, dafs dagegen das Maximum einer Soole von 1,010 spec. Gewicht bei + 1°,50 R. läge. Nimmt man an, dafs die Einheit des spec. Gewichtes, das Wasser von + 15° R. sei, so sind die resp. spec. Gewichte der beiden Soolen auf die Einheit des Wassers von + 4° reducirt 1,018508 und 1,008523. Für Soolen dieses spec. Gew. bei + 18°,75 C. findet man nun in den angehängten Tabellen folgende Angaben:

1) für eine Soole, deren s bei $+18°,75 = 1,018508$ ist, sind ungefähr

$p = 2,8 \quad f_t = -2°,1\,C. = -1°,75\,R. \quad t_m = -3°,2\,C.$

2) für eine Soole, deren s bei $+18°,75 = 1,008523$ ist, sind:

$p = 1,4 \quad f_t = -1°,07\,C. \qquad t_m = +0°,44\,C.$

Die erstere Soole hat also allerdings kein Maximum, weil dieses unterhalb ihres Gefrierpunktes liegt, sie wird aber eins haben, wenn sie bis unterhalb desselben ohne Eisbildung abgekühlt werden kann. Die zweite Soole hat ein Maximum über 0°, allein der für die Temperatur desselben von A. Erman gefundene Werth weicht von dem meinigen bedeutend ab.

C. Despretz giebt in seiner Arbeit Werthe für die Gefrierpunkts- und Maximum-Temperaturen von 4 Soolen, die ich in folgender Tafel mit den nach den obigen von mir gefundenen Formeln berechneten Werthen zusammengestellt habe:

p [1])	f_t nach Dep. [2])	f_t nach Form.(5)	t_m nach Dep.	t_m nach Form.(9)
1,2226	— 0,71	— 0,94	+ 1,19	+ 0,9
2,4155	— 1,41	— 1,84	1,69	— 2,2
3,5804	— 2,12	— 2,72	— 4,75	— 5,4
6,9133	— 4,30	— 5,19	— 16,00	— 15,3

[1]) In Poggendorff's Ann. XLI, 70 sind in dem Aufsatze von Despretz ganz fehlerhafte Zahlen für den Salzgehalt angeführt; da mir die Compt. rend. nicht zur Hand sind, aus welchen

Die Werthe der f_t und t_m zeigen also hiernach eine ziemliche Uebereinstimmung, die von D. gefundenen Temperaturen für f_t sowohl wie für t_m liegen fast alle etwas höher als die meinigen, was auf die Vermuthung führen könnte, dafs hieran ein constanter Beobachtungsfehler Schuld sei, wenn nur die Differenzen regelmäfsiger und die Zahl der zur Vergleichung dargebotenen Beobachtungen gröfser wäre. Die Differenz zwischen den von D. und mir gefundenen Werthen ist zwar nicht unbeträchtlich, doch wohl nicht so grofs, wie ich fürchten konnte, sie zu finden, in Betracht, dafs ja selbst beim Wasser die Bestimmungen bis vor nicht sehr langer Zeit ebenso wenn nicht noch mehr von einander abwichen, wie diese für die Soolen gefundenen Werthe es thun. Die Gründe, weshalb ich die von mir bestimmten t_m für richtiger halten mufs, wie die von D. angegebenen, sind erstens die bei weitem

---

der Auszug in Pogg. Ann entnommen ist, weifs ich nicht, ob sie auch in diesen so angegeben sind. In der Abhandlung in den Ann. de chim. et phys. giebt Depretz für den Salzgehalt der 4 Soolen an:

1)	997,45	Wasser	12,346	Salz
2)	—	-	24,69	-
3)	—	-	37,039	-
4)	—	-	74,078	-

welche Zahlen dem oben angegebenen Procentgehalte entsprechen.

[2]) In Poggendorff's Ann. sind bei den Gefrierpunkten die Zahlen $-1^0,21$ $-2,24$ $-2,77$ $-5,10$ angegeben, was nach D. die Temperaturen sein sollen, bei welchen die Soole auf dem Punkte stehe zu gefrieren. Diese Temperaturen sind aber nicht constant, ihre Unregelmäfsigkeit erkennt man schon, wenn man die angegebenen 4 Werthe mit dem p der Soolen vergleicht. Wenn man eine Soole ruhig stehen läfst, so wird sie bei einer andern Temperatur zu frieren beginnen als bei der Erschütterung, diese 4 Zahlen haben also gar kein Interesse. D. führt deswegen auch immer die Temperatur des Gefrierens beim Erschüttern an, welches die oben gegebenen Werthe sind, die dem Nullpunkt beim Wasser entsprechen.

gröfsere Anzahl von Beobachtungen und zweitens die Uebereinstimmung der nach so ganz verschiedenen Methoden gefundene Formeln für t_m. Wie weit die berechneten Werthe zuverlässig sind, mag sich in der Folge entscheiden, wenn erst mehr Arbeiten über diesen Gegenstand vorliegen, und mehr Erfahrungen über die Ermansche Abkühlungsmethode gemacht worden sind.

IV. Von der Verdunstungsfähigkeit, der Wärmekapacität und dem Wärmeleitungsvermögen der Kochsalzauflösungen.

§. 13. Die Verdunstungsfähigkeit.

Zwei Werthe, die E. Bischof in seinen Sooltabellen nach den von J. A. Bischof berechneten Formeln mit aufgeführt hat: Die Verdunstungsfähigkeit und die Wärmekapacität der Soolen, habe ich aus eigenen nur in geringer Anzahl angestellten Beobachtungen nicht mit Genauigkeit berechnen können. Der Vollständigkeit wegen will ich jedoch die von J. A. Bischof gegebenen Formeln hier anführen, und mir nur erlauben, sie so umzugestalten, dafs sie in Beziehung zu den in dieser Arbeit vorkommenden Formeln gestellt und für die beigefügten Tabellen benutzt werden können.

Es ist eine bekannte Thatsache, dafs Salzauflösungen langsamer verdampfen wie reines Wasser, und zwar um so langsamer, je concentrirter sie sind. Die Verdunstungsfähigkeit ist nun das Verhältnifs der Wassermenge, die innerhalb einer gewissen Zeit und bei einer bestimmten Temperatur aus einer Soole verdampft, zu der aus reinem Wasser unter gleichen Umständen verdampfenden Menge, die wir $= 1$ setzen wollen, und wir wollen dies Verhältnifs mit V bezeichnen. J. A. Bischof bestimmte V für mittlere Temperaturen *), indem er Soolen von verschiedenem Procentgehalte im Freien bei bedecktem Himmel der Verdunstung aussetzte, und von Zeit zu Zeit den Gewichtsverlust jeder Soole untersuchte. Aus einer beträchtlichen Anzahl von Beobachtungen berechnete er, dafs bei gleichem Volumen der zu verdampfenden Flüssigkeit

$$[1] \qquad V = 14{,}78 - (23{,}78 - 10A)A$$

ist, wo A das spec. Gew. der Soole bei $+15^{\circ}$R. $= +18^{\circ},75$ C. gegen Wasser von derselben Temperatur bedeutet. Statt A kann man leicht $s_{18,75}$ einführen, indem ja $A \,.\, 0{,}998537 = s_{18,75}$, folglich wird

$$[2] \qquad V = 14{,}78 - 23{,}81484 s_{18,75} + 10{,}02932 s^2_{18,75}\,.$$

Nennt man s_u das Uebergewicht des spec. Gew. einer Soole von $+18^{\circ},75$ über das des Wassers von derselben Temperatur, setzt man also $s_u = s_{18,75} - 0{,}998537$, so erhält man durch Substitution von s_u in [2]

$$(12)\ [3] \qquad V = 1 - 3{,}78554 s_u + 10{,}02932 s_u^2.$$

Da das spec. Gew. s als Funktion von p betrachtet worden ist, und wir oben für $t = 18^{\circ},75$:

$$s_{18,75} = 0{,}998537 + 0{,}00714467p + 0{,}00000793281p^2 + 0{,}00000041139p^3$$

fanden, so kann man in [2] für $s_{18,75}$ diesen Werth einsetzen, wodurch V ebenfalls als Funktion von p angegeben wird, nämlich:

(13) [4]

$$V = 1 - 0{,}027046p + 0{,}00048193p^2 - 0{,}00000084002p^3 + \ldots$$

Es ist besser, V als Funktion von p, wie als Funktion von s anzugeben, da die Formel [2] leicht zu dem Mifs-

*) s. Karsten's Archiv für Bergbau und Hüttenwesen Bd. VII. 1823.

verständnisse Anlafs geben könnte, dafs auch die Verdunstungsfähigkeit bei verschiedenen Temperaturen durch sie zu berechnen sei, was durchaus nicht der Fall, wenigstens nicht bewiesen ist. Im Gegentheil ist es wahrscheinlich, dafs sich für V bei andern Temperaturen ein anderer noch nicht untersuchter Werth herausstellen wird, der vielleicht nicht bedeutend von dem durch [1] gegebenen abweicht und für die Praxis ohne Zweifel vernachlässigt werden kann. Berechnet man aber V aus [2] oder [3], so hat man sich daran zu erinnern, dafs s und s_u nur für die Temperatur $+18^{\circ},75$ und insofern gelten, als sie den Procentgehalt repräsentiren.

Die Formel [4] giebt V nicht so genau mit Bischof's Angaben übereinstimmend an, wie [3], damit dies geschehen könnte, müfste man bei der Substitution von p für s bis zu einer weit höheren Potenz von p als p^3 gehen.

Die Formeln geben also an, dafs mit zunehmendem Salzgehalt die Verdunstungsfähigkeit der Soolen abnimmt. Die Zeit, in der bei gleicher Wärme die Verdunstung von einer gleichen Menge Wasser bewirkt wird, steht daher im umgekehrten Verhältnifs mit V, d. h. wenn sie für Wasser $= 1$ ist, so ist sie für eine Soole:

$$[5] \qquad = \frac{1}{1 - 3{,}78554 s_u + 10{,}02932 s_u^2} \quad \text{oder:}$$

$$[6] = \frac{1}{1 - 0{,}027046 p + 0{,}00048193 p^2 - 0{,}00000084002 p^3 + \ldots}$$

§. 14. Die Wärmekapacität und das Wärmeleitungsvermögen.

Die Wärmekapacität oder die spec. Wärme $= C$ hat J. A. Bischof nach der Methode der Mischungen bestimmt. Da aber nicht angegeben wird, mit Anwendung welcher Correktionen die Formel erhalten worden ist, so läfst sich über die Zuverlassigkeit derselben kein Urtheil fällen.

C wird von Bischof wieder als Funktion von A gegeben, nämlich:

$$[7] \qquad C = 1{,}813 - 0{,}813A$$

was durch Substitution des Werthes von s für A in

$$[8] \qquad C = 1{,}813 - 0{,}814191s$$

übergeht. Und wenn man hierin wieder $s_u = s_{18,75} - 0{,}998537$ setzt, so ist

$$(14)\ [9] \qquad C = 1 - 0{,}814191s_u$$

wo C für Wasser von der Temperatur 18°,75 zur Einheit wird. Bischof sagt nicht ausdrücklich, dafs die Formel [6] auch für die verschiedenen Temperaturen sowohl einer und derselben, als auch verschiedener Soolen gültig sei, was man aus der Formel schliefsen möchte, da C als Funktion des spec. Gew. betrachtet ist. Es ist daher hier zu wiederholen, was vorher bei der Formel für V gesagt wurde. C als Funktion von p ausgedrückt giebt:

(15) [10]

$$C = 1 - 0{,}00581713p - 0{,}0000064588p^2 - 0{,}00000033495p^3$$

Zur Bestimmung der spec. Wärme einer Flüssigkeit wendet man verschiedene Methoden an; mittelst der von Bischof gewählten Methode der Mischungen scheint man weniger leicht zu feinen Bestimmungen gelangen zu können, wie durch die übrigen Beobachtungsweisen. Die Genauigkeit der Methode der Mischungen beruht auf der feinen und sorgfältigen Theilung des Thermometers, die Gränze des Beobachtungsfehlers ist also bald erreicht. Wendet man dagegen den Eiskalorimeter an, so wird durch das Gewicht des geschmolzenen Eises, und benutzt man die Abkühlungsmethode, so wird durch die Zeit der Beobachtung ein Maafs für die spec. Wärme angegeben, welches einer bei weitem genaueren Bestimmung fähig ist. Die

Abkühlungsmethode beruht auf der Voraussetzung, dafs die Wärmekapacität oder die spec. Wärme C und das Wärmeleitungsvermögen in umgekehrtem Verhältnisse stehen.

Demnach ist also das Wärmeleitungsvermögen $L = \frac{1}{C}$, folglich:

[11] $$L = \frac{1}{1,813 - 0,813A}$$

und s für A substituirt und die Division vollzogen:

[12] $L = 0,551572 + 0,247703s + 0,11124s^2 + \ldots.$

oder durch Einführung von s_u

(16) [13] $L = 1 + 0,247703s_u + 0,11124s_u^2 + 0,049956s_u^3 + \ldots.$

oder endlich als Funktion von p betrachtet:

(17) [14]
$L = 1 + 0,0058171p + 0,000040298p^2 + 0,00000060693p^3 + \ldots$

Wenn die Formeln für C u. L auch für verschiedene Temperaturen einer und derselben Soole gelten sollten, so ginge daraus hervor, dafs L für jede Soole beim Maximum der Dichtigkeit am gröfsten, C am kleinsten wäre, dafs also eine Soole beim Maximum ihrer Dichtigkeit in kürzerer Zeit durch dieselbe Wärme um eine gleiche Temperatur erwärmt oder abgekühlt werde, während doch aus den Versuchen über das Maximum der Dichtigkeit gerade das Entgegengesetzte sich zeigte. Bischof betrachtet also offenbar V, L und C nur deswegen als Funktionen von A, weil die Formel für A oder das spec. Gew. der Soolen bei + 15° R. bei ihm als Fundamentalformel aufgestellt wird, aus der sich alle übrigen Werthe ableiten lassen.

Die folgende kleine Tafel giebt die Werthe von V, C und L für Wasser und 5 Soolen, deren Salzgehalt von 5 zu 5 Procent zunimmt:

p	s	s_u	V	C	L
0	0.998537	0.000000	1.0000	1.0000	1.0000
5	1.034509	0.035972	0.8768	0.9707	1.0302
10	1.071187	0.072650	0.7780	0.9408	1.0629
15	1.108879	0.110342	0.7044	0.9102	1.0987
20	1.147892	0.149355	0.6583	0 8784	1.1384
25	1.188536	0.189999	0.6429	0.8453	1.1830

Diese Werthe weichen von den durch E. Bischof berechneten etwas ab, weil die Formeln für $s_{18,75}$ und A (auch abgesehen von der Einheitsverschiedenheit) etwas von einander verschieden sind.

In die Tabellen habe ich die Gröfsen V, C und L nicht aufgenommen, weil ich mich nicht von der Genauigkeit der Formeln überzeugen konnte. Hierdurch will ich übrigens keinen Vorwurf gegen die schönen Arbeiten von J. A. Bischof aussprechen, da ja die Kenntnifs der Werthe V, C und L, deren genaue Bestimmung zu den schwierigsten Aufgaben der Physik gehört, für den Salinisten von untergeordneterem Interesse ist. Aufserdem kann man nach den angegebenen Formeln leicht für jeden Fall die nöthigen Werthe berechnen.

Es würde mir sehr interessant gewesen sein, auch für das mit dem Salzgehalte zunehmende (und mit der Temperaturerhöhung abnehmende?) elektrische Leitungsvermögen der Soolen eine Formel zu geben, da dieser Punkt, so viel mir bekannt ist, noch gar nicht untersucht wurde, allein mir fehlten Zeit und Mittel zu dieser Untersuchung, die ich deshalb bis zu einer spätern Gelegenheit verschieben mufs.

V. Von der Grädigkeit, der Pfündigkeit, dem Volumen und der Dichtigkeit der Kochsalzsoolen.

§. 15. Die Grädigkeit und Pfündigkeit.

In den angehängten Sooltabellen sind einige Werthe SWg mit aufgeführt, die von Salinisten gebraucht werden, und von deren Berechnung ich noch Rechenschaft abzulegen schuldig bin.

Wir hatten den Procentgehalt der Soolen oder die Gewichtstheile Salz, die sich in 100 Theilen Soole befinden, mit p bezeichnet. Die Salinisten pflegen noch einige andere Bestimmungen, die sich auf das Verhältnifs des Salzes und des Wassers in der Soole beziehen, zu gebrauchen, namentlich die Grädigkeit und die Pfündigkeit. Die Grädigkeit g giebt an, wie viel Theile Wasser sich in der Soole bei einem Theile Salz befinden. Nun sind in jeder Soole p Theile Salz, also $100-p$ Theile Wasser enthalten, folglich ist die Grädigkeit:

$$g = \frac{100-p}{p}. \tag{18}$$

Die Pfündigkeit S der Soole ist in Pfunden ausgedrückt, das Gewicht des Salzes, welches in einem preufs. Kubikfufs der Soole von der Temperatur $+15^\circ$R. $= +18^\circ,75$ C. enthalten ist. Bezeichnet man mit W die Pfunde, welche ebenso das Wasser in der Soole wiegt, so ist $S+W$ das Gewicht eines preufs. Kubikfufses Soole von $18^\circ,75$. Nun wiegt aber nach der preufs. Maafs- und Gewichtsordnung ein Kubikfufs Wasser von $+15^\circ$ R. 66 Pfd., und es verhalten sich bei gleichem Volumen die absoluten Gewichte, wie die specifischen, folglich ist

$$66 \text{ Pfd.} : S+W = 0{,}998537 : s_{18,75},$$

also

$$S+W = \frac{66 \text{ Pfd.}}{0{,}998537} s_{18,75}.$$

Nun wissen wir aber auch, dafs $S : W = p : 100 - p$ ist, und aus diesen beiden Gleichungen findet man mithin:

$$(19) \qquad S = \frac{66\,\text{Pfd.}}{0{,}998537} \cdot s_{18,75} \cdot \frac{p}{100} = \frac{W}{g}.$$

$$(20) \qquad W = \frac{66\,\text{Pfd.}}{0{,}998537} \cdot s_{18,75} \cdot \frac{100-p}{100} = S \cdot g.$$

§. 16. Das Volumen und die Dichtigkeit.

Setzt man die Dichtigkeit D aller Soolen bei 0° gleich 1, d. h. setzt man $s_0 = 1$, so wird die Dichtigkeit D für eine andere Temperatur, bei der das spec. Gew. s_t ist,

$$(21) \qquad D = \frac{s_t}{s_0}$$

sein. Und da das Volumen *Vol.* sich umgekehrt wie die Dichtigkeit verhält, so wird

$$(22) \qquad Vol = \frac{s_0}{s_t}.$$

Aus der Berechnung der Werthe für diese Formeln findet man, dafs die Aenderung der Dichtigkeit und des Volumens durch die Temperatur bei den Soolen viel schneller und regelmäfsiger vor sich geht, wie beim Wasser, und zwar um so schneller und regelmäfsiger, je concentrirter die Soolen sind. Auch diese beiden Werthe habe ich nicht in die angehängten Sooltabellen aufgenommen, um diese nicht zu überfüllen, da sie überdies mehr von theoretischem Interesse sind. Die folgenden beiden Tafeln geben eine Uebersicht der Werthe von *Vol* und *D* für das Wasser und 5 Soolen, deren Salzgehalt von 5 zu 5 Procent zunimmt, zwischen den Gefrier- und Siedepunkten.

I. Tafel für die Volumina. $Vol = \frac{s_0}{s_t}$.

t	$p = 0$	$p = 5$	$p = 10$	$p = 15$	$p = 20$	$p = 25$
− 20						$ft = -17{,}77$
15				$ft = -10{,}99$	$ft = -14{,}44$	0.995038
10			$ft = -7{,}44$	0 997222	0.996727	0.996602
− 5		$ft = -3{,}78$	0.998963	0.998540	0.998308	0.998255
0	1.000000	1.000000	1.000000	1.000000	1.000000	1.000000
+ 5	0.999896	1.000670	1.001230	1.001598	1.001793	1.001830
10	1.000145	1.001591	1.002637	1.003323	1.003683	1.003745
15	1.000721	1.002745	1.004209	1.005167	1.005665	1.005745
20	1.001600	1.004112	1.005931	1.007119	1.007735	1.007829
25	1.002755	1 005673	1.007788	1.009170	1.009886	1.009995
30	1.004165	1.007413	1.009770	1.011316	1.012121	1.012252
35	1.005805	1.009310	1.011861	1.013542	1.014428	1.014590
40	1.007651	1.011345	1.014045	1.015839	1.016740	1.017008
45	1.009680	1.013499	1.016310	1 018185	1.019239	1.019509
50	1.011866	1.015754	1.018641	1.020601	1.021734	1.022088
55	1.014186	1.018091	1.021021	1.023087	1.024282	1.024751
60	1.016615	1.020488	1.023441	1.025549	1.026880	1.027472
65	1.019127	1.022926	1.025880	1.028058	1.029518	1.030318
70	1.021697	1.025383	1.028324	1.030577	1.032195	1.033222
75	1.024299	1.027838	1.030755	1.033096	1.034901	1.036205
80	1.026906	1.030273	1.033161	1.035606	1.037633	1.039267
85	1.029490	1.032660	1.035522	1.038092	1.040384	1.042406
90	1.032024	1.034982	1.037823	1.040547	1.043150	1.045626
95	1.034479	1.037214	1.040046	1.042956	1.045921	1.048920
100	1.036827	1.039333	1.042173	1.045308	1.048695	1.052295
105		$kt = +101{,}10$	$kt = +102{,}38$	$kt = +103{,}83$	1.051463	1.055745
+ 110					$kt = +105{,}46$	$kt = +107{,}27$

II. Tafel für die Dichtigkeiten $D = \frac{s_t}{s_0}$.

t	$p = 0$	$p = 5$	$p = 10$	$p = 15$	$p = 20$	$p = 25$
− 20						$ft = -17{,}77$
15				$ft = -10{,}99$	$ft = -14{,}44$	1.004986
10			$ft = -7{,}44$	1.002775	1.003283	1.003410
− 5		$ft = -3{,}78$	1.001038	1.001463	1.001695	1.001748
0	1.000000	1.000000	1.000000	1.000000	1.000000	1.000000
+ 5	1.000104	0.999331	0.998772	0.998404	0.998210	0.998173
10	0.999855	0.998412	0.997370	0.996688	0 996331	0.996269
15	0 999280	0.997263	0.995809	0.994860	0.994367	0.994288
20	0.998403	0.995905	0.994104	0.992932	0.992325	0 992232
25	0.997253	0.994359	0.992273	0 990913	0.990211	0.990104
30	0.995853	0.992641	0.990325	0.988810	0 988024	0.987896
35	0.994228	0.990776	0.988278	0.986639	0.985777	0.985620
40	0.992407	0.988783	0.986149	0 984408	0.983536	0.983276
45	0.990413	0.986680	0.983952	0.982140	0.981124	0.980865
50	0.988273	0 984490	0.981700	0.979815	0.978728	0.978389
55	0 986013	0.982230	0.979412	0.977435	0.976293	0.975847
60	0.983656	0.979923	0.977096	0.975087	0.973824	0.973263
65	0.981232	0.977587	0.974773	0.972708	0.971329	0.970574
70	0.978764	0 975245	0.972456	0.970330	0.968810	0.967846
75	0.976277	0.972916	0.970162	0.967964	0.966276	0.965061
80	0.973799	0.970612	0.967904	0.965618	0.963732	0 962216
85	0.971355	0.968373	0 965697	0.963306	0.961184	0.959320
90	0.968970	0.966201	0.963556	0.961033	0 958635	0.956365
95	0.966670	0.964121	0.961496	0.958814	0.956095	0.953362
100	0.964481	0.962156	0.959534	0 956655	0.953566	0.950304
105		$kt = +101{,}10$	$kt = +102{,}38$	$kt = +103{,}83$	0.951056	0.947198
+ 110					$kt = +105{,}46$	$kt = +107{,}27$

VI. Ueber die Einrichtung der angehängten Sooltabellen und graphischen Darstellungen.

§. 17. Die Sooltabellen und ihre Benutzung.

Die angehängten Sooltabellen sind für den Gebrauch der Salinisten berechnet, welche aus dem beobachteten specifischen Gewichte der Soolen einen Schlufs auf den Salzgehalt und die anderweitigen Eigenschaften derselben zu machen pflegen, für die daher eine übersichtliche Tafel, welche die Aenderung des spec. Gew. der Soolen mit der Temperatur angiebt, nothwendig ist. Die Einrichtung der Tabellen weicht in einigen Stücken von den gebräuchlichen durch J. A. Bischof und E. Bischof berechneten ab, weshalb es mir nöthig zu sein scheint, hierüber einige Worte zu sagen.

Von 295 Soolen, deren Procentgehalt von $p = 0$ anfangend immer um $0,1p$ zunimmt, bis er auf $29,4p$ gestiegen ist, wird in den Tabellen das specifische Gewicht angegeben, und zwar vom Gefrierpunkte bis $+20^{\circ}$ von Grad zu Grad, von $+20^{\circ}$ bis $+100^{\circ}$ von 5 zu 5 Grad, von 100° bis zum Kochpunkte wieder von Grad zu Grad. Dieses spec. Gewicht ist nach der Formel (2) für s berechnet. Unterhalb des spec. Gew. sind für f_t, k_t, m_t, g, S, W die, dem in der Ueberschrift der Längenspalte genannten p zugehörenden Werthe angegeben, welche nach den Formeln (5), (6), (9), (18), (19), (20) berechnet wurden. Bei den gesättigten Soolen findet man aufserdem $\mathfrak{S}_t$ nach der Formel 8 und s_0 aufgeführt.

Die in den Tabellen bei einigen Temperaturen eingeklammerten specifischen Gewichte bedeuten, dafs die Soole den Berechnungen zufolge bei diesen Temperaturen nicht bestehen kann, weil entweder der Frostpunkt eine höhere oder der Kochpunkt eine niedere Temperatur hat, oder weil die Soole so gesättigt ist, dafs sie zu ihrem Bestehen einer höheren Temperatur bedarf. So ist z. B. unter der Soole, die die Ueberschrift 25,0 trägt, deren p also $= 25,0$ ist, bei -18° das spec. Gew. (1.204275) eingeklammert, weil die Soole schon bei $-17,77$ friert; ebenso ist bei derselben Soole (1.131740) das spec. Gew. bei $+108^{\circ}$ eingeklammert, weil der Kochpunkt schon bei $+107,27$ liegt, dieser also nicht erreicht werden kann. Bei einer Soole, deren $p = 26,5$ ist, mufste (1.210635) das spec. Gew. bei -2° eingeklammert werden, weil die Sättigungstemperatur $\mathfrak{S}_t = -1,1$ ist, die Soole also bei -2° nicht mehr bestehen kann. Bei allen Soolen, deren $\mathfrak{S}_t$ oberhalb 0° liegt, ist nun auch s_0 angegeben worden, woraus leicht das spec. Gew. für andere Temperaturen gefunden werden kann (nach Formel 26). Neben den s stehen rechts zuerst unter Δs_t die Differenzen der s einer Soole aber verschiedener Temperatur, sodann unter Δs_p die Differenzen der s zweier Soolen, die um $0,1 p$ verschieden sind, aber einerlei Temperatur haben. Rechts neben f, k, m, S, W, g, $\mathfrak{S}$, s_0 stehen die Differenzen dieser Werthe für zwei aufeinander folgende um $0,1 p$ verschiedene Soolen. Z. B. bei der Soole 25,0 steht neben $+5^{\circ}$ 1,195024 neben $+6^{\circ}$ 1,194576, also wächst das spec. Gew. bei der Abkühlung dieser 25 procentigen Soole um 448 Einheiten der sechsten Decimale, was in der Spalte Δs_t angegeben wird. In der Spalte Δs_p steht 836 neben 1,195024, d. h. eine Soole von 25,1 Procent hat bei $+5^{\circ}$ ein spec. Gew., welches um 836 Einheiten der 6ten Decimale gröfser ist, wie das einer 25 procentigen Soole derselben Temperatur. Unter 25,0 steht $f = -17,77$, $k = +107,27$, $m = -82,64$, $S = 19,6396$, $W = 58,9187$, $g = 3,000$, rechts daneben stehn die Differenzen 7, 3, 41, 929, 377, 16, um welche Gröfsen die angegebenen Werthe (in Einheiten der letzten Decimale ausgedrückt) sich ändern, wenn die Soole $25,1 p$ enthält. Die Werthe für m habe ich bei allen Soolen angeführt, obwohl weder die Formel für die concentrirten Soolen verbürgt werden kann, noch auch so niedere Temperaturen zu erreichen sind, sondern nur des theoretischen Interesses willen. In den ersten Spalten der Tabellen bei den Soolen geringen Procentgehaltes ist die Aenderung des Zeichens in Δs_t, welche also das Maximum der Dichtigkeit angiebt mit dem Zeichen $-_*$ angedeutet worden. Die hauptsächlichsten Punkte, durch welche sich diese Tabellen von den durch Bischof gegebenen unterscheiden, sind: 1) die andere Einheit des spec. Gew. (bei Bischof Wasser von $+ 15^\circ$ R. $= 1$, bei mir Wasser von $+ 4^\circ$ C. $= 1$ gesetzt); 2) die Angabe der Temperaturen nach Graden der hunderttheiligen Skale (während Bischof Réaumur'sche Grade nimmt); 3) die Einführung der Differenzen, wodurch die Interpolation für die nicht in den Tabellen enthaltenen Temperaturen und Procente erleichtert wird; 4) das Fortschreiten der Tabellen nach dem sich um 0,1 ändernden Procentgehalte (während Bischof das spec. Gew. bei $+ 15^\circ$ R. um gleiches wachsen läfst). Was für Gründe mich zu der Wahl der Einheitstemperatur $+ 4^\circ$ C. bewogen, habe ich schon oben gesagt, auch werde ich hier ein Beispiel ausführen, durch welches ich zu zeigen denke, dafs die Aenderung der Einheit der Brauchbarkeit der Tabellen keinen Eintrag thut. Weil übrigens die Gefäfse auf den Salinen für die Temperatur $+ 15^\circ$ R. ausgemessen sind, so habe ich die Werthe S und W für diese Temperatur berechnet. Die hunderttheilige Skale wählte ich wegen der Bequemlichkeit bei den Rechnungen. Diese Eintheilung des Thermometers würde auch ohne Zweifel schon viel allgemeiner geworden sein, wenn nicht die Bestimmung unserer Maafse und Gewichte gerade nach einer Temperatur der Réaumur'schen Skale bestimmt wären, und nach einer Temperatur, die nicht einmal in ganzen Graden der hunderttheiligen Skale ausgedrückt wird. Es ist dies ein zu bedauernder Uebelstand, der aber nicht verhindern sollte, die viel bequemere hunderttheilige Skale zu gebrauchen. Uebrigens aber ist das Umsetzen der Réaumur'schen Grade in solche der hunderttheiligen Skale eine so einfache Sache, dafs man sich bei den Beobachtungen nur daran zu gewöhnen braucht, die Temperatur nach C. statt nach R. abzulesen, um in den folgenden Tabellen die richtigen zu dieser Temperatur und dem beobachteten *s* gehörigen Werthe von *p*, *g* u. s. f. zu finden. Die Einführung der Differenzen und des Fortschreitens nach 0,1*p* in den Tabellen bedarf wohl keiner Rechtfertigung, da die Bequemlichkeit dieser Einrichtung in die Augen fällt.

Ehe ich dazu übergehe zu zeigen, wie man das spec. Gew. mittelst Soolwaagen von Messing oder Glas, die für irgend eine Temperatur angefertigt wurden, auf meine Tabellen übertragen mufs, um die dazu gehörigen *p*, *S*, *g* u. s. f. zu erhalten, will ich hier eine kleine Tafel folgen lassen, durch welche zu sehen ist, wie die von Bischof für *s*, *f*, *k* u. s. f. gefundenen Werthe von den meinigen abweichen:

p	t	A	A_4	s	p zu $A_4 = s$	t zu $A_4 = s$	k_1	k	f_1	f	S_1	S
0	+10	1.001225	0.999760	0.999743	0.0024	9,7	100,	100,	0,	0,	0,	0,
	20	0.999775	0.998313	0.998291	0.0031	19,9						
	50	0.990625	0.989176	0.988162	0.1500	47,5						
	100	0.959375	0.957972	0.964373	negativ	115,circa						
10	10	1.075045	1.073472	1.074231	9,9	12,3	103,04	102,38	—7,40	—7,44	7,0884	7,0802
	20	1.071967	1.070399	1.070714	9,97	21,						
	50	1.059510	1.057960	1.057354	10.07	49,						
	100	1.028013	1.026509	1.033479	8,98	114,circa						
20	10	1.152973	1.151286	1.151924	19,92	11,4	106,26	105,46	15,2	14,44	15,1643	15,1744
	20	1.148175	1.146495	1.147292	19,9	21,6						
	50	1.132228	1.130572	1.131572	19,87	51.7						
	100	1.100471	1.098859	1.102481	19,47	106,5						
25	10	1.193410	1.191664	1.192744	24,87	12,2	107,92	107,27	19,26	17,77	19,6092	19,6396
	20	1.187720	1.185983	1.187911	24,77	23,8						
	50	1.169962	1.168250	1.171338	24,63	55,						
	100	1.138070	1.136405	1.137714	24,81	101,5						

p bedeutet den Procentgehalt.

t die Temperatur nach C.

A das zu p nach Bischof gehörige spec. Gew.

A_4 das A auf die Einheit von $+4^0$ reducirt.

s das spec. Gew. nach Formel (2).

p zu $A_4 = s$ den Procentgehalt, den man nach meinen Formeln zu dem A_4 bei gleichem t finden würde.

t zu $A_4 = s$ die Temperatur, die nach meinen Formeln dem A_4 bei gleichem p entsprechen würde.

k_1 den Kochpunkt nach Bischof.

k den Kochpunkt nach Formel (6).

f_1 den Frostpunkt nach Bischof.

f den Frostpunkt nach Formel (5).

S_1 den Salzgehalt nach Bischof.

S den Salzgehalt nach Formel (19).

Man sieht, dafs schon bei $p = 0$ in dieser Tafel sehr bedeutende Unterschiede sind, die sich auf die Soolen übertragen. Als Bischof seine Untersuchungen anstellte, war die Formel für die Ausdehnung des Wassers noch nicht so genau ermittelt, wie dies jetzt der Fall ist; und von diesem Umstande rührt hauptsächlich die Verschiedenheit in den Bestimmungen, zuerst des spec. Gew. und dann aller davon abhängenden Gröfsen her. Für die dem Salinisten wichtigste Gröfse S_1 erhält man indessen durch beide Tafeln sehr nahe übereinstimmende Resultate, weil die spec. Gew. für die mittleren Temperaturen nur unbedeutend von einander abweichen.

Gesetzt, man habe mit einer messingenen Soolspindel, die das spec. Gewicht auf die Einheit des Wassers bei $+ 16^\circ$ R. bezogen angiebt, das spec. Gew. einer Soole war von $+ 26^\circ,6$ C. $= 1,156794$ gefunden, man wünscht zu wissen, wie viel Pfunde Salz in den vorhandenen Kubikfufsen dieser Soole sein werden, und welche Werthe die andern Gröfsen: f, k u. s. f. haben. Um das spec. Gew. mit dem in den Tabellen enthaltenen vergleichen zu können, müssen wir es zuerst auf dieselbe Einheit bringen und zu dem Ende mit dem spec. Gew. des Wassers bei $+ 16^\circ$ R. $= + 20^\circ$ C. multipliciren:

$$1,156794 \times 0,998291 = 1,154817,$$

ferner dieses spec. Gew. durch das Volumen der Soolspindel bei $+ 26^\circ,6$ dividiren, wenn dasselbe bei $+ 4^\circ = 1$ gesetzt wird. Dies Volumen R^3 findet man in Tafel II. p. 24

$$\log R^3_{26,6} = 0,0005529,$$

folglich wird das spec. Gew. $= 1,153341$, welches wir in den Tabellen bei $+ 26^\circ,6$ aufzusuchen haben. Bei $p = 21,1$ findet man

$$\begin{aligned} s \text{ für } + 25^\circ &= 1,153603 \\ s \text{ für } + 30^\circ &= 1,151045^{255} \\ \text{also } s \text{ für } + 26^\circ,6 &= 1,152786 \end{aligned}$$

$$
\begin{aligned}
\text{Bei } p = 22{,}2 \text{ ist } & s \text{ für } +25^\circ = 1{,}154405 \\
& s \text{ für } +30^\circ = 1{,}151845^{2560} \\
\text{also } & s \text{ für } +26^\circ{,}6 = 1{,}153586
\end{aligned}
$$

folglich ist für s bei $+26^\circ,6 = 1,153341$ $p = 20,07$.

Für eine Soole dieses Procentgehaltes findet man aus der Tabelle:

$$
\begin{aligned}
f &= -15^\circ{,}16 & k &= +105^\circ{,}83 & m &= -66^\circ{,}74 \\
S &= 16{,}1057 \text{ Pfd.} & W &= 60{,}3314 \text{ Pfd.} & g &= 3{,}746
\end{aligned}
$$

Der Salzgehalt S und der Wassergehalt W geben an, dafs die Soole bei $+15^\circ$ R. $= +18^\circ,75$ C. so viel Wasser und Salz enthält; da nun aber die Soole $26^\circ,6$ warm ist, so wird sie an Volumen verlieren, bis sie $+18^\circ,75$ warm geworden ist. Will man daher wissen, wie viel Salz der Kubikfufs dieser Soole bei $+26,6$ enthält, so hat man mit dem Volumen der Soole bei $26^\circ,6$ zu dividiren, wenn das bei $18^\circ,75$ C. gleich 1 gesetzt wird, das Volumen ist also

$$\frac{s_{18,75}}{s_{26,6}} = \frac{1,156121}{1,153341} = 1,00241,$$

folglich wird der Salzgehalt des Kubikfufses der Soole bei $+26^\circ,6$

$$
\begin{aligned}
S &= 16{,}0670 \text{ Pfd.} \\
\text{und der Wassergehalt } W &= 60{,}1863 \text{ Pfd. sein.}
\end{aligned}
$$

Zur Berechnung der Werthe VCL nach (12) (14) (16) hätte man $s = 1,156121$, also $s_{,} = 0,157584$

$$
\begin{aligned}
\text{folglich } V &= 0{,}652514 \\
C &= 0{,}871697 \\
L &= 1{,}147185.
\end{aligned}
$$

Auf ganz ähnliche Weise können für jedes, nach einer beliebigen Temperatur eingerichtete Aräometer in den angehängten Tabellen und aus den Formeln leicht alle nöthigen Werthe gefunden werden.

In den Tabellen sind die spec. Gew. bis auf 6 Decimalstellen berechnet, obwohl die Berechnung anzeigte, dafs nur 4 davon als wahrscheinlich richtig zu betrachten sind, ebenso sind die Gefrier- und Siedetemperaturen weiter berechnet, als ihre wahrscheinliche Richtigkeit geht, damit bei der Interpolation für die nicht in den Tabellen enthaltenen Temperaturen und Procentgehalte alle Werthe bis zu ihrer wahrscheinlich richtigen Decimalstelle genau erhalten werden können.

§. 18.

Um die sämmtlichen Eigenschaften der Kochsalzsoolen auf einen Blick übersehen zu können, habe ich die graphischen Darstellungen entworfen. Auf der ersten grofsen Tafel sind die Aenderungen des spec. Gew. von 47 Soolen enthalten und zwar sind vom Wasser an immer die Soolen gewählt worden, deren spec. Gew. 0,005 bei 0° gröfser ist, als das der zunächst liegenden schwächeren Soole. Diese 47 Soolen werden also durch 47 Curven dargestellt, deren Abscissen die specifischen Gewichte, und deren Ordinaten die Temperaturen sind, der Anfangspunkt der Coordinaten ist $s = 1$ und $t = 0$, die s wachsen von rechts nach links, die t von unten nach oben.

Neben den Kurven stehen in der Mitte der Tafel horizontal, die den Soolen zukommenden Procentgehalte und bei 0° längs den Kurven, die denselben bei dieser Temperatur zukommenden spec. Gewichte. Das Netz der Tafel ist so eingetheilt, dafs man das spec. Gew. bis zur 3ten Decimalstelle überall ablesen kann; von 5 zu 5 Grad stehen neben den Kurven 2 kleine Zahlen, welche die 4te und 5te Decimalstelle des spec. Gew. der Kurven bei dieser Temperatur angeben.

Die Kurven des spec. Gew. werden nach oben durch die Kurve der Kochpunkte begränzt, die beim Wasser mit + 100° beginnend bis zu der bei ihrem Kochpunkt gesättigten Soole von 29,4 Procent aufsteigt, wo sie mit + 109°

endet, indem sie dort von einer andern Kurve, nämlich der der Sättigungsgrade, geschnitten wird. Diese letzte Kurve, welche die Soole von 29,4 Proc. Salzgehalt darstellt, ist natürlich nur in einem Punkte vorhanden, wie dies in einem frühern Abschnitte schon erwähnt wurde, weil nämlich $\mathfrak{S}_t$ bei ihr $= k_t$ ist. Neben dem oberen Endpunkte der Kurven stehen horizontal die den Kochpunkten der Soolen zukommenden Temperaturen, und längs den Kurven die spec. Gew. bei den Kochpunkten.

Nach unten bildet die Kurve der Gefrierpunkte die Gränze, welche die Kurven der specifischen Gewichte abschneidet. Diese Kurve beginnt für das Wasser bei 0° und senkt sich bis zur Kurve einer Soole von 26,4... Procent, wo sie bei — 18°,7 von der Kurve der Sättigungsgrade geschnitten wird, indem für sie $\mathfrak{S}_t = f_t$ ist. Horizontal neben den untern Endpunkten der Kurven des spec. Gew. sind die dem Gefrierpunkte zukommenden Temperaturen, und in der Richtung der Kurven die spec. Gew. beim Gefrieren bemerkt.

Auf der rechten Seite beschliefst das Wasser die Reihe der Kurven auf der linken Seite, die Kurve der Sättigungsgrade, die bei einer Soole von 29,4 und bei + 109° anfangend, sämmtliche Kurven durchschneidet, bis sie zu der Soole von 26,4 Procent bei — 18°,7 angelangt ist. Bei den Durchschnittspunkten der Sättigungskurven mit den Kurven der spec. Gew. stehen horizontal die Sättigungstemperaturen, und in der Richtung der Kurven die spec. Gew. bei diesen Temperaturen verzeichnet.

Endlich bemerkt man auf der rechten Seite noch eine kurze Kurve, die von + 3°,92 beim Wasser anfangend einige Kurven der spec. Gew. durchschneidet, bis sie auch ihrerseits von der Kurve der Gefrierpunkte bei — 1°,69 geschnitten wird. Dies ist die Kurve des Maximi der Dichtigkeit. Die Zahlen für die Temperatur desselben stehen horizontal neben den Durchschnittspunkten mit den Kurven des spec. Gew. Die spec. Gew. bei dieser Temperatur (für die 4 auf der Tafel angegebenen Kurven) sind rechts an die Seite der Kurven gesetzt.

Man sieht auf dieser Tafel sogleich, dafs die Aenderung des spec. Gew. mit der Temperatur, mithin auch die des Volumens je nach dem Salzgehalte der Soolen eine ganz verschiedene ist; allein wegen der gröfseren Anzahl der dargestellten Kurven findet ein zu allmähliger Uebergang von der einen zur andern statt. Deswegen entwarf ich die zweite graphische Darstellung, auf welcher man die Aenderung der Dichtigkeit und des Volumens mit der Temperatur für 6 verschiedene Soolen von 0, 5, 10, 15, 20, 25 Procent übersieht.

Die Volumina und Dichtigkeiten wurden für alle 6 Soolen bei $0^{\circ} = 1$ gesetzt, und dann ihre Werthe für die verschiedenen Temperaturen in die Tafel eingetragen. Die Volumina wachsen von links nach rechts, die Dichtigkeiten dagegen nehmen in dieser Richtung ab. Die Abscissen der Kurven sind die Volumina und Dichtigkeiten, die Ordinaten die Temperaturen; Vol und $D = 1$ und $t = 0$ ist der Anfangspunkt der Coordinaten. Das Netz der Tafel ist so eingerichtet, dafs man die Aenderung von 0,001 des Volumens oder der Dichtigkeit unmittelbar ablesen kann. Von 5 zu 5 Grad stehen neben den Kurven 2 Zahlenreihen, durch welche die 4te und 5te Decimale der Volumina und Dichtigkeiten bei diesen Temperaturen angegeben werden, die rechts stehenden Zahlen gehören auch zu der Kurve, die am weitesten rechts liegt, die stehenden Zahlen gehören zum Volumen, die liegenden zur Dichtigkeit. Aus der Darstellung ergiebt sich, dafs das Wasser in seiner Ausdehnung am meisten von der geraden Linie abweicht und von den Soolen immer die weniger, welche mehr Salz enthalten. Die Unregelmäfsigkeit in der Ausdehnung ist bei der Soole von 25 Procent nur noch sehr unbedeutend.

VII. Ueber die Kochsalzsoolen vom Procentgehalte und vom specifischen Gewichte des Meerwassers.

§. 19.

Wenn man die für Kochsalzsoolen gefundenen Resultate auf das Meerwasser anwenden will, so hat man sich zuerst zu entscheiden, welche Eigenschaft des Meerwassers, der Procentgehalt oder das specifische Gewicht, die Gleichstellung desselben mit irgend einer Kochsalzsoole begründen soll.

Nach Marcet's oben angeführter Analyse enthält das Meerwasser etwa 4 Procent feste Bestandtheile, während das spec. Gew. bei + 15° R. = + 18°,75 C. von ihm im Mittel auf 1,02775 gegen Wasser derselben Temperatur, oder auf 1,02625 gegen Wasser bei + 4° angegeben wird *).

Bei reinen Kochsalzauflösungen finden sich aber die spec. Gew. von 1,02625 bei + 18°,75 und ein Gehalt von 4 Procent nicht zusammen, indem, wie man in den Tabellen findet, eine Soole, deren spec. Gew. bei + 18°,75 = 1,02625 ist, etwa 3,86 Procent Salz enthält, und eine Soole von 4 Procent, bei + 18°,75 ein spec. Gew. = 1,027267 hat. Es fragt sich nun, ob die in dem Meerwasser aufser dem Kochsalz enthaltenen Salze auf die Eigenschaften desselben in sofern Einflufs haben werden, als sie sein spec. Gew. ändern, oder in sofern als durch sie der Procent-

---

*) In Marcet's Aufsatz ist leider die Temperatur nicht angegeben, die das Meerwasser bei der Bestimmung des spec. Gew. hatte, da jedoch die Beobachtungen im Winter im geheizten Zimmer gemacht wurden, so kann man die mittlere Temperatur 15° R. als der Wahrheit nahe kommend annehmen.

gehalt vermehrt wird. Bestimmen wir zuerst den Procentgehalt, der nach den verschiedenen Angaben über das spec. Gew. des Meerwassers diesem zukommen würde, wenn man es als reine Kochsalzauflösung betrachtete.

Despretz giebt das spec. Gew. des Meerwassers bei + 20° C. = 1,0273 gegen Wasser derselben Temperatur an, dies auf Wasser bei + 4° = 1 reducirt, giebt s = 1,025544 bei + 20° und dazu findet man in den Tabellen p = 3,81. Aus mehren andern Bestimmungen geht hervor, dafs das spec. Gew. das Meerwassers im Mittel bei + 20° C. = 1,02584 gegen Wasser bei + 4° C. = 1 zu setzen ist, und dieses spec. Gew. kommt einer Soole von 3,85 Procent zu. Es sind also die beiden Soolen von 3,85 und von 4 Procent, die zur Vergleichung mit dem Meerwasser gezogen werden können. Die Formeln und Werthe für diese Soolen sind nun:

Für $p = 3,85$ ist

$$s = 1,0295307 - 0,000075781t - 0,00000611871t^2 + 0,0000000294059t^3$$

$$f_t = -2°,92 \qquad m_t = -6°,17$$

Für $p = 4$ ist

$$s = 1,0306854 - 0,000080659t - 0,00000610033t^2 + 0,0000000292154t^3$$

$$f_t = -3°,03 \qquad m_t = -6°,60$$ *).

Alle für f_t und m_t beim Meerwasser beobachteten Werthe nähern sich bei weitem mehr den für p = 3,85,

---

*) Muncke giebt a. a. O. p. 319 folgende für das Volumen des Meerwassers berechnete Formel:

$$Vol = 1 + 0,00005769938t + 0,0000050963866t^2 - 0,00000001873304t^3 + 0,0000000000617807t^4$$

Setzt man nun $s = \frac{1}{Vol}$ und multiplicirt, um für s Formeln zu erhalten, die mit den oben gegebenen vergleichbar sind, einmal mit 1,0295307 (für $p = 3,85$) und das zweite mal mit 1,0306854 (für $p = 4$), so erhält man:

1) für $p = 3,85$

$$s = 1,0295307 - 0,0000594033t - 0,00000524347t^2 + 0,0000000198916t^3 - 0,000000000039139t^4$$

als den für $p = 4$ gefundenen, so dafs man eine Kochsalzsoole von 3,85 Procent Salzgehalt als in ihrem Verhalten mit dem Meerwasser nahe übereinstimmend betrachten kann. Despretz setzt nämlich den Gefrierpunkt des Meerwassers bei —2°,55. Ross giebt an *), dafs er die Temperatur des Wassers dicht unter dem Eise —2°,78 gefunden habe, was sich vortrefflich mit dem oben gegebenen Werthe $f_i = -2°,92$ vereinigen läfst. Muncke findet in Uebereinstimmung mit Marcet, dafs das Gefrieren des Meerwassers bei —7°,5 statt finde. Diese niedrige Temperatur ist aber nicht die des Punktes, der mit dem Nullpunkt des Wassers verglichen werden kann, sondern nur die, bei der in den ruhigen Gefäfsen eine Eisbildung eintrat, von welcher Erscheinung schon oben die Rede gewesen ist. Dafs die beiden von Muncke und Marcet gegebenen Werthe übereinstimmen, scheint mehr zufällig gewesen zu sein, ich habe mich wenigstens nicht von der Constanz der Temperatur bei der ersten Eisbildung überzeugen können, bei einiger Erschütterung tritt diese schon viel früher ein. Den Nullpunkt für das Meerwasser geben weder Muncke noch Marcet an.

---

2) für $p = 4$

$$s = 1{,}0306854 - 0{,}0000594562t - 0{,}0000052481t^2 + 0{,}0000001991t^3 - 0{,}00000000003917t^4.$$

Diese Formeln stimmen mit den obigen der Form nach überein, während die Werthe der Coefficienten abweichen. Für die mittleren Temperaturen stellt sich eine Differenz in der 4ten Decimale heraus, je nachdem man s nach den oben angegebenen oder nach den Muncke'schen Formeln berechnet, ein Unterschied, der gering genannt werden kann, da Muncke's Formeln für Meerwasser die meinigen für reine Kochsalzlösungen vielleicht nicht einmal von gleichem Procentgehalte gelten, was sich nicht entscheiden läfst, weil Muncke den Salzgehalt des untersuchten Meerwassers nicht angiebt.

*) Narrative of a sec. voyage to the discovery cet. cet. siehe §. 2.

Weit weniger übereinstimmend sind die verschiedenen Angaben über das Maximum der Dichtigkeit beim Meerwasser. Despretz bestimmt die Temperatur desselben auf —3°,67 sehr abweichend von dem Werth von m_t bei $p = 3{,}85$. Da nun die oben angegebene Vergleichung der von Despretz und mir für das Dichtigkeitsmaximum von reinen Kochsalzauflösungen gefundenen Werthe keine so grofsen Unterschiede zeigt, so müfste man schliefsen, dafs die im Meerwasser aufser Kochsalz enthaltenen Salze auf die Erniedrigung des Gefrierpunkts einen fast gleichen, auf die Erniedrigung des Dichtigkeitsmaximum dagegen einen sehr vom Kochsalz verschiedenen Einflufs hätten. Allein diese Bestimmung von Despretz steht ganz isolirt da. Muncke erhält durch die Berechnung des Maximum der Dichtigkeit aus seiner Formel $m_t = -5°{,}25$, und Marcet giebt an, dafs sich bei —5°,6 das Meerwasser wieder auszudehnen scheine, zwei Werthe, die sich dem oben gegebenen $m_t = -6°{,}17$ so weit nähern, wie man nach der Verschiedenheit der angewendeten Methoden nur verlangen kann. Wie weit indessen auch alle Bestimmungen der Temperatur des Maximi der Dichtigkeit von einander abweichen mögen, so stimmen sie doch darin überein, dafs oberhalb des Gefrierpunktes das Wasser des Weltmeeres kein Maximum der Dichtigkeit haben kann. Anders wird sich das Wasser in einigen eingeschlossenen Meeren verhalten, wo das spec. Gew. theils kleiner, theils gröfser, wie das des Wassers aus dem Weltmeere ist. Nach Marcet ist z. B. das spec. Gew. des Wassers aus dem schwarzen Meere bei 18°,75, $s = 1{,}01274$ gegen Wasser = 1 bei +4°; dies würde dem einer Kochsalzsoole von $2{,}16p$ entsprechen, für die $f_t = -1{,}64$, $m_t = -1{,}53$ ist. Das Wasser des schwarzen Meeres kann also ein Dichtigkeitsmaximum noch oberhalb des Gefrierpunkts oder mit demselben zusammenfallend haben. Für das Wasser der Ostsee ist nach Marcet $s = 1{,}00343$. Dies wäre das s einer

Soole von 0,66p für die $f_t = -0°,51$ und $m_t = +2°,61$ ist, das Ostseewasser wird also entschieden ein Dichtigkeitsmaximum oberhalb des Gefrierpunktes haben.

Das statische Gleichgewicht des Meerwassers wird offenbar von ganz andern und bedeutend verwickeltern Gesetzen regiert, wie das des süfsen Wassers. Während beim süfsen Wasser die Abkühlung nur bewirken kann, dafs bis zu einer Temperatur von $+4°$ hin die oberen Schichten schwerer werden als die unteren und diese verdrängen, wenn aber die ganze untere Wassermenge diese Temperatur angenommen hat, alsdann die oberen noch kältern Wasserschichten wieder leichter werden, finden beim Meerwasser durchaus andere Erscheinungen statt. Der Mangel eines Dichtigkeitsmaximi, das Ausscheiden von fast süfsem Eise und concentrirterer Soole, und das Verdunsten des Wassers, wodurch concentrirtere und folglich schwerere Wasserschichten erzeugt werden, bedingen durchaus andere Wärmeverhältnisse beim Meerwasser, wie bei dem süfsen Wasser. Gesetzt ein Stück des nördlichen Oceans wäre ganz abgeschlossen, so würde durch den Mangel des Dichtigkeitsmaximi zuerst das Meerwasser durch seine ganze Tiefe hindurch bis zum Gefrierpunkte abgekühlt werden, darauf würde die Eisbildung oben zuerst eintreten. Durch diesen Procefs würde aber Eis von geringem Salzgehalte gebildet, dadurch das zurückbleibende Meerwasser concentrirter, folglich weniger leicht dem Gefrieren ausgesetzt, der Salzüberschufs würde sich in dem Wasser vertheilen und nach und nach das Meer frieren, bis endlich eine concentrirte Soole übrig bliebe. Was also durch das Dichtigkeitsmaximum beim süfsen Wasser erreicht wurde, nämlich das Aufhalten des Gefrierens der ganzen Wassermasse, dies geschieht beim Meerwasser durch das Ausscheiden von wenig salzhaltigem Eise. Gesetzt wir hätten eben so einen Theil des Oceans in sehr warmem Klima ganz abgeschlossen, so würde nach einiger Zeit das Wasser in den tiefsten Schichten die niedrigste dort vorkommende Temperatur annehmen, durch die Verdunstung werden aber die oberen warmen Schichten concentrirter und vielleicht schwerer als die unteren werden, folglich diese verdrängen, bis Salzgehalt und Temperatur sich bis zur Gleichheit des spec. Gew. im Wasser ausgeglichen haben. In abgeschlossenen Meeren der warmen Zone müfste man in gleichen Tiefen daher constante Temperaturen antreffen, die von der Temperatur der Gegend an der Oberfläche abhängig sein würden, wie man dies in der That beim Mittelmeer beobachtet haben will *). Jedenfalls werden schon hier die Erscheinungen in einem abgeschlossenen Theile des Meeres sehr complicirt sein. Wie nun aber, wenn wir die Trennungswände zwischen den kalten und warmen Meeren entfernen? Es wird sich dann das kalte Wasser von den Polen her in die unteren Schichten nach dem Aequator hin begeben, während die warmen Schichten in die Höhe und nach den Polen zu getrieben werden. Auf dieses Verhalten beim Abkühlen und Gefrieren könnte man vielleicht zum Theil die heftigen Meeresströmungen, die auf der Oberfläche vom Aequator nach den Polen in der Tiefe in umgekehrter Richtung gehen, zurückführen. Die Strömungen in den Meerengen der eingeschlossenen Meere werden fast immer aus der Verschiedenheit des spec. Gew. erklärt werden können. So geht **) ein Oberstrom aus dem atlantischen Ocean in das Mittelmeer, ein Unterstrom in umgekehrter Richtung wegen des gröfseren spec. Gew. des Mittelmeerwassers. Aus dem schwarzen Meere geht ein Oberstrom in das Mittelmeer, ein Unterstrom in umgekehrter Richtung wegen des geringen Salzgehaltes des schwarzen Meeres. Aus der Ostsee geht ein Oberstrom in den atlantischen

---

*) Dumont d'Urville voyage au pol sud et dans l'Océanie. Paris 1842—44.

**) Vergl. Gehler's physik. Worterb. VI. 1771 u. folgd.

Ocean, ein Unterstrom in umgekehrter Richtung wieder wegen des geringen spec. Gew. des Ostseewassers. Dafs, bei diesem Austausch des Wassers, der Salzgehalt der eingeschlossenen weniger salzhaltigen Meere nicht zunimmt, wird man aus der Menge des in sie einströmenden süfsen Wassers erklären können. Die Anzahl der Beispiele, wo Meeresströmungen durch den Unterschied des spec. Gew. hervorgebracht werden, würde bei genauerer Kenntnifs der Meeresströmungen noch gewifs beträchtlich zu vermehren sein, doch sind die Untersuchungen über diesen Punkt noch ziemlich selten. Ob es wahrscheinlich ist, dafs durch den Austausch von Wärme und Kälte zwischen den Schichten der warmen und kalten Zonen sich in den unteren Schichten eine Mitteltemperatur bilde, lasse ich dahin gestellt. Wauchope*) glaubt dies aus seinen Beobachtungen schliefsen zu müssen, und giebt die mittlere Temperatur der tiefen Schichten auf + 40° Fahr. = + 4° C. an, also wunderbarer Weise wieder dieselbe Temperatur, welche die untern Schichten des süfsen Wassers durch die Eigenschaft des Dichtigkeitsmaximi annehmen. Die von bedeutender Verbindung mit dem Weltmeere abgeschlossene Ostsee unterscheidet sich von jenem auch durch sein weniger salzreiches Wasser. Von der Eigenschaft des Maximi der Dichtigkeit ausgehend glaube ich dies für eine weise Einrichtung der Natur erklären zu müssen. Gesetzt das Ostseewasser hätte ebenfalls kein Maximum der Dichtigkeit oberhalb 0°, so würde im Winter das Wasser bis zum Gefrierpunkte abgekühlt werden und eine Eisdecke würde sich bilden, die um so schneller an Dicke zunehmen müfste, als kein leichteres wärmeres Wasser aus dem benachbarten Ocean einfliefsen könnte. In den Sommern könnten die während des Winters gebildeten Eismassen nicht aufgethaut werden und die Ostseeländer würden des-

*) Jameson's Journal, XXVI, 399.

halb bald aufhören bewohnbar zu sein. Da nun aber das Ostseewasser von geringem Salzgehalte ist und ein Maximum der Dichtigkeit oberhalb des Gefrierpunktes hat, so können die tiefsten Schichten nicht unter die Temperatur des Maximi abgekühlt werden. Die durch Leitung von oben abwärts sich bildende Eisdecke kann keine grofse Stärke erlangen, und der Sommer wird leicht jede Spur des Wintereises vertilgen können. Unsere Kenntnifs von den Ursachen der Meeresströmungen und von der Wärmevertheilung im Ocean ist noch so mangelhaft, dafs jeder Beitrag sie zu vermehren, und sollte er auf der Untersuchung von Kochsalzsoolen begründet sein, auf eine nachsichtige Beurtheilung Anspruch machen kann, die ich hiermit von allen Physikern erbitte.

VIII. Zusammenstellung der gefundenen Formeln.

§. 20.

Zum Schlufs lasse ich der Uebersichtlichkeit wegen die Resultate der Arbeit in den durch die Untersuchung gefundenen Formeln folgen.

Das spec. Gew. des Wassers s_w wird nach Hallström durch die Formel

$$(1) \quad s_w = 0{,}9998884 + 0{,}0000575836t - 0{,}00000755696t^2 + 0{,}0000000342962t^3$$

ausgedrückt.

Das spec. Gew. s einer Soole kann man, wenn das spec. Gew. des Wassers bei $+ 4^\circ$ C. $= 1$ gesetzt wird, für jede Temperatur und jeden Procentgehalt nach der Formel

$$\begin{aligned}(2) \quad s = {} & 0{,}9998884 + 0{,}00770417p - 0{,}0000027828p^2 + 0{,}00000041139p^3 \\ & + (0{,}0000575836 - 0{,}0000374467p + 0{,}000000721546p^2)t \\ & - (0{,}00000755696 - 0{,}000000431235p + 0{,}00000000823049p^2)t^2 \\ & + (0{,}0000000342962 - 0{,}0000000012702p)t^3\end{aligned}$$

berechnen. Dieses s wird für $t = 0$ in s_0 übergehen:

(2, a)
$$s_0 = 0{,}9998884 + 0{,}00770417p - 0{,}0000027828p^2 + 0{,}00000041139p^3.$$

Folglich kann man die Formel (2) für s auch schreiben:

$$\begin{aligned} (2, \text{b}) \quad s = s_0 &+ 0{,}0000575836t - 0{,}00000755696t^2 + 0{,}00000755696t^3 \\ &- (0{,}0000374467t - 0{,}000000431235t^2 + 0{,}0000000012702t^3)p \\ &+ (0{,}000000721546t - 0{,}00000000823049t^2)p^2. \end{aligned}$$

Vermittelst dieser Formel wurden die angehängten Tabellen berechnet. Sie ist nämlich von der Form

$$s = s_0 + A + Bp + Cp^2.$$

Zuerst wurde nun s_0 für alle in den Tabellen angegebene Soolen berechnet, darauf für die Coefficienten ABC eine Hülfstafel construirt, in der die Werthe von ABC bei den verschiedenen von 1 zu 1 Grad zunehmenden Temperaturen angegeben wurden. Sodann multiplicirte ich B und C mit p und p^2, wo p immer um 1 wuchs. Hierdurch erhielt man also die spec. Gew. der Soolen bei den gewünschten Temperaturen für $p = 0$, $p = 1$, $p = 2$ .... Für die in den Tabellen angegebenen Zwischenwerthe von p wurde s durch Interpolation erhalten.

Durch Einsetzen von $p = 3{,}85$ in (2) erhält man die Formel für das spec. Gew. einer Soole, die bei $+ 15^\circ$ R. dasselbe spec. Gew. wie das Meerwasser im Mittel hat:

(2, c)
$$s = 1{,}0295307 - 0{,}000075781t - 0{,}00000611871t^2 + 0{,}0000000294059t^3.$$

Durch Substitution von $p = 4$ in (2) erhält man die Formel für das spec. Gew. einer Soole vom mittleren Salzgehalte des Meeres:

(2, d)
$$s = 1{,}0306854 - 0{,}000080659t - 0{,}00000610033t^2 + 0{,}0000000292154t^3.$$

Setzt man ferner in (2) $t = 4$, so erhält man die

Formel für s_4, das spec. Gew. bei der Temperatur, für welche es beim Wasser in der Einheit angenommen wurde:

$$(3) \quad s_4 = 1 + 0{,}0075612p - 0{,}0000000277p^2 + 0{,}0000041139p^3.$$

Endlich giebt $t = 18^\circ{,}75$ in (2) eingesetzt die Formel für $s_{18,75}$ das spec. Gew. der Soole bei dieser gewöhnlich zur Bestimmung desselben angewendeten Temperatur:

$$(4) \quad s_{18,75} = 0{,}998537 + 0{,}00714467p + 0{,}00000792281p^2 + 0{,}0000041139p^3.$$

Formel für die Temperatur des Gefrierpunktes f_t der Soolen verschiedenen Procentgehaltes:

$$(5) \quad f_t = 0^\circ - 0{,}7663855p + 0{,}00222442p^2.$$

Formel für die Temperatur des Kochpunktes k_t der Soolen verschiedenen Procentgehaltes:

$$(6) \quad k_t = 100^\circ + 0{,}20274p + 0{,}003515p^2.$$

Formel für den Sättigungsprocentgehalt P:

$$(7) \quad P = 26{,}519 + 0{,}0169559t + 0{,}0000901615t^2.$$

Formel für die Sättigungstemperatur $\mathfrak{S}_t$ der Soolen verschiedenen Procentgehaltes:

$$(8) \quad \mathfrak{S}_t = -94{,}0307 + \sqrt{8841{,}78 + \frac{p - 26{,}519}{0{,}0000901615}}.$$

Formeln für die Temperatur des Dichtigkeitsmaximi m_t der Soolen verschiedenen Procentgehalts:

a) Aus (2) berechnet

$$(9) \quad m_t = 3{,}92 - 2{,}4p - 0{,}06p^2 + 0{,}00007p^3.$$

b) und c) durch die Abkühlungsmethode gefunden:

$$(10) \quad m_t = 3{,}92 - 2{,}3365p - 0{,}10503p^2 + 0{,}002148p^3.$$

$$(11) \quad m_t = 3{,}92 - 2{,}33768p - 0{,}104332 + 0{,}0020513p^3.$$

Formeln für die Verdunstungsfähigkeit V der Soolen verschiedenen Procentgehalts:

(12) a) $V = 1 - 3,78554 s_{,} + 10,02932 s_{,}^{2}$,

wo $s_{,}$ das Uebergewicht des specifischen Gewichts einer Soole von 18°,75 über das des Wassers von derselben Temperatur bedeutet, wo also $s_{,} = s_{18,75} - 0,998537$ oder nach Formel (4)

$= 0,00714467 p + 0,00000792281 p^{2} + 0,00000041139 p^{3}$ ist.

(13) b)
$V = 1 - 0,027046 p + 0,00048193 p^{2} - 0,00000084002 p^{3} + \ldots$

Formeln für die Wärmekapacität oder die specifische Wärme C der Soolen verschiedenen Procentgehalts:

(14) a) $C = 1 - 0,814191 s_{,}$,

(15) b)
$C = 1 - 0,00581713 p - 0,0000064588 p^{2} - 0,00000033495 p^{3}$.

Formeln für das Wärmeleitungsvermögen L der Soolen verschiedenen Procentgehalts:

(16) a) $L = 1 + 0,247703 s_{,} + 0,11124 s_{,}^{2} + 0,049956 s_{,}^{3} + \ldots$

(17) b)
$L = 1 + 0,0058171 p + 0,000040298 p^{2} + 0,00000060693 p^{3} + \ldots$

Formel für die Grädigkeit g der Soolen verschiedenen Procentgehaltes:

(18) $$g = \frac{100 - p}{p}.$$

Formel für die Pfündigkeit oder den Salzgehalt S der Soolen, wo S in Pfunden, die sich in einem Kubikfuſs der Soole bei 18°,75 befinden, ausgedrückt wird:

$$(19) \qquad S = \frac{66}{0{,}998537} \cdot s_{18,75} \cdot \frac{p}{100}.$$

Formel für den Wassergehalt W der Soolen, ebenfalls in Pfunden wie S in (19) bestimmt:

$$(20) \qquad W = \frac{66}{0{,}998537} \cdot s_{18,75} \cdot \frac{100-p}{100}.$$

Formeln für das Volumen Vol und die Dichtigkeit D der Soolen bei verschiedenen Temperaturen:

$$(21) \qquad Vol = \frac{s_0}{s_t},$$

$$(22) \qquad D = \frac{s_t}{s_0}.$$

Tabellen für die specifischen Gewichte der Kochsalzsoolen (bei Zunahme des Procentgehaltes um 0.1%) von den Gefrier- bis zu den Kochpunkten, mit Angabe der Gefrier- und Kochpunkte, der Maxima der Dichtigkeit, der Sättigungstemperatur u. s. w.

	0.0			0.1			0.2		
t	s	Δs_t	Δs_p	s	Δs_t	Δs_p	s	Δs_t	Δs_p
−1	(0.999823)	− 65	774	(1.000597)	− 62	774	(1.001371)	− 58	774
0	0.999888	50	771	1.000659	46	770	1.001429	43	771
+1	0.999938	36	767	1.000705	32	767	1.001472	28	767
2	0.999974	20	763	1.000737	17	763	1.001500	− 13	763
3	0.999994	− 6	760	1.000754	− 2	759	1.001513	* + 1	760
4	1.000000	* + 8	756	1.000756	* + 11	756	1.001512	15	757
5	0.999992	23	753	1.000745	26	752	1.001497	29	754
6	0.999969	36	750	1.000719	40	749	1.001468	43	750
7	0.999933	50	746	1.000679	52	746	1.001425	56	747
8	0.999883	63	744	1.000627	67	742	1.001369	69	744
9	0.999820	77	740	1.000560	80	740	1.001300	83	741
10	0.999743	90	737	1.000480	93	737	1.001217	96	738
11	0.999653	103	734	1.000387	105	734	1.001121	108	735
12	0.999550	115	732	1.000282	118	731	1.001013	120	733
13	0.999435	128	729	1.000164	130	729	1.000893	133	730
14	0.999307	139	727	1.000034	143	726	1.000760	145	727
15	0.999168	152	723	0.999891	154	724	1.000615	157	724
16	0.999016	164	721	0.999737	166	721	1.000458	169	722
17	0.998852	175	719	0.999571	178	718	1.000289	180	720
18	0.998677	187	716	0.999393	189	716	1.000109	191	718
19	0.998490	199	714	0.999204	201	714	0.999918	204	715
20	0.998291	1150	712	0.999003	1160	711	0.999714	1169	713
25	0.997141	1400	702	0.997843	1409	702	0.998545	1417	703
30	0.995741	1624	693	0.996434	1630	694	0.997128	1637	694
35	0.994117	1821	687	0.994804	1827	687	0.995491	1832	688
40	0.992296	1994	681	0.992977	1997	682	0.993659	2001	683
45	0.990302	2140	678	0.990980	2142	678	0.991658	2145	679
50	0.988162	2260	676	0.988838	2262	675	0.989513	2264	676
55	0.985902	2356	674	0.986576	2356	673	0.987249	2355	676
60	0.983546	2424	674	0.984220	2424	674	0.984894	2424	674
65	0.981122	2468	674	0.981796	2466	674	0.982470	2464	676
70	0.978654	2486	676	0.979330	2483	676	0.980006	2481	677
75	0.976168	2478	679	0.976847	2475	678	0.977525	2471	680
80	0.973690	2444	682	0.974372	2440	682	0.975054	2437	682
85	0.971246	2385	686	0.971932	2381	685	0.972617	2376	686
90	0.968861	2299	690	0.969551	2294	690	0.970241	2290	690
95	0.966562	2189	695	0.967257	2184	694	0.967951	2179	695
100	0.964373	+ 422	700	0.965073	+ 422	699	0.965772	+ 421	700
+101	(0.963951)		700	(0.964651)		700	(0.965351)		700
f	− 0.00	8		− 0.08	7		− 0.15	8	
k	+100.00	2		+100.02	2		+100.04	2	
m	+ 3.92	24		+ 3.68	24		+ 3.44	25	
S	0.0000	664		0.0664	664		0.1328	664	
W	66.0000	192		65.9808	192		65.9616	192	
y	∞	∞		999.000	500.000		499.000	166.667	

	0.3			0.4			0.5		
t	s	Δs_t	Δs_p	s	Δs_t	Δs_p	s	Δs_t	Δs_p
−1	1.002145	−55	774	(1.002919	−51	774	(1.003693)	−47	774
0	1.002200	39	770	1.002970	36	770	1.003740	32	770
+1	1.002239	24	767	1.003006	20	766	1.003772	17	766
2	1 002263	−10	763	1.003026	−7	763	1.003789	−3	763
3	1 002273	* +4	760	1.003033	* +8	759	1.003792	* +11	759
4	1.002269	18	756	1 003025	21	756	1.003781	26	756
5	1.002251	33	752	1.003003	35	752	1.003755	38	752
6	1.002218	46	750	1.002968	49	749	1.003717	52	750
7	1.002172	59	747	1.002919	63	746	1.003665	66	747
8	1.002113	72	743	1.002856	75	743	1.003599	78	744
9	1.002041	86	740	1.002781	89	740	1.003521	92	741
10	1 001955	99	737	1.002692	101	737	1.003429	103	738
11	1.001856	110	735	1.002591	114	735	1.003326	116	735
12	1.001746	123	731	1 002477	126	733	1.003210	130	732
13	1.001623	136	728	1.002351	139	729	1.003080	141	730
14	1.001487	148	725	1.002212	149	727	1.002939	152	727
15	1.001339	159	724	1.002063	162	724	1.002787	165	724
16	1.001180	171	721	1 001901	173	721	1.002622	175	722
17	1.001009	182	719	1.001728	185	719	1.002447	186	719
18	1.000827	194	716	1.001543	196	718	1.002261	200	717
19	1.000633	206	714	1.001347	208	714	1.002061	210	715
20	1.000427	1179	712	1.001139	1189	712	1 001851	1198	713
25	0.999248	1426	702	0.999950	1434	703	1.000653	1442	703
30	0.997822	1643	694	0.998516	1650	695	0 999211	1657	695
35	0.996179	1837	687	0.996866	1842	688	0 997554	1847	688
40	0.994342	2005	682	0.995024	2009	683	0.995707	2013	683
45	0.992337	2148	678	0 993015	2150	679	0.993694	2152	679
50	0.990189	2264	676	0·990865	2266	677	0.991542	2267	677
55	0.987925	2357	674	0.988599	2357	676	0.989275	2357	676
60	0,985568	2422	674	0 986242	2421	676	0.986918	2421	675
65	0.983146	2463	675	0.983821	2462	676	0.984497	2462	675
70	0.980683	2478	676	0 981359	2476	676	0.982035	2472	677
75	0.978205	2469	678	0.978883	2465	680	0.979563	2464	679
80	0.975736	2433	682	0.976418	2429	681	0.977099	2425	682
85	0 973303	2372	686	0.973989	2368	685	0.974674	2363	685
90	0.970931	2285	690	0.971621	2281	690	0.972311	2277	689
95	0 968646	2174	694	0 969340	2169	694	0.970034	2165	694
100	0.966472	+ 421	699	0.967171	+ 420	698	0.967869	+ 418	698
+101	(0.966051)		700	(0.966751)		700	(0.967451)		
f	− 0 23		8	− 0.31		7	− 0.38		8
k	+100.06		2	+100.08		2	+100.10		2
m	+ 3.19		24	+ 2.95		25	+ 2.70		24
S	0.1992		665	0.2657		665	0.3322		665
W	65.9424		192	65.9232		192	65.9040		192
g	332.333		83.333	249.000		50.000	199.000		33.333

	0.6			0.7			0.8		
t	s	Δs_t	Δs_p	s	Δs_t	Δs_p	s	Δs_t	Δs_p
−1	(1.004467)	−43	774	(1.005241)	−39	774	(1.006015)	−35	774
0	1.004510	28	770	1.005280	24	770	1.006050	21	770
+1	1.004538	−14	766	1.005304	−11	767	1.006071	−7	766
2	1.004552	+1	763	1.005315	+5	763	1.006078	+9	763
3	1.004551	14	759	1.005310	16	759	1.006069	19	760
4	1.004537	30	757	1.005294	34	756	1.006050	37	756
5	1.004507	40	753	1.005260	44	753	1.006013	47	753
6	1.004467	55	749	1.005216	58	750	1.005966	61	750
7	1.004412	69	746	1.005158	72	747	1.005905	76	747
8	1.004343	81	743	1.005086	84	743	1.005829	87	744
9	1.004262	95	740	1.005002	98	740	1.005742	101	741
10	1.004167	106	737	1.004904	108	737	1.005641	110	738
11	1.004061	119	735	1.004796	122	735	1.005531	125	735
12	1.003942	132	732	1.004674	135	732	1.005406	137	732
13	1.003810	144	729	1.004539	146	730	1.005269	149	729
14	1.003666	155	727	1.004393	158	727	1.005120	161	727
15	1.003511	167	724	1.004235	169	724	1.004959	171	725
16	1.003344	178	722	1.004066	181	722	1.004788	183	722
17	1.003166	188	719	1.003885	190	720	1.004605	193	720
18	1.002978	202	717	1.003695	204	717	1.004412	206	717
19	1.002776	212	715	1.003491	214	715	1.004206	216	715
20	1.002564	1208	713	1.003277	1218	713	1.003990	1228	713
25	1.001356	1450	703	1.002059	1458	703	1.002762	1466	703
30	0.999906	1664	695	1.000601	1671	695	1.001296	1678	695
35	0.998242	1852	688	0.998930	1857	688	0.999618	1862	689
40	0.996390	2017	683	0.997073	2021	683	0.997756	2024	684
45	0.994373	2154	679	0.995052	2156	680	0.995732	2159	680
50	0.992219	2268	677	0.992896	2270	677	0.993573	2272	677
55	0.989951	2358	675	0.990626	2358	675	0.991301	2358	675
60	0.987593	2421	675	0.988268	2421	675	0.988943	2421	675
65	0.985172	2460	675	0.985847	2458	675	0.986522	2456	675
70	0.982712	2470	677	0.983389	2468	677	0.984066	2466	677
75	0.980242	2461	679	0.980921	2458	679	0.981600	2455	679
80	0.977781	2422	682	0.978463	2419	682	0.979145	2415	682
85	0.975359	2359	685	0.976044	2355	686	0.976730	2352	685
90	0.973000	2272	689	0.973689	2268	689	0.974378	2264	689
95	0.970728	2161	693	0.971421	2156	693	0.972114	2151	693
100	0.968567	+416	698	0.969265	+415	698	0.969963	+414	698
+101	(0.968151)		699	(0.968850)		699	(0.969549)		699
f	−0.46		8	−0.54		7	−0.61		8
k	+100.12		2	+100.14		2	+100.16		3
m	+2.46		25	+2.21		25	+1.96		25
S	0.3987		665	0.4652		665	0.5317		665
W	65.8848		192	65.8656		192	65.8464		192
g	165.667		23.810	141.857		17.857	124.000		13.889

t	0.9 s	$\Delta s_{\prime}$	$\Delta s_{\prime\prime}$	1.0 s	$\Delta s_{\prime}$	$\Delta s_{\prime\prime}$	1.1 s	$\Delta s_{\prime}$	$\Delta s_{\prime\prime}$
— 1	1.006789		773	(1.007562		774	(1.008336		774
0	1.006820	— 31	770	1.007590	— 28	770	1.008360	— 24	770
+ 1	1.006837	17	767	1.007604	— 14	766	1.008370	— 10	767
2	1.006841	— 4	763	1.007604	0	763	1.008367	+ 3	763
3	1.006829	+ 12	760	1.007589	+ 15	759	1.008348	19	760
4	1.006806	23	756	1.007562	27	756	1.008318	30	756
5	1.006766	40	753	1.007519	43	753	1.008272	46	753
6	1.006716	50	750	1.007466	53	750	1.008216	56	750
7	1.006652	64	747	1.007399	67	747	1.008146	70	747
8	1.006573	79	744	1.007317	82	744	1.008061	85	744
9	1.006483	90	741	1.007224	93	741	1.007965	96	741
10	1.006379	104	738	1.007117	107	738	1.007855	110	738
11	1.006266	113	735	1.007001	116	735	1.007736	119	735
12	1.006138	128	732	1.006870	131	733	1.007603	133	733
13	1.005998	140	730	1.006728	142	730	1.007458	145	730
14	1.005847	151	727	1.006574	154	728	1.007302	156	728
15	1.005684	163	725	1.006409	165	725	1.007134	168	725
16	1.005510	174	722	1.006232	177	723	1.006955	179	723
17	1.005325	185	720	1.006045	187	721	1.006766	189	721
18	1.005129	196	717	1.005846	199	718	1.006564	202	718
19	1.004921	208	716	1.005637	209	716	1.006353	211	716
20	1.004703	218	713	1.005416	221	714	1.006130	223	714
25	1.003465	1238	703	1.004168	1248	705	1.004873	1257	705
30	1.001991	1474	695	1.002686	1482	697	1.003383	1490	697
35	1.000307	1684	689	1.000996	1690	690	1.001686	1697	690
40	0.998440	1867	684	0.999124	1872	685	0.999809	1877	685
45	0.996412	2028	680	0.997092	2032	681	0.997773	2036	681
50	0.994250	2162	677	0.994927	2165	679	0.995606	2167	679
55	0.991976	2274	675	0.992651	2276	677	0.993328	2278	677
60	0.989618	2358	675	0.990293	2358	676	0.990969	2359	677
65	0.987197	2421	676	0.987873	2420	677	0.988550	2419	677
70	0.984743	2454	677	0.985420	2453	678	0.986098	2452	678
75	0.982279	2464	679	0.982958	2462	680	0.983638	2460	680
80	0.979827	2452	682	0.980509	2449	682	0.981191	2447	682
85	0.977415	2412	686	0.978101	2408	685	0.978786	2405	685
90	0.975067	2348	689	0.975756	2345	689	0.976445	2341	689
95	0.972807	2260	693	0.973500	2256	693	0.974193	2252	693
100	0.970661	2146	698	0.971359	2141	697	0.972056	2137	697
+101	(0.970248)	+ 413	699	0.970947)	+ 412	697	(0.971644)	+ 412	697
f	— 0.69		7	— 0.76		8	— 0.84		8
k	+100.19		2	+100.21		2	+100.23		2
m	+ 1.71		25	+ 1.46		25	+ 1.21		26
S	0.5982		665	0.6647		674	0.7321		674
u	65.8272		192	65.8080		200	65.7880		200
g	110 111		11 111	99 000		2.091	89 909		7.576

t	1.2 s	1.2 Δs_t	1.2 Δs_p	1.3 s	1.3 Δs_t	1.3 Δs_p	1.4 s	1.4 Δs_t	1.4 Δs_p
— 2							(1.010627)		777
1	(1.009110)		774	(1.009884)		774	1.010658	— 31	773
0	1.009130	— 20	769	1.009899	— 15	770	1.010669	— 11	770
+ 1	1.009137	— 7	765	1.009902	— 3	767	1.010669	* 0	766
2	1.009130	+ * 7	762	1 009892	+ * 10	763	1.010655	+ 14	763
3	1.009108	22	759	1.009867	25	760	1.010627	28	759
4	1.009074	34	756	1 009830	37	756	1.010586	41	756
5	1.009025	49	753	1.009778	52	753	1.010531	55	753
6	1.008966	59	750	1.009716	62	750	1.010466	65	750
7	1.008893	73	747	1.009640	76	747	1 010387	79	747
8	1.008805	88	744	1.009549	91	744	1.010293	94	744
9	1.008706	99	741	1.009447	102	741	1.010188	105	741
10	1.008593	113	738	1.009331	116	738	1.010069	119	739
11	1.008471	122	735	1.009206	125	736	1.009942	127	736
12	1.008336	135	733	1 009069	137	733	1.009802	140	733
13	1 008188	148	730	1.008918	151	730	1.009648	154	731
14	1.008030	158	728	1.008758	160	728	1.009486	162	728
15	1.007859	171	725	1.008584	174	725	1.009309	177	726
16	1.007678	181	723	1.008401	183	723	1.009124	185	723
17	1.007487	191	721	1.008208	193	721	1.008929	195	721
18	1.007282	205	719	1.008001	207	719	1.008720	209	719
19	1.007069	213	716	1.007785	216	716	1.008501	219	717
20	1.006844	225	714	1.007558	227	714	1.008272	229	715
25	1.005578	1266	705	1.006283	1275	705	1.006988	1284	705
30	1.004080	1498	697	1.004777	1506	697	1.005474	1514	697
35	1.002376	1704	690	1.003066	1711	691	1.003757	1717	691
40	1.000494	1882	685	1.001179	1887	685	1.001864	1893	685
45	0.998454	2040	681	0.999135	2044	682	0.999817	2047	682
50	0.996285	2169	679	0.996964	2171	679	0.997643	2174	679
55	0.994005	2280	677	0.994682	2282	677	0.995359	2284	677
60	0.991646	2359	677	0.992323	2359	677	0.993000	2359	677
65	0.989227	2419	677	0.989904	2419	677	0.990581	2419	677
70	0.986776	2451	678	0.987454	2450	678	0.988132	2449	678
75	0.984318	2458	680	0.984998	2456	680	0.985678	2454	680
80	0.981873	2445	682	0.982555	2443	682	0.983237	2441	683
85	0.979471	2402	685	0.980156	2399	685	0.980841	2396	685
90	0.977134	2337	689	0.977823	2333	689	0 978512	2329	689
95	0.974886	2248	693	0 975579	2244	693	0.976272	2240	692
100	0.972753	2133	696	0 973449	2130	696	0.974145	2127	696
+101	(0.972341)	+ 412	697	(0.973038)	+ 411	697	(0.973735	+ 410	697
f	— 0.92		7	— 0.99		8	— 1.07		7
k	+100 25		2	+100.27		2	+100 29		2
m	+ 0 95		25	+ 0.70		26	+ 0.44		26
S	0.7995		674	0.8669		674	0.9343		674
W	65.7680		200	65 7480		200	65.7280		200
g	82.333		6.410	75.923		5.494	70.429		4.762

	1.5			1.6			1.7		
t	s	Δs_t	Δs_p	s	Δs_t	Δs_p	s	Δs_t	Δs_p
− 2	(1.011404)		777	(1.012181)		777	(1.012958)		777
1	1.011431	− 27	773	1.012204	− 23	773	1.012977	− 19	773
0	1.011439	− 8	770	1.012209	− 5	770	1.012979	− 2	769
+ 1	1.011435	* + 4	767	1.012202	* + 7	766	1.012968	* + 11	766
2	1.011418	17	763	1.012181	21	763	1.012944	24	763
3	1.011386	32	760	1.012146	35	759	1.012905	39	760
4	1.011342	44	756	1.012098	48	756	1.012854	51	757
5	1.011284	58	753	1.012037	61	753	1.012790	64	754
6	1.011216	68	750	1.011966	71	750	1.012716	74	750
7	1.011134	82	747	1.011881	85	747	1.012628	88	747
8	1.011037	97	744	1.011781	100	744	1.012525	103	744
9	1.010929	108	741	1.011670	111	741	1.012411	114	741
10	1.010808	121	739	1.011547	123	739	1.012286	125	739
11	1.010678	130	736	1.011414	133	736	1.012150	136	736
12	1.010535	143	733	1.011268	146	733	1.012001	149	733
13	1.010379	156	731	1.011110	158	731	1.011841	160	731
14	1.010214	165	728	1.010942	168	728	1.011670	171	728
15	1.010035	179	726	1.010761	181	726	1.011487	183	726
16	1.009847	188	723	1.010570	191	723	1.011293	194	724
17	1.009650	197	721	1.010371	199	721	1.011092	201	721
18	1.009439	211	719	1.010158	213	719	1.010877	215	719
19	1.009218	221	717	1.009935	223	717	1.010652	225	717
20	1.008987	231	715	1.009702	233	715	1.010417	235	715
25	1.007693	1294	705	1.008398	1304	705	1.009103	1314	705
30	1.006171	1522	697	1.006868	1530	697	1.007565	1538	697
35	1.004448	1723	691	1.005139	1729	691	1.005830	1735	691
40	1.002549	1899	686	1.003235	1904	686	1.003921	1909	686
45	1.000499	2050	682	1.001181	2054	682	1.001863	2058	682
50	0.998322	2177	679	0.999001	2180	679	0.999680	2183	679
55	0.996036	2286	678	0.996714	2287	678	0.997392	2288	678
60	0.993677	2359	677	0.994354	2360	677	0.995031	2361	677
65	0.991258	2419	677	0.991935	2419	678	0.992613	2418	678
70	0.988810	2448	678	0.989488	2447	679	0.990167	2446	679
75	0.986358	2452	680	0.987038	2450	680	0.987718	2449	680
80	0.983920	2438	683	0.984603	2435	683	0.985286	2432	683
85	0.981526	2394	685	0.982211	2392	686	0.982897	2389	686
90	0.979201	2325	689	0.979890	2321	689	0.980579	2318	688
95	0.976964	2237	692	0.977656	2234	692	0.978348	2231	692
100	0.974841	2123	696	0.975537	2119	696	0.976233	2115	696
+101	(0.974432)	+ 409	697	(0.975129)	+ 408	697	(0.975826)	+ 407	697
f	− 1.14		8	− 1.22		8	− 1.30		7
k	+100.31		2	+100.33		2	+100.35		3
m	+ 0.18		25	− 0.07		26	− 0.33		26
S	1.0017		674	1.0691		674	1.1365		674
W	65.7080		200	65.6880		200	65.6680		200
g	65.667		4.167	61.500		3.676	57.824		3.268

	1.8			1.9			2.0		
t	s	Δs_t	Δs_p	s	Δs_t	Δs_p	s	Δs_t	Δs_p
− 2	(1.013735)	− 15	777	(1.014512)	− 11	777	(1.015289)	− 7	777
1	1.013750	+ *2	773	1.014523	+ *5	773	1.015296	+ *8	774
0	1.013748	+ 14	770	1.014518	+ 18	770	1.015288	21	770
+ 1	1 013734	27	766	1.014500	30	767	1 015267	34	766
2	1.013707	42	763	1.014470	45	763	1.015233	48	763
3	1.013665	54	760	1.014425	57	760	1.015185	60	760
4	1.013611	67	757	1.014368	70	757	1.015125	73	756
5	1.013544	78	754	1.014298	82	754	1 015052	86	753
6	1 013466	91	750	1.014216	94	750	1.014966	97	750
7	1.013375	106	747	1.014122	108	747	1.014869	110	748
8	1 013269	117	745	1 014014	120	745	1.014759	123	745
9	1.013152	127	742	1.013894	130	742	1.014636	133	742
10	1.013025	139	739	1.013764	142	739	1.014503	145	739
11	1.012886	152	736	1.013622	155	736	1.014358	157	737
12	1.012734	162	733	1.013467	164	734	1.014201	167	734
13	1.012572	174	731	1.013303	177	731	1.014034	179	732
14	1.012398	185	728	1 013126	187	729	1.013855	190	729
15	1.012213	196	726	1.012939	198	726	1.013665	200	727
16	1.012017	204	724	1.012741	207	724	1.013465	210	725
17	1.011813	217	721	1.012534	219	721	1.013255	221	722
18	1.011596	227	719	1.012315	229	719	1.013034	231	720
19	1.011369	237	717	1.012086	239	717	1.012803	241	718
20	1.011132	1324	715	1.011847	1334	715	1.012562	1343	716
25	1.009808	1546	705	1.010513	1553	706	1.011219	1561	707
30	1.008262	1741	698	1.008960	1748	698	1.009658	1755	699
35	1.006521	1914	691	1.007212	1919	691	1.007903	1924	693
40	1.004607	2062	686	1.005293	2066	686	1.005979	2070	688
45	1.002545	2186	682	1.003227	2189	682	1.003909	2192	684
50	1.000359	2289	679	1.001038	2290	679	1.001717	2291	682
55	0.998070	2362	678	0.998748	2363	678	0.999426	2364	680
60	0 995708	2417	677	0.996385	2416	677	0.997062	2415	679
65	0.993291	2445	678	0.993969	2444	678	0.994647	2443	679
70	0.990846	2448	679	0.991525	2447	679	0.992204	2445	680
75	0.988398	2429	680	0.989078	2426	681	0.989759	2424	681
80	0.985969	2386	683	0.986652	2383	683	0.987335	2380	683
85	0.983583	2316	686	0.984269	2314	686	0.984955	2312	685
90	0.981267	2227	688	0.981955	2223	688	0.982643	2219	688
95	0.979040	2111	692	0.979732	2107	692	0.980424	2103	691
100	0.976929	+ 406	696	0.977625	+ 405	696	0 978321	+ 404	694
+101	(0.976523)		(697)	(0.977220)		697	(0.977917)		695
f	− 1.37		8	− 1.45		7	− 1.52		8
k	+100.38		2	+100.40		2	+100.42		2
m	− 0.59		27	− 0.86		26	− 1.12		26
S	1.2039		675	1.2714		675	1.3389		683
W	65.6480		200	65 6280		201	65.6079		208
g	54.556		2.924	51.632		2,632	49 000		2.381

	2.1			2.2			2.3		
t	s	Δs_t	Δs_p	s	Δs_t	Δs_p	s	Δs_t	Δs_p
− 2	(1.016066)	− 4	777	(1.016843)	− 1	777	(1.017620)	+ 3*	777
1	1.016070	+ 12*	774	1.016844	+ 16*	773	1.017617	20	773
0	1.016058	25	770	1.016828	29	769	1.017597	31	770
+ 1	1.016033	37	766	1.016799	40	767	1.017566	44	766
2	1.015996	51	763	1.016759	54	763	1.017522	57	763
3	1.015945	64	760	1.016705	67	760	1.017465	70	760
4	1.015881	76	757	1.016638	80	757	1.017395	83	757
5	1.015805	89	753	1.016558	91	754	1.017312	94	754
6	1.015716	99	751	1.016467	102	751	1.017218	105	751
7	1.015617	113	748	1.016365	116	748	1 017113	119	748
8	1.015504	126	745	1 016249	129	745	1.016994	132	745
9	1.015378	136	742	1.016120	139	742	1.016862	142	742
10	1.015242	147	739	1.015981	149	739	1.016720	151	740
11	1.015095	160	737	1.015832	163	737	1.016569	166	737
12	1.014935	169	734	1.015669	171	734	1.016403	173	734
13	1.014766	182	732	1.015498	185	732	1.016230	188	732
14	1.014584	192	729	1.015313	194	729	1.016042	196	729
15	1.014392	202	727	1.015119	204	727	1.015846	206	727
16	1.014190	213	725	1.014915	216	725	1.015640	218	725
17	1.013977	223	722	1.014699	225	723	1.015422	227	723
18	1 013754	233	720	1.014474	235	721	1.015195	238	721
19	1.013521	243	718	1.014239	245	718	1.014957	247	719
20	1.013278	1352	716	1.013994	1361	716	1.014710	1370	716
25	1.011926	1569	707	1.012633	1576	707	1.013340	1583	707
30	1.010357	1761	700	1.011057	1768	700	1.011757	1775	700
35	1.008596	1929	693	1.009289	1934	693	1.009982	1939	694
40	1.006667	2074	688	1.007355	2077	688	1.008043	2080	689
45	1.004593	2194	685	1.005278	2197	685	1.005963	2200	685
50	1.002399	2293	682	1.003081	2295	682	1.003763	2297	682
55	1.000106	2365	680	1.000786	2366	680	1.001466	2367	680
60	0.997741	2415	679	0.998420	2415	679	0.999099	2415	680
65	0.995326	2442	679	0.996005	2441	679	0.996684	2440	679
70	0.992884	2444	680	0.993564	2443	680	0.994244	2442	680
75	0.990440	2422	681	0.991121	2420	681	0.991802	2418	682
80	0.988018	2378	683	0.988701	2376	683	0.989384	2373	683
85	0.985640	2309	685	0.986325	2306	686	0.987011	2304	686
90	0.983331	2216	688	0.984019	2213	688	0.984707	2210	688
95	0.981115	2100	691	0.981806	2097	691	0.982497	2094	691
100	0.979015	+ 403	694	0.979709	+ 402	694	0 980403	+ 401	694
+101	(0 978612)		695	(0.979307)		695	(0.980002)		695
f	− 1.60		8	− 1.68		7	− 1.75		8
k	+100.44		2	+100.46		2	+100.48		3
m	− 1.38		25	− 1.63		28	− 1.91		27
S	1.4072		683	1.4755		684	1.5439		684
W	65.5871		208	65.5663		208	65.5455		208
g	46.619		2.164	44.455		1.977	42.478		1.811

	2.4			2.5			2.6		
t	s	$\Delta s_{/}$	$\Delta s_{//}$	s	$\Delta s_{/}$	$\Delta s_{//}$	s	$\Delta s_{/}$	$\Delta s_{//}$
− 2	(1.018397)		777	(1.019174)		777	(1.019951)		777
1	1.018390	+ 7	773	1.019163	+ 11	773	1.019936	+ 15	773
0	1.018367	23	770	1.019137	26	769	1.019906	30	770
+ 1	1.018332	35	766	1.019098	39	767	1.019865	41	766
2	1 018285	47	763	1.019048	50	763	1.019811	54	763
3	1.018225	60	760	1.018985	63	760	1.019745	66	760
4	1.018152	73	757	1.018909	76	757	1.019666	79	757
5	1.018066	86	754	1 018820	89	754	1.019574	92	754
6	1.017969	97	751	1.018720	100	751	1.019471	103	751
7	1.017861	108	748	1.018609	111	748	1.019357	114	748
8	1.017739	122	745	1 018484	125	745	1.019229	128	745
9	1.017604	135	742	1.018346	138	742	1.019088	141	743
10	1.017460	144	740	1.018200	146	740	1.018940	148	740
11	1.017306	154	737	1.018043	157	737	1.018780	160	737
12	1 017137	169	735	1.017872	171	735	1.018607	173	735
13	1.016962	175	732	1.017694	178	732	1.018426	181	732
14	1.016771	191	730	1.017501	193	730	1.018231	195	730
15	1.016573	198	727	1.017300	201	727	1.018027	204	728
16	1.016365	208	725	1.017090	210	725	1.017815	212	725
17	1.016145	220	723	1.016868	222	723	1 017591	224	723
18	1.015916	229	721	1.016637	231	721	1.017358	233	721
19	1.015676	240	719	1.016395	242	719	1.017114	244	719
20	1.015426	250	717	1.016143	252	717	1.016860	254	717
25	1 014047	1379	707	1.014754	1389	708	1.015462	1398	708
30	1.012457	1590	700	1.013157	1597	700	1.013857	1605	700
35	1.010676	1781	694	1 011370	1787	694	1.012064	1793	694
40	1.008732	1944	689	1.009421	1949	689	1.010110	1954	689
45	1.006648	2084	685	1.007333	2088	685	1.008018	2092	685
50	1.004445	2203	682	1.005127	2206	682	1.005809	2209	682
55	1.002146	2299	680	1.002826	2301	681	1.003507	2302	681
60	0.999779	2367	680	1.000459	2367	680	1.001139	2368	680
65	0.997363	2416	680	0.998043	2416	680	0.998723	2416	680
70	0.994924	2439	680	0 995604	2439	680	0 996284	2439	681
75	0.992484	2440	682	0.993166	2438	682	0.993848	2436	682
80	0.990067	2417	683	0 990750	2416	684	0.991434	2414	684
85	0 987697	2370	686	0.988383	2367	686	0.989069	2365	686
90	0.985395	2302	688	0.986083	2300	688	0.986771	2298	689
95	0.983188	2207	691	0.983879	2204	691	0.984570	2201	691
100	0.981097	2091	694	0.981791	2088	694	0.982485	2085	694
+101	(0.980697)	+ 400	695	(0 981392)	+ 399	695	(0 982087)	+ 398	695
f	− 1.83		7	− 1.90		8	− 1.98		7
k	+100.51		2	+100.53		2	+100.55		2
m	− 2.18		27	− 2.45		26	− 2.71		27
S	1.6123		684	1.6807		684	1.7491		684
W	65.5247		208	65 5039		209	65.4830		209
g	40.667		1.667	39.000		1.538	37.462		1.425

	2.7			2.8			2.9		
t	s	Δs_t	Δs_p	s	Δs_t	Δs_p	s	Δs_t	Δs_p
− 3	(1.020733)	+ 5	780	(1.021513)	+ 8	780	(1.022293)	+ 12	780
2	1.020728	19	777	1.021505	23	776	1.022281	26	776
1	1.020709	33	773	1.021482	36	773	1.022255	39	773
0	1.020676	45	770	1.021446	49	770	1.022216	52	770
+ 1	1.020631	57	766	1.021397	60	767	1.022164	64	767
2	1.020574	69	763	1.021337	72	763	1.022100	75	764
3	1.020505	82	760	1.021265	85	760	1.022025	88	760
4	1.020423	95	757	1.021180	98	757	1.021937	101	757
5	1.020328	106	754	1.021082	109	754	1.021836	112	754
6	1.020222	117	751	1.020973	120	751	1.021724	123	751
7	1.020105	131	748	1.020853	134	748	1.021601	137	748
8	1.019974	143	745	1.020719	145	745	1.021464	147	746
9	1.019831	151	743	1 020574	154	743	1.021317	157	743
10	1.019680	163	740	1.020420	166	740	1.021160	169	740
11	1.019517	175	737	1.020254	177	737	1.020991	179	738
12	1.019342	184	735	1.020077	187	735	1.020812	190	735
13	1.019158	197	732	1.019890	199	732	1.020622	201	733
14	1.018961	206	730	1.019691	208	730	1.020421	210	730
15	1.018755	215	728	1.019483	218	728	1.020211	221	728
16	1.018540	226	725	1.019265	228	725	1.019990	230	726
17	1.018314	235	723	1.019037	237	723	1.019760	239	723
18	1.018079	246	721	1.018800	248	721	1.019521	250	721
19	1.017833	256	719	1.018552	258	719	1.019271	260	719
20	1.017577	1407	717	1.018294	1416	717	1.019011	1425	717
25	1.016170	1613	708	1.016878	1621	708	1.017586	1629	708
30	1.014557	1799	700	1.015257	1805	700	1.015957	1811	700
35	1.012758	1959	694	1.013452	1964	694	1.014146	1969	694
40	1.010799	2096	689	1.011488	2100	689	1.012177	2104	689
45	1.008703	2212	685	1.009388	2214	685	1.010073	2216	685
50	1.006491	2303	683	1.007174	2305	683	1.007857	2307	683
55	1.004188	2369	681	1.004869	2370	681	1.005550	2371	681
60	1.001819	2416	680	1.002499	2416	680	1.003179	2416	680
65	0.999403	2438	680	1.000083	2437	680	1.000763	2436	680
70	0.996965	2435	681	0.997646	2434	681	0.998527	2433	681
75	0.994530	2412	682	0.995212	2410	682	0.995894	2408	682
80	0.992118	2363	684	0.992802	2361	684	0.993486	2359	684
85	0.989755	2295	686	0.990441	2292	686	0.991127	2289	686
90	0.987460	2199	689	0.988149	2197	689	0.988838	2194	689
95	0.985261	2082	691	0.985952	2079	692	0.986644	2076	692
100	0.983179	+ 397	694	0.983873	+ 397	695	0.984568	+ 398	695
+101	(0.982782)		694	(0.983476)		694	(0.984170)		694
f	− 2.05		8	− 2.13		7	− 2.20		8
k	+100.57		2	+100.59		2	+100.61		3
m	− 2.98		27	− 3.25		28	− 3.53		27
S	1.8175		684	1.8859		684	1.9543		684
W	65.4621		209	65.4412		209	65.4203		209
g	36.037		1.323	34.714		1.231	33.483		1.150

	3.0			3.1			3.2		
t	s	Δs_t	Δs_p	s	Δs_t	Δs_p	s	Δs_t	Δs_p
− 3	1.023073		779	1.023852		780	1.024632		780
2	1.023057	+ 16	776	1.023833	+ 19	776	1.024609	+ 23	776
1	1.023028	29	773	1.023801	32	773	1.024574	35	773
0	1.022986	42	769	1.023755	46	770	1.024525	49	770
+ 1	1.022931	55	766	1.023697	58	767	1.024464	61	766
2	1.022864	67	763	1.023627	70	764	1.024391	73	763
3	1.022785	79	760	1.023545	82	761	1.024306	85	760
4	1.022694	91	757	1.023451	94	758	1.024209	97	757
5	1.022590	104	754	1.023344	107	755	1.024099	110	754
6	1.022475	115	751	1.023226	118	752	1.023978	121	751
7	1.022349	126	748	1.023097	129	749	1.023846	132	749
8	1.022210	139	746	1.022956	141	746	1.023702	144	746
9	1.022060	150	743	1.022803	153	743	1.023546	156	743
10	1.021900	160	741	1.022641	162	741	1.023382	164	741
11	1.021729	171	738	1.022467	174	738	1.023205	177	738
12	1.021547	182	736	1.022283	184	736	1.023019	186	736
13	1.021355	192	733	1.022088	195	733	1.022821	198	734
14	1.021151	204	731	1.021882	206	731	1.022613	208	731
15	1.020939	212	729	1.021668	214	729	1.022397	216	729
16	1.020716	223	727	1.021443	225	727	1.022170	227	727
17	1.020483	233	725	1.021208	235	725	1.021933	237	725
18	1.020242	241	722	1.020964	244	722	1.021686	247	722
19	1.019990	252	721	1.020711	253	721	1.021432	254	721
20	1.019728	262	719	1.020447	264	719	1.021166	266	719
25	1.018294	1434	710	1.019004	1443	710	1.019714	1452	710
30	1.016657	1637	702	1.017359	1645	703	1.018062	1652	703
35	1.014840	1817	696	1.015536	1823	696	1.016232	1830	697
40	1.012866	1974	691	1.013557	1979	692	1.014249	1983	692
45	1.010758	2108	688	1.011446	2111	688	1.012134	2115	688
50	1.008540	2218	685	1.009225	2221	685	1.009910	2224	685
55	1.006231	2309	683	1.006914	2311	683	1.007597	2313	683
60	1.003859	2372	682	1.004541	2373	682	1.005223	2374	682
65	1.001443	2416	682	1.002125	2416	682	1.002807	2416	682
70	0.999008	2435	682	0.999690	2435	682	1.000372	2435	682
75	0.996576	2432	683	0.997259	2431	683	0.997942	2430	683
80	0.994170	2406	684	0.994854	2405	684	0.995538	2404	684
85	0.991813	2357	686	0.992499	2355	686	0.993185	2353	686
90	0.989527	2286	688	0.990215	2284	688	0.990903	2282	688
95	0.987336	2191	690	0.988026	2189	690	0.988716	2187	690
100	0.985263	2073	692	0.985955	2071	692	0.986647	2069	692
+ 101	(0.984864)	+ 399	693	(0.985557)	+ 398	693	(0.986250)	+ 397	693
f	− 2.28		7	− 2.35		8	− 2.43		7
k	+ 100.64		2	+ 100.66		2	+ 100.68		2
m	− 3.80		28	− 4.08		27	− 4.35		28
S	2.0227		693	2.0920		693	2.1613		693
W	65.3994		216	65.3778		216	65.3562		216
g	32.333		1.075	31.258		1.008	30.250		947

t	3.3 s	Δs_t	Δs_p	3.4 s	Δs_t	Δs_p	3.5 s	Δs_t	Δs_p
−3	(1.025412)	+27	780	(1.026192)	+31	780	(1.026972)	+35	780
2	1.025385	38	776	1.026161	41	776	1.026937	44	776
1	1.025347	52	773	1.026120	55	773	1.026893	58	773
0	1.025295	65	770	1.026065	68	770	1.026835	72	770
+1	1.025230	76	767	1.025997	79	766	1.026763	82	767
2	1.025154	88	764	1.025918	91	763	1.026681	94	764
3	1.025066	100	761	1.025827	103	760	1.026587	106	761
4	1.024966	113	758	1.025724	116	757	1.026481	119	758
5	1.024853	124	755	1.025608	127	754	1.026362	130	755
6	1.024729	134	752	1.025481	137	751	1.026232	139	752
7	1.024595	147	749	1.025344	150	749	1.026093	153	749
8	1.024448	159	746	1.025194	161	746	1.025940	163	746
9	1.024289	166	744	1.025033	169	744	1.025777	172	744
10	1.024123	180	741	1.024864	183	741	1.025605	185	741
11	1.023943	188	738	1.024681	190	739	1.025420	193	739
12	1.023755	200	736	1.024491	202	736	1.025227	204	736
13	1.023555	211	734	1.024289	214	734	1.025023	216	734
14	1.023344	218	731	1.024075	220	732	1.024807	223	732
15	1.023126	229	729	1.023855	231	729	1.024584	233	729
16	1.022897	239	727	1.023624	241	727	1.024351	243	727
17	1.022658	250	725	1.023383	253	725	1.024108	256	725
18	1.022408	255	722	1.023130	256	722	1.023852	257	723
19	1.022153	268	721	1.022874	270	721	1.023595	272	721
20	1.021885	1461	719	1.022604	1470	719	1.023323	1479	719
25	1.020424	1659	710	1.021134	1666	710	1.021844	1673	710
30	1.018765	1836	703	1.019468	1842	703	1.020171	1848	703
35	1.016929	1988	697	1.017626	1993	697	1.018323	1998	697
40	1.014941	2119	692	1.015633	2123	692	1.016325	2127	692
45	1.012822	2227	688	1.013510	2230	688	1.014198	2233	688
50	1.010595	2315	685	1.011280	2317	685	1.011965	2319	685
55	1.008280	2375	683	1.008963	2376	683	1.009646	2377	683
60	1.005905	2416	682	1.006587	2416	682	1.007269	2416	682
65	1.003489	2435	682	1.004171	2435	682	1.004853	2435	682
70	1.001054	2429	682	1.001736	2428	682	1.002418	2427	683
75	0.998625	2403	683	0.999308	2401	683	0.999991	2399	683
80	0.996222	2351	685	0.996907	2350	685	0.997592	2349	685
85	0.993871	2280	686	0.994557	2278	686	0.995243	2276	686
90	0.991591	2185	688	0.992279	2183	688	0.992967	2181	688
95	0.989406	2067	690	0.990096	2065	690	0.990786	2063	690
100	0.987339	+396	692	0.988031	+395	692	0.988723	+394	692
+101	(0.986943)		693	(0.987636)		693	(0.988329)		693
f	−2.50		8	−2.58		8	−2.66		7
k	+100.70		3	+100.73		2	+100.75		2
m	−4.63		28	−4.91		28	−5.19		28
S	2.2306		693	2.2999		693	2.3692		693
W	65.3346		216	65.3130		216	65.2914		217
g	29.303		891	28.412		841	27.571		793

t	3.6 s	3.6 Δs_t	3.6 Δs_p	3.7 s	3.7 Δs_t	3.7 Δs_p	3.8 s	3.8 Δs_t	3.8 Δs_p
− 3	(1.027752)	+ 39	780	(1.028532)	+ 42	780	(1.029312)	+ 45	780
2	1.027713	47	777	1.028490	51	777	1.029267	55	777
1	1.027666	61	773	1.028439	64	773	1.029212	67	774
0	1.027605	75	770	1.028375	78	770	1 029145	81	770
+ 1	1.027530	85	767	1.028297	89	767	1.029064	92	767
2	1.027445	97	763	1.028208	100	764	1.028972	103	764
3	1.027348	109	760	1.028108	112	761	1.028869	115	760
4	1.027239	122	757	1.027996	125	758	1.028754	128	757
5	1.027117	133	754	1.027871	135	755	1.028626	138	755
6	1.026984	142	752	1.027736	145	752	1.028488	148	752
7	1.026842	156	749	1.027591	158	749	1.028340	160	749
8	1.026686	165	747	1.027433	168	747	1.028180	171	747
9	1.026521	175	744	1.027265	178	744	1.028009	181	744
10	1.026346	187	741	1.027087	189	741	1.027828	191	741
11	1.026159	196	739	1.026898	199	739	1.027637	202	739
12	1.025963	206	736	1.026699	208	736	1.027435	210	737
13	1.025757	218	734	1.026491	220	734	1.027225	222	734
14	1.025539	226	732	1.026271	229	732	1.027003	231	732
15	1.025313	235	729	1.026042	237	730	1.026772	240	730
16	1.025078	245	727	1.025805	247	727	1.026532	249	727
17	1.024833	258	725	1.025558	260	725	1 026283	262	725
18	1.024575	259	723	1.025298	261	723	1.026021	263	723
19	1.024316	274	721	1.025037	276	721	1.025758	278	721
20	1.024042	1488	719	1.024761	1497	719	1.025480	1505	719
25	1.022554	1680	710	1.023264	1687	711	1.023975	1695	711
30	1.020874	1854	703	1.021577	1860	703	1.022280	1866	703
35	1.019020	2003	697	1.019717	2008	697	1.020414	2013	697
40	1.017017	2131	692	1.017709	2135	692	1.018401	2139	692
45	1.014886	2236	688	1.015574	2239	688	1.016262	2242	689
50	1.012650	2321	685	1.013335	2322	685	1.014020	2323	686
55	1.010329	2378	684	1.011013	2379	684	1.011697	2380	684
60	1.007951	2416	683	1.008634	2417	683	1.009317	2418	683
65	1.005535	2434	682	1.006217	2433	682	1.006899	2432	683
70	1.003101	2427	683	1.003784	2426	683	1.004467	2425	683
75	1.000674	2397	684	1.001358	2396	684	1.002042	2395	684
80	0.998277	2348	685	0.998962	2347	685	0.999647	2345	685
85	0 995929	2274	686	0.996615	2272	687	0.997302	2271	687
90	0.993655	2179	688	0.994343	2177	688	0.995031	2175	689
95	0 991476	2061	690	0 992166	2059	690	0.992856	2056	691
100	0.989415	+ 393	692	0.990107	+ 392	693	0.990800	+ 393	693
+ 101	(0.989022)		693	(0.989715)		692	(0.990407)		692
f	− 2.73		8	− 2.81		7	− 2 88		8
k	+ 100.77		3	+ 100.80		2	+ 100.82		3
m	− 5.47		28	− 5.75		28	− 6.03		28
S	2.4385		693	2.5078		694	2.5772		694
W	65.2697		217	65.2480		217	65.2263		217
g	26.778		751	26.027		711	25.316		675

	3.9			4.0			4.1		
t	s	Δs_t	Δs_p	s	Δs_t	Δs_p	s	Δs_t	Δs_p
− 4				(1.030911)		783	(1.031694)		783
3	(1.030092)		780	1.030872	+ 39	780	1.031652	+ 42	780
2	1.030044	+ 48	777	1.030821	51	776	1.031597	55	776
1	1.029986	58	774	1.030760	61	773	1.031533	64	773
0	1.029915	71	770	1.030685	75	770	1.031455	78	770
+ 1	1.029831	84	767	1.030598	87	767	1.031365	90	767
2	1.029736	95	764	1.030500	98	764	1.031264	101	764
3	1.029629	107	761	1 030390	110	761	1.031151	113	761
4	1.029511	118	758	1.030269	121	758	1 031027	124	759
5	1.029381	130	755	1 030136	133	755	1.030891	136	756
6	1.029240	141	752	1.029992	144	753	1.030745	146	753
7	1.029089	151	749	1.029838	154	750	1.030588	157	750
8	1.028927	162	747	1.029674	104	747	1.030421	167	747
9	1.028753	174	744	1.029497	177	745	1.030242	179	745
10	1.028569	184	742	1 029311	186	742	1.030053	189	743
11	1.028376	193	739	1 029115	196	740	1.029855	198	740
12	1.028172	204	737	1 028909	206	738	1.029647	208	738
13	1.027959	213	734	1.028693	216	735	1.029428	219	736
14	1.027735	224	732	1.028467	226	733	1.029200	228	733
15	1.027502	233	730	1.028232	235	731	1 028963	237	731
16	1.027259	243	728	1.027987	245	729	1 028716	247	729
17	1.027008	251	725	1.027733	254	727	1.028460	256	727
18	1.026744	264	723	1 027467	266	725	1.028192	268	726
19	1.026479	265	721	1.027200	267	723	1 027923	269	723
20	1.026199	280	720	1.026919	281	721	1.027640	283	721
25	1.024686	1513	711	1.025397	1522	713	1.026110	1530	713
30	1.022983	1703	703	1 023686	1711	706	1.024392	1718	706
35	1.021111	1872	697	1.021808	1878	700	1.022508	1884	700
40	1.019093	2018	692	1.019785	2023	695	1.020480	2028	695
45	1.016951	2142	689	1.017640	2145	691	1.018331	2149	691
50	1.014706	2245	686	1.015392	2248	689	1.016081	2250	689
55	1.012381	2325	686	1 013067	2325	687	1.013754	2327	687
60	1.010000	2381	685	1.010685	2382	685	1.011370	2384	685
65	1.007582	2418	683	1.008265	2420	685	1.008950	2420	685
70	1.005150	2432	683	1 005833	2432	685	1.006518	2432	685
75	1.002726	2424	684	1.003410	2423	685	1 004095	2423	685
80	1.000332	2394	685	1.001017	2393	686	1.001703	2392	686
85	0.997989	2343	687	0.998676	2341	687	0.999363	2340	687
90	0 995720	2269	689	0.996409	2267	688	0.997097	2266	688
95	0.993547	2173	691	0.994238	2171	690	0.994928	2160	690
100	0.991493	2054	693	0.992186	2052	691	0.992877	2051	691
+101	(0.991099)	+ 394	692	(0.991791)	+ 395	691	(0.992482)	+ 395	691
f	− 2.96		7	− 3.03		7	− 3.10		8
k	+100.84		3	+100.87		2	+100.89		2
m	− 6.31		29	− 6.60		28	− 6.88		29
S	2.6466		694	2.7160		702	2.7862		703
W	65.2046		217	65.1829		224	65.1605		224
q	24.641		641	24.000		610	23.390		580

t	4.2 s	4.2 Δs_t	4.2 Δs_p	4.3 s	4.3 Δs_t	4.3 Δs_p	4.4 s	4.4 Δs_t	4.4 Δs_p
− 4	1.032477		783	1.033260		783	1.034043		783
3	1.032432	+ 45	780	1.033212	+ 48	780	1.033992	+ 51	780
2	1.032373	59	777	1.033150	62	777	1.033927	65	777
1	1.032306	67	773	1.033079	71	773	1.033852	75	774
0	1.032225	81	771	1.032996	83	770	1.033766	86	771
+ 1	1.032132	93	768	1.032900	96	767	1.033667	99	767
2	1.032028	104	765	1 032793	107	764	1.033557	110	764
3	1.031912	116	762	1.032674	119	761	1.033435	122	761
4	1.031786	126	758	1.032544	130	759	1.033303	132	758
5	1.031647	139	755	1.032402	142	756	1.033158	145	756
6	1,031498	149	753	1.032251	151	753	1.033004	154	753
7	1.031338	160	750	1.032088	163	750	1.032838	166	750
8	1.031168	170	748	1.031916	172	748	1.032664	174	748
9	1.030987	181	745	1.031732	184	745	1.032477	187	745
10	1.030796	191	743	1.031539	193	743	1 032282	195	743
11	1.030595	201	740	1.031335	204	740	1.032075	207	741
12	1.030385	210	738	1.031123	212	738	1.031861	214	738
13	1.030164	221	736	1.030900	223	736	1.031636	225	736
14	1.029933	231	733	1.030666	234	734	1.031400	236	734
15	1.029694	239	731	1.030425	241	731	1.031156	244	731
16	1 029445	249	729	1 030174	251	729	1.030903	253	729
17	1.029187	258	727	1.029914	260	727	1.030641	262	727
18	1.028918	269	726	1.029644	270	726	1 030370	271	726
19	1.028646	272	723	1.029369	275	723	1.030092	278	724
20	1 028361	285	722	1.029083	286	722	1.029805	287	722
25	1.026823	1538	713	1.027536	1547	713	1.028249	1556	713
30	1.025098	1725	706	1.025804	1732	706	1.026510	1739	706
35	1.023208	1890	700	1.023908	1896	700	1.024608	1902	700
40	1 021175	2033	695	1.021870	2038	695	1.022565	2043	696
45	1.019022	2153	692	1.019714	2156	692	1.020406	2159	692
50	1.016770	2252	689	1.017459	2255	689	1.018148	2258	689
55	1.014441	2329	687	1.015128	2331	687	1.015815	2333	687
60	1.012055	2386	685	1.012740	2388	686	1.012426	2389	686
65	1.009635	2420	685	1.010320	2420	685	1.011005	2421	685
70	1.007203	2432	685	1.007888	2432	685	1.008573	2432	685
75	1 004780	2423	685	1.005465	2423	685	1.006150	2423	685
80	1.002389	2391	686	1.003075	2390	686	1.003761	2389	686
85	1 000050	2339	687	1.000737	2338	687	1.001424	2337	687
90	0.997785	2265	688	0.998473	2264	688	0.999161	2263	688
95	0.995618	2167	690	0.996308	2165	690	0.996998	2163	690
100	0.993568	2050	691	0.994259	2049	691	0.994950	2048	691
+101	(0.993173)	+ 395	691	(0.993864)	+ 395	691	(0.994555)	+ 395	691
f	− 3.18		7	− 3.25		8	− 3.33		7
k	+100.91		3	+100.94		2	+100.96		2
m	− 7.17		28	− 7.45		29	− 7.74		29
S	2.8565		703	2.9268		703	2.9971		703
W	65.1381		224	65.1157		224	65.0933		224
y	22.810		554	22.256		529	21.727		505

	4.5			4.6			4.7		
t	s	Δs_t	Δs_p	s	Δs_t	Δs_p	s	Δs_t	Δs_p
− 4	(1.034826)	+ 54	783	(1.035609)	+ 57	783	(1.036392)	+ 60	784
3	1.034772	68	780	1.035552	71	780	1.036332	74	780
2	1.034704	78	777	1.035481	81	777	1.036258	84	777
1	1.034626	89	774	1.035400	93	774	1.036174	96	774
0	1.034537	103	770	1.035307	105	771	1.036078	107	770
+ 1	1.034434	113	768	1.035202	116	767	1.035969	119	768
2	1.034321	125	765	1.035086	128	764	1.035850	131	764
3	1.034196	135	762	1.034958	138	761	1.035719	141	761
4	1.034061	147	759	1.034820	150	758	1.035578	152	759
5	1.033914	157	756	1.034670	160	756	1.035426	163	756
6	1.033757	169	753	1.034510	171	753	1.035263	173	753
7	1.033588	176	751	1.034339	179	751	1.035090	182	751
8	1.033412	190	748	1.034160	193	748	1.034908	195	748
9	1.033222	197	745	1.033967	199	746	1.034713	202	746
10	1.033025	209	743	1.033768	211	743	1.034511	213	743
11	1.032816	217	741	1.033557	220	741	1.034298	223	741
12	1.032599	227	738	1.033337	229	738	1.034075	231	738
13	1.032372	238	736	1.033108	240	736	1.033844	242	736
14	1.032134	247	734	1.032868	249	734	1.033602	251	734
15	1.031887	255	732	1.032619	257	732	1.033351	259	732
16	1.031632	264	730	1.032362	266	730	1.033092	268	730
17	1.031368	272	728	1.032096	274	728	1.032824	276	728
18	1.031096	280	726	1.031822	282	726	1.032548	284	726
19	1.030816	289	724	1.031540	291	724	1.032264	293	724
20	1.030527	1565	722	1.031249	1574	722	1.031971	1582	722
25	1.028962	1746	713	1.029675	1753	714	1.030389	1761	714
30	1.027216	1908	706	1.027922	1914	706	1.028628	1920	706
35	1.025308	2047	700	1.026008	2051	700	1.026708	2055	701
40	1.023261	2163	696	1.023957	2167	696	1.024653	2171	696
45	1.021098	2261	692	1.021790	2264	692	1.022482	2267	692
50	1.018837	2335	689	1.019526	2337	689	1.020215	2339	689
55	1.016502	2390	687	1.017189	2391	687	1.017876	2392	687
60	1.014112	2422	686	1.014798	2423	686	1.015484	2424	686
65	1.011690	2432	685	1.012375	2432	685	1.013060	2432	685
70	1.009258	2423	685	1.009943	2422	685	1.010628	2421	685
75	1.006835	2388	686	1.007521	2388	686	1.008207	2388	686
80	1.004447	2336	686	1.005133	2335	686	1.005819	2334	686
85	1.002111	2262	687	1.002798	2261	687	1.003485	2260	687
90	0.999849	2161	688	1.000537	2160	688	1.001225	2159	689
95	0.997688	2047	689	0.998377	2045	689	0.999066	2044	689
100	0.995641	+ 395	691	0.996332	395	690	0.997022	394	690
+101	(0.995246)		691	0.995937	+ 388	691	0.996628	+ 388	691
102				(0.995549)		691	(0.996240)		691
f	− 3.40		8	− 3.48		7	− 3.55		8
k	+100.98		3	+101.01		2	+101.03		2
m	− 8.03		29	− 8.32		30	− 8.62		29
S	3.0674		703	3.1377		703	3.2080		703
W	65.0709		224	65.0485		224	65.0261		224
g	21.222		483	20.739		462	20.277		444

	4.8			4.9			5.0		
t	s	Δs_I	Δs_{II}	s	Δs_I	Δs_{II}	s	Δs_I	Δs_{II}
− 4	(1.037176)		784	(1.037960)		784	(1.038744)		783
3	1.037112	+ 64	780	1.037892	+ 68	780	1.038672	+ 72	780
2	1.037035	77	777	1.037812	80	777	1.038589	83	777
1	1.036948	87	774	1.037722	90	774	1.038496	93	774
0	1.036848	100	771	1.037619	103	770	1.038389	107	771
+ 1	1.036737	111	767	1.037504	115	768	1.038272	117	768
2	1.036614	123	765	1.037379	125	765	1.038144	128	765
3	1.036480	134	762	1.037242	137	762	1.038004	140	762
4	1.036337	143	759	1.037096	146	759	1.037855	149	760
5	1.036182	155	756	1.036938	158	756	1.037694	161	757
6	1.036016	166	754	1.036770	168	754	1.037524	170	754
7	1.035841	175	751	1.036592	178	751	1.037343	181	752
8	1.035656	185	748	1.036404	188	748	1.037152	191	749
9	1.035459	197	746	1.036205	199	746	1.036951	201	747
10	1.035254	205	743	1.035997	208	743	1.036740	211	744
11	1.035039	215	741	1.035780	217	741	1.036521	219	742
12	1.034813	226	739	1.035552	228	739	1.036291	230	740
13	1.034580	233	736	1.035316	236	736	1.036052	239	738
14	1.034336	244	734	1.035070	246	734	1.035804	248	736
15	1.034083	253	732	1.034815	255	732	1.035547	257	734
16	1.033822	261	730	1.034552	263	730	1.035282	265	732
17	1.033552	270	728	1.034280	272	728	1.035008	274	730
18	1.033274	278	726	1.034000	280	726	1.034726	282	728
19	1.032988	286	724	1.033712	288	724	1.034436	290	726
20	1.032693	295	722	1.033415	297	722	1.034137	299	724
25	1.031103	1590	714	1.031817	1598	714	1.032531	1606	716
30	1.029334	1769	707	1.030041	1776	707	1.030748	1783	710
35	1.027409	1925	701	1.028110	1931	701	1.028811	1937	704
40	1.025349	2060	696	1.026045	2065	696	1.026741	2070	699
45	1.023174	2175	692	1.023866	2179	692	1.024558	2183	695
50	1.020904	2270	690	1.021594	2272	690	1.022284	2274	692
55	1.018563	2341	687	1.019250	2344	687	1.019937	2347	690
60	1.016170	2393	686	1.016856	2394	686	1.017542	2395	689
65	1.013745	2425	685	1.014430	2426	686	1.015116	2426	688
70	1.011313	2432	685	1.011998	2432	686	1.012684	2432	687
75	1.008893	2420	686	1.009579	2419	686	1.010265	2419	687
80	1.006505	2388	686	1.007191	2388	687	1.007878	2387	688
85	1.004172	2333	688	1.004860	2331	688	1.005548	2330	688
90	1.001914	2258	689	1.002603	2257	689	1.003292	2256	688
95	0.999755	2159	689	1.000444	2159	689	1.001133	2159	689
100	0.997712	2043	690	0.998402	2042	690	0.999092	2041	689
+101	0.997319	393	691	0.998010	392	691	0.998701	391	690
102	(0.996931)	+ 388	691	(0.997622)	+ 388	691	(0.998313)	+ 388	690
f	− 3.63		7	− 3.70		8	− 3.78		7
k	+101.05		3	+101.08		2	+101.10		2
m	− 8.91		30	− 9.21		30	− 9.51		29
S	3.2783		703	3.3486		703	3.4189		712
W	65.0037		225	64.9812		225	64.9587		232
y	19.833		425	19.408		408	19.000		392

	5.1			5.2			5.3		
t	s	Δs_t	Δs_p	s	Δs_t	Δs_p	s	Δs_t	Δs_p
− 4	(1.039527)	+ 75	783	(1.040310)	+ 78	783	(1.041093)	+ 81	783
3	1.039452	86	780	1.040232	89	780	1.041012	92	780
2	1.039366	96	777	1.040143	99	777	1.040920	102	777
1	1.039270	110	774	1.040044	113	774	1.040818	116	774
0	1 039160	120	771	1 039931	123	771	1.040702	126	771
+ 1	1.039040	131	768	1.039808	134	768	1.040576	136	768
2	1.038909	143	765	1.039674	145	766	1.040440	149	765
3	1.038766	151	763	1.039529	154	762	1.040291	156	763
4	1.038615	164	760	1.039375	167	760	1.040135	170	760
5	1.038451	173	757	1 039208	176	757	1.039965	179	757
6	1.038278	183	754	1.039032	185	754	1 039786	187	755
7	1.038095	194	752	1.038847	197	752	1.039599	200	752
8	1.037901	203	749	1.038650	205	749	1.039399	207	750
9	1.037698	214	747	1 038445	216	747	1.039192	218	747
10	1.037484	221	745	1.038229	224	745	1.038974	227	745
11	1.037263	232	742	1.038005	234	742	1.038747	236	743
12	1.037031	241	740	1.037771	243	740	1 038511	245	740
13	1.036790	250	738	1.037528	252	738	1 038266	254	738
14	1.036540	259	736	1.037276	261	736	1.038012	263	736
15	1.036281	267	734	1.037015	269	734	1.037749	271	734
16	1.036014	276	732	1.036746	278	732	1.037478	280	732
17	1.035738	284	730	1.036468	286	730	1.037198	288	730
18	1.035454	292	728	1.036182	294	728	1.036910	296	728
19	1.035162	301	726	1.035888	303	726	1.036614	305	726
20	1.034861	1614	724	1.035585	1622	724	1.036309	1630	725
25	1.033247	1789	716	1.033963	1795	716	1.034679	1801	717
30	1.031458	1943	710	1 032168	1949	710	1.032878	1955	710
35	1.029515	2075	704	1.030219	2080	704	1.030923	2085	704
40	1.027440	2187	699	1.028139	2190	699	1.028838	2193	699
45	1.025253	2277	696	1.025949	2280	696	1.026645	2283	696
50	1.022976	2349	693	1.023669	2352	693	1.024362	2354	693
55	1.020627	2396	690	1.021317	2397	691	1.022008	2399	691
60	1.018231	2427	689	1.018920	2428	689	1.019609	2429	689
65	1.015804	2433	688	1.016492	2433	688	1.017180	2433	688
70	1.013371	2419	688	1.014059	2419	688	1.014747	2419	688
75	1.010952	2386	688	1.011640	2386	688	1.012328	2386	688
80	1.008566	2330	688	1.009254	2330	688	1.009942	2330	688
85	1.006236	2256	688	1.006924	2256	688	1 007612	2255	688
90	1.003980	2158	688	1.004668	2157	689	1.005357	2157	689
95	1.001822	2041	689	1.002511	2041	689	1.003200	2041	689
100	0.999781	390	689	1 000470	389	689	1.001159	388	689
+101	0.999391	+ 388	690	1 000081	+ 388	690	1.000771	+ 388	690
102	(0.999003)		690	(0.999693)		690	(1.000383)		690
f	— 3.85		8	— 3.93		7	— 4.00		7
k	+101.12		3	+101.15		2	+101.17		2
m	— 9 80		29	— 10.09		29	— 10.38		30
S	3.4901		712	3.5613		712	3.6325		712
W	64.9355		232	64.9123		232	64.8891		232
y	18 608		377	18.231		363	17.868		349

t	5.4 s	Δs_t	Δs_p	5.5 s	Δs_t	Δs_p	5.6 s	Δs_t	Δs_p
− 5	(1.041950)		787	(1.042737)		787	(1.043524)		787
4	1.041876	+ 74	784	1.042660	+ 77	784	1.043444	+ 80	784
3	1.041792	84	780	1.042572	88	780	1.043352	92	780
2	1.041697	95	777	1.042474	98	777	1.043251	101	777
1	1.041592	105	774	1.042366	108	774	1.043140	111	774
0	1.041473	119	772	1.042245	121	771	1.043016	124	771
+ 1	1.041344	129	768	1.042112	133	768	1.042880	136	768
2	1.041205	139	765	1.041970	142	766	1.042736	144	765
3	1.041054	151	762	1.041816	154	763	1.042579	157	763
4	1.040895	159	760	1.041655	161	760	1.042415	164	760
5	1.040722	173	757	1.041479	176	757	1.042236	179	757
6	1.040541	181	755	1.041296	183	755	1.042051	185	755
7	1.040351	190	752	1 041103	193	752	1.041855	196	752
8	1.040149	202	750	1.040899	204	750	1.041649	206	750
9	1.039939	210	747	1.040686	213	747	1 041433	216	747
10	1.039719	220	745	1.040464	222	745	1.041209	224	745
11	1.039490	229	743	1.040233	231	743	1.040976	233	743
12	1.039251	239	740	1.039991	242	741	1.040732	244	741
13	1.039004	247	738	1.039742	249	738	1.040480	252	739
14	1.038748	256	736	1.039484	258	736	1.040220	260	736
15	1.038483	265	734	1.039217	267	734	1.039951	269	734
16	1 038210	273	732	1.038942	275	732	1.039674	277	732
17	1.037928	282	730	1.038658	284	730	1.039388	286	730
18	1.037638	290	728	1.038366	292	729	1.039095	293	729
19	1.037340	298	727	1.038067	299	727	1.038794	301	727
20	1.037034	306	725	1.037759	308	725	1.038484	310	725
25	1 035396	1638	717	1.036113	1646	717	1.036830	1654	717
30	1.033588	1808	710	1 034298	1815	710	1.035008	1822	710
35	1.031627	1961	704	1.032331	1967	704	1.033035	1973	704
40	1.029537	2090	700	1.030237	2094	700	1.030937	2098	700
45	1.027341	2196	696	1.028037	2200	696	1.028733	2204	696
50	1.025055	2286	693	1.025748	2289	693	1.026441	2292	693
55	1.022699	2356	691	1.023390	2358	691	1.024081	2360	691
60	1.020298	2401	689	1.020987	2403	689	1.021676	2405	689
65	1.017868	2430	688	1.018556	2431	689	1 019245	2431	689
70	1.015435	2433	688	1.016123	2433	688	1.016811	2434	688
75	1.013016	2419	688	1.013704	2419	688	1.014392	2419	688
80	1.010630	2386	688	1.011318	2386	688	1.012006	2386	688
85	1.008300	2330	688	1.008988	2330	688	1.009676	2330	688
90	1.006046	2254	689	1.006735	2253	689	1.007424	2252	689
95	1.003889	2157	689	1.004578	2157	689	1.005267	2157	689
100	1.001848	2041	690	1.002538	2040	690	1.003228	2039	690
+101	1.001461	387	690	1.002151	387	689	1.002840	388	689
102	(1.001073)	+ 388	690	(1.001763)	+ 388	689	(1.002452)	+ 388	689
f	− 4.07		7	− 4.14		8	− 4.22		8
k	+101.19		3	+101.22		2	+101.24		3
m	− 10.68	30		− 10.98	31		− 11.29	30	
S	3.7037	713		3.7750	713		3.8463	713	
W	64.8659	232		64.8427	232		64.8195	232	
g	17.519	337		17.182	325		16.857	313	

t	5.7 s	Δs_t	Δs_p	5.8 s	Δs_t	Δs_p	5.9 s	Δs_t	Δs_p
−5	(1.044311)	+83	787	(1.045098)	+86	787	(1.045885)	+89	787
4	1.044228	96	784	1.045012	99	784	1.045796	102	784
3	1.044132	104	781	1.044913	107	781	1.045694	110	781
2	1.044028	114	778	1.044806	118	778	1.045584	122	778
1	1.043914	127	774	1.044688	130	774	1.045462	132	775
0	1.043787	139	771	1.044558	141	772	1.045330	144	771
+1	1.043648	147	769	1.044417	151	769	1.045186	154	769
2	1.043501	159	765	1.044266	161	766	1.045032	164	766
3	1.043342	167	763	1.044105	170	763	1.044868	173	763
4	1.043175	182	760	1.043935	185	760	1.044695	187	760
5	1.042993	187	757	1.043750	189	758	1.044508	192	758
6	1.042806	199	755	1.043561	202	755	1.044316	204	755
7	1.042607	208	752	1.043359	210	753	1.044112	213	753
8	1.042399	219	750	1.043149	221	750	1.043899	223	750
9	1.042180	226	748	1.042928	229	748	1.043676	232	748
10	1.041954	235	745	1.042699	237	745	1.043444	239	745
11	1.041719	246	743	1.042462	248	743	1.043205	250	743
12	1.041473	254	741	1.042214	256	741	1.042955	258	741
13	1.041219	263	739	1.041958	265	739	1.042697	267	739
14	1.040956	271	737	1.041693	274	737	1.042430	276	737
15	1.040685	279	734	1.041419	280	735	1.042154	282	735
16	1.040406	288	733	1.041139	290	733	1.041872	292	733
17	1.040118	294	731	1.040849	296	731	1.041580	298	731
18	1.039824	303	729	1.040553	305	729	1.041282	307	729
19	1.039521	312	727	1.040248	314	727	1.040975	316	727
20	1.039209	1662	725	1.039934	1670	725	1.040659	1678	725
25	1.037547	1829	717	1.038264	1836	717	1.038981	1843	717
30	1.035718	1979	710	1.036428	1985	710	1.037138	1990	710
35	1.033739	2102	704	1.034443	2106	705	1.035148	2111	705
40	1.031637	2208	700	1.032337	2212	700	1.033037	2216	700
45	1.029429	2295	696	1.030125	2298	696	1.030821	2301	696
50	1.027134	2362	693	1.027827	2364	693	1.028520	2366	693
55	1.024772	2407	691	1.025463	2408	691	1.026154	2409	691
60	1.022365	2431	690	1.023055	2432	690	1.023745	2433	690
65	1.019934	2435	689	1.020623	2436	689	1.021312	2437	689
70	1.017499	2419	688	1.018187	2419	688	1.018875	2419	688
75	1.015080	2386	688	1.015768	2386	688	1.016456	2386	688
80	1.012694	2330	688	1.013382	2329	688	1.014070	2328	689
85	1.010364	2251	689	1.011053	2251	689	1.011742	2251	689
90	1.008113	2157	689	1.008802	2157	680	1.009491	2156	689
95	1.005956	2038	689	1.006645	2037	690	1.007335	2037	690
100	1.003918	389	690	1.004608	390	690	1.005298	391	690
+101	1.003529	+388	689	1.004218	+388	689	1.004907	+388	689
102	(1.003141)		689	(1.003830)		689	(1.004519)		690
f	− 4.30		7	− 4.37		7	− 4.44		8
k	+101.27		2	+101.29		3	+101.32		2
m	− 11.59		31	− 11.90		30	− 12.20		30
S	3.9176		713	3.9889		713	4.0602		713
W	64.7963		232	64.7731		232	64.7499		233
g	16.544		303	16.241		292	15.949		282

	6.0			6.1			6.2		
t	s	Δs_t	Δs_p	s	Δs_t	Δs_p	s	Δs_t	Δs_p
− 5	(1.046672)		786	(1.047458)		786	(1.048244)		787
4	1.046580	+ 92	783	1.047363	+ 95	783	1.048146	+ 98	784
3	1.046475	105	780	1.047255	108	780	1.048035	111	780
2	1.046362	113	777	1.047139	116	777	1.047916	119	777
1	1.046237	125	774	1.047011	128	774	1.147785	131	775
0	1.046101	136	772	1.046873	138	772	1.047645	140	772
+ 1	1.045955	146	769	1.046724	149	769	1.047493	152	769
2	1.045798	157	766	1.046564	160	767	1.047331	162	766
3	1.045631	167	763	1.046394	170	764	1.047158	173	763
4	1.045455	176	761	1.046216	178	761	1.046977	181	761
5	1.045266	189	758	1.046024	192	759	1.046783	194	759
6	1.045071	195	756	1.045827	197	756	1.046583	200	756
7	1.044865	206	753	1.045618	209	754	1.046372	211	754
8	1.044649	216	751	1.045400	218	751	1.046151	221	751
9	1.044424	225	749	1.045173	227	749	1.045922	229	749
10	1.044189	235	747	1.044936	237	747	1.045683	239	747
11	1.043948	241	744	1.044692	244	744	1.045436	247	745
12	1.043696	252	742	1.044438	254	742	1.045180	256	742
13	1.043436	260	740	1.044176	262	740	1.044916	264	740
14	1.043167	269	738	1.043905	271	738	1.044643	273	738
15	1.042889	278	736	1.043625	280	736	1.044361	282	737
16	1.042605	284	734	1.043339	286	735	1.044074	287	735
17	1.042311	294	733	1.043044	295	733	1.043777	297	733
18	1.042011	300	731	1.042742	302	731	1.043473	304	731
19	1.041702	309	729	1.042431	311	729	1.043160	313	729
20	1.041384	318	727	1.042111	320	728	1.042839	321	728
25	1.039698	1686	720	1.040418	1693	720	1.041138	1701	720
30	1.037848	1850	713	1.038561	1857	713	1.039274	1864	713
35	1.035853	1995	708	1.036561	2000	708	1.037269	2005	708
40	1.033737	2116	703	1.034440	2121	703	1.035143	2126	703
45	1.031517	2220	699	1.032216	2224	699	1.032915	2228	699
50	1.029213	2304	696	1.029909	2307	696	1.030605	2310	697
55	1.026845	2368	694	1.027539	2370	694	1.028233	2372	694
60	1.024435	2410	692	1.025127	2412	692	1.025819	2414	693
65	1.022001	2434	691	1.022692	2435	691	1.023383	2436	691
70	1.019563	2438	690	1.020253	2439	690	1.020943	2440	691
75	1.017144	2419	690	1.017834	2419	690	1.018524	2419	690
80	1.014759	2385	689	1.015448	2386	689	1.016137	2387	689
85	1.012431	2328	689	1.013120	2328	689	1.013809	2328	689
90	1.010180	2251	689	1.010869	2251	689	1.011558	2251	689
95	1.008025	2155	688	1.008713	2156	688	1.009401	2157	689
100	1.005988	2037	688	1.006676	2037	688	1.007364	2037	688
+101	1.005596	392	689	1.006285	391	688	1.006973	391	688
102	(1.005209)	+ 387	688	(1.005897)	+ 388	688	(1.006585)	+ 388	688
f	− 4.52		7	− 4.59		8	− 4.67		7
k	+101.34		3	+101.37		2	+101.39		3
m	− 12.50		29	− 12.79		31	− 13.10		31
S	4.1315		722	4.2037		722	4.2759		722
W	64.7266		239	64.7027		239	64.6788		240
g	15.667		274	15.393		264	15.129		256

t	6.3 s	6.3 Δs_t	6.3 Δs_p	6.4 s	6.4 Δs_t	6.4 Δs_p	6.5 s	6.5 Δs_t	6.5 Δs_p
− 5	(1.049031)	+ 101	787	(1.049818)	+ 104	787	(1.050605)	+ 107	787
4	1 048930	115	784	1.049714	118	784	1.050498	121	784
3	1 048815	122	781	1.049596	126	781	1.050377	129	781
2	1 048693	133	777	1.049470	135	778	1.050248	138	778
1	1.048560	143	775	1.049335	146	775	1.050110	149	775
0	1.048417	155	772	1.049189	158	772	1.049961	161	772
+ 1	1.048262	165	769	1.049031	167	769	1.049800	170	769
2	1.048097	176	767	1 048864	179	766	1.049630	181	767
3	1.047921	183	764	1.048685	186	764	1.049449	189	764
4	1.047738	196	761	1.048499	198	761	1.049260	200	761
5	1.047542	203	759	1.048301	206	759	1 049060	209	759
6	1 047339	213	756	1.048095	215	756	1.048851	217	756
7	1 047126	224	754	1 047880	227	754	1.048634	229	754
8	1 046902	231	751	1.047653	233	752	1.048405	236	752
9	1.046671	241	749	1.047420	243	749	1.048169	245	749
10	1.046430	249	747	1.047177	251	747	1.047924	253	747
11	1.046181	259	745	1.046926	261	745	1.047671	263	745
12	1.045922	266	743	1.046665	268	743	1 047408	270	743
13	1.045656	275	741	1 046397	277	741	1 047138	279	741
14	1 045381	283	739	1 046120	285	739	1.046859	287	739
15	1 045098	289	737	1.045835	291	737	1 046572	293	737
16	1.044809	299	735	1.045544	301	735	1.046279	303	735
17	1.044510	306	733	1 045243	308	733	1 045976	310	733
18	1.044204	315	731	1.044935	317	731	1.045666	319	731
19	1.043889	322	729	1 044618	323	729	1.045347	324	729
20	1.043567	1709	728	1.044295	1717	728	1.045023	1725	728
25	1.041858	1871	720	1.042578	1878	720	1.043298	1885	720
30	1.039987	2010	713	1.040700	2015	713	1.041413	2020	714
35	1.037977	2131	708	1.038685	2136	708	1 039393	2141	708
40	1.035846	2232	703	1.036549	2235	703	1.037252	2238	703
45	1.033614	2312	700	1.034314	2315	700	1.035014	2318	700
50	1.031302	2375	697	1.031999	2378	697	1.032696	2380	697
55	1.028927	2415	694	1 029621	2416	695	1 030316	2418	695
60	1 026512	2438	693	1 027205	2440	693	1.027898	2442	693
65	1.024074	2440	691	1.024765	2440	691	1.025456	2440	692
70	1.021634	2420	691	1 022325	2421	691	1.023016	2422	691
75	1.019214	2388	690	1.019904	2388	690	1.020594	2388	690
80	1.016826	2328	690	1.017516	2329	690	1.018206	2329	690
85	1.014498	2251	689	1.015187	2251	690	1.015877	2252	690
90	1.012247	2157	689	1.012936	2157	689	1.013625	2157	689
95	1 010090	2038	689	1.010779	2039	689	1.011468	2040	689
100	1 008052	391	688	1.008740	391	688	1.009428	391	688
+ 101	1.007661	+ 388	688	1.008349	+ 388	688	1.009037	+ 388	688
102	(1.007273)		688	(1.007961)		688	(1.008649)		688
f	− 4.74		7	− 4.81		8	− 4.89		7
k	+ 101.42		2	+ 101.44		2	+ 101.46		3
m	− 13.41		30	− 13.71		31	− 14.02		31
S	4.3481		722	4.4203		722	4.4925		722
W	64.6548		240	64 6308		240	64.6068		240
g	14 873		248	14 625		240	14.385		238

t	6.6 s	6.6 Δs_t	6.6 Δs_p	6.7 s	6.7 Δs_t	6.7 Δs_p	6.8 s	6.8 Δs_t	6.8 Δs_p
− 6				(1.052283)		790	(1.053073)		790
5	(1.051392)		787	1.052179	+ 104	787	1.052966	+ 107	787
4	1.051282	+ 110	784	1.052066	113	784	1.052850	116	784
3	1.051158	124	781	1.051939	127	781	1.052720	130	781
2	1.051026	132	778	1.051804	135	778	1.052582	138	778
1	1.050885	141	775	1.051660	144	775	1.052435	147	775
0	1.050733	152	772	1.051505	155	772	1.052277	158	772
+ 1	1.050569	164	769	1.051338	167	769	1.052107	170	770
2	1.050397	172	766	1.051163	175	767	1.051930	177	766
3	1.050213	184	764	1.050977	186	764	1.051741	189	764
4	1.050021	192	761	1.050782	195	762	1.051544	197	762
5	1.049819	202	759	1.050578	204	759	1.051337	207	759
6	1.049607	212	756	1.050363	215	756	1.051119	218	757
7	1.049388	219	754	1.050142	221	754	1.050896	223	754
8	1.049157	231	752	1.049909	233	752	1.050661	235	752
9	1.048918	239	749	1.049667	242	750	1.050417	244	750
10	1.048671	247	747	1.049418	249	747	1.050165	252	747
11	1.048416	255	745	1.049161	257	745	1.049906	259	745
12	1.048151	265	743	1.048894	267	743	1.049637	269	743
13	1.047879	272	741	1.048620	274	741	1.049361	276	741
14	1.047598	281	739	1.048337	283	739	1.049076	285	739
15	1.047309	289	737	1.048046	291	737	1.048783	293	737
16	1.047014	295	735	1.047749	297	735	1.048484	299	735
17	1.046709	305	733	1.047442	307	733	1.048175	309	733
18	1.046397	312	731	1.047128	314	731	1.047859	316	732
19	1.046076	321	730	1.046806	322	730	1.047536	323	730
20	1.045751	325	728	1.046479	327	728	1.047207	329	728
25	1.044018	1733	720	1.044738	1741	720	1.045458	1749	720
30	1.042127	1891	714	1.042841	1897	714	1.043555	1903	714
35	1.040101	2026	708	1.040809	2032	708	1.041517	2038	708
40	1.037955	2146	704	1.038659	2150	704	1.039363	2154	704
45	1.035714	2241	700	1.036414	2245	700	1.037114	2249	700
50	1.033393	2321	697	1.034090	2324	697	1.034787	2327	697
55	1.031011	2382	695	1.031706	2384	695	1.032401	2386	695
60	1.028591	2420	693	1.029284	2422	693	1.029977	2424	693
65	1.026148	2443	692	1.026840	2444	692	1.027532	2445	692
70	1.023707	2441	691	1.024398	2442	691	1.025089	2443	691
75	1.021284	2423	690	1.021974	2424	690	1.022664	2425	690
80	1.018896	2388	690	1.019586	2388	690	1.020276	2388	690
85	1.016567	2329	690	1.017257	2329	690	1.017947	2329	690
90	1.014314	2253	689	1.015003	2254	689	1.015692	2255	690
95	1.012157	2157	689	1.012846	2157	689	1.013535	2157	689
100	1.010116	2041	688	1.010804	2042	688	1.011492	2043	689
+ 101	1.009725	391	688	1.010413	391	688	1.011101	391	688
102	(1.009337)	+ 388	688	(1.010025)	+ 388	688	(1.010713)	+ 388	688
f	− 4.96		8	− 5.04		7	− 5.11		7
k	+ 101.49		3	+ 101.52		2	+ 101.54		3
m	− 14.33		31	− 14.64		31	− 14.95		32
S	4.5647		722	4.6369		723	4.7092		723
W	64.5828		240	64.5588		240	64.5348		240
g	14.152		227	13.925		219	13.706		213

t	6.9			7.0			7.1		
	s	Δs_t	Δs_p	s	Δs_t	Δs_p	s	Δs_t	Δs_p
− 6	(1.053863)	+ 110	791	(1.054654)	+ 114	790	(1.055444)	+ 117	790
5	1.053753	119	787	1.054540	122	787	1.055327	125	787
4	1.053634	133	784	1.054418	136	784	1.055202	139	784
3	1.053501	141	781	1.054282	144	781	1.055063	147	781
2	1.053360	150	778	1 054138	153	778	1.054916	156	778
1	1.053210	161	775	1.053985	164	775	1 054760	166	776
0	1.053049	172	772	1.053821	174	773	1.054594	177	773
+ 1	1.052877	181	770	1.053647	184	770	1.054417	187	771
2	1.052696	191	767	1.053463	194	767	1.054230	196	768
3	1.052505	199	764	1.053269	201	765	1.054034	203	766
4	1.052306	210	762	1.053068	213	763	1 053831	216	763
5	1.052096	220	759	1.052855	222	760	1.053615	224	760
6	1.051876	226	757	1.052633	229	758	1.053391	231	758
7	1.051650	237	754	1.052404	239	756	1 053160	242	756
8	1.051413	246	752	1.052165	248	753	1.052918	250	753
9	1.051167	255	750	1.051917	257	751	1.052668	259	751
10	1.050912	261	748	1.051660	264	749	1.052409	266	749
11	1.050651	271	745	1.051396	273	747	1.052143	275	747
12	1.050380	278	743	1.051123	280	745	1.051868	282	745
13	1 050102	287	741	1.050843	289	743	1.051586	291	743
14	1.049815	295	739	1.050554	297	741	1.051295	299	741
15	1 049520	301	737	1.050257	303	739	1.050996	305	739
16	1.049219	311	735	1.049954	312	737	1.050691	313	738
17	1.048908	317	734	1.049642	319	736	1.050378	321	736
18	1.048591	325	732	1.049323	327	734	1.050057	329	734
19	1.048266	331	730	1.048996	333	732	1.049728	334	733
20	1.047935	1757	728	1.048663	1764	731	1.049394	1771	731
25	1.046178	1909	721	1.046899	1916	724	1.047623	1923	724
30	1.044269	2044	714	1.044983	2050	717	1.045700	2055	717
35	1.042225	2158	708	1.042933	2162	712	1.043645	2167	712
40	1.040067	2253	704	1.040771	2257	707	1.041478	2261	707
45	1.037814	2330	700	1.038514	2333	703	1.039217	2335	704
50	1.035484	2388	697	1.036181	2390	701	1.036882	2393	701
55	1.033096	2426	695	1.033791	2428	698	1.034489	2430	698
60	1.030670	2446	693	1.031363	2447	696	1.032059	2448	696
65	1.028224	2444	692	1.028916	2445	695	1 029611	2446	695
70	1.025780	2426	691	1.026471	2426	694	1.027165	2428	694
75	1.023354	2388	691	1.024045	2389	692	1.024737	2389	693
80	1.020966	2329	690	1.021656	2329	692	1.022348	2330	692
85	1.018637	2255	690	1.019327	2255	691	1.020018	2257	691
90	1.016382	2158	690	1.017072	2159	689	1.017761	2160	690
95	1 014224	2043	689	1.014913	2013	688	1.015601	2044	689
100	1.012181	392	689	1.012870	393	687	1.013557	392	687
+101	1.011789	+ 388	688	1.012477	+ 388	688	1.013165	+ 389	688
102	(1 011401)		688	(1.012089)		687	(1.012776)		687
f	− 5.18		8	− 5.26		7	− 5.33		7
k	+101.57		2	+101.59		3	+101.62		2
m	− 15.27		31	− 15.58		31	− 15.89		31
S	4.7815		723	4.8538		732	4.9270		732
W	64.5108		240	64.4868		247	64.4621		247
g	13.493		207	13.286		201	13.085		196

t	7.2 s	7.2 Δs_t	7.2 Δs_p	7.3 s	7.3 Δs_t	7.3 Δs_p	7.4 s	7.4 Δs_t	7.4 Δs_p
− 6	(1.056234)	+ 120	790	(1.057024)	+ 123	790	(1.057814)	+ 126	790
5	1.056114	128	787	1.056901	131	787	1.057688	134	787
4	1.055986	142	784	1 056770	145	784	1.057554	148	784
3	1.055844	150	781	1.056625	153	781	1.057406	155	682
2	1.055694	158	778	1.056472	160	779	1.057251	163	779
1	1.055536	169	776	1.056312	171	776	1 057088	174	776
0	1.055367	179	774	1.056141	183	773	1.056914	185	773
+ 1	1.055188	190	770	1.055958	192	771	1.056729	195	770
2	1.054998	198	768	1.055766	201	768	1.056534	203	768
3	1.054800	206	765	1.055565	208	766	1.056331	211	765
4	1.054594	219	763	1.055357	222	763	1.056120	225	763
5	1.054375	226	760	1.055135	228	760	1.055895	230	761
6	1.054149	233	758	1.054907	235	758	1.055665	237	758
7	1.053916	245	756	1.054672	247	756	1.055428	249	756
8	1.053671	252	754	1.054425	255	754	1.055179	258	754
9	1.053419	261	751	1.054170	263	751	1.054921	265	752
10	1.053158	268	749	1.053907	270	749	1.054656	272	749
11	1.052890	277	747	1.053637	279	747	1.054384	281	747
12	1.052613	284	745	1.053358	286	745	1.054103	288	745
13	1.052329	293	743	1.053072	295	743	1.053815	297	743
14	1.052036	301	741	1.052777	303	741	1.053518	304	741
15	1.051735	306	739	1.052474	307	740	1.053214	309	740
16	1.051429	315	738	1.052167	317	738	1.052905	319	738
17	1 051114	323	736	1.051850	325	736	1.052586	327	736
18	1.050791	330	734	1.051525	331	734	1 052259	332	734
19	1.050461	336	733	1.051194	338	733	1.051927	340	733
20	1.050125	1778	731	1.050856	1785	731	1.051587	1792	731
25	1.048347	1930	724	1.049071	1937	724	1.049795	1944	724
30	1.046417	2060	717	1.047134	2065	717	1.047851	2070	717
35	1 044357	2172	712	1.045069	2176	712	1.045781	2180	712
40	1.042185	2264	708	1.042893	2268	708	1.043601	2272	708
45	1.039921	2338	704	1 040625	2341	704	1.041329	2344	704
50	1.037583	2396	701	1.038284	2399	701	1.038985	2401	701
55	1.035187	2432	698	1.035885	2433	699	1.036584	2435	699
60	1.032755	2449	697	1.033452	2451	697	1.034149	2453	697
65	1.030306	2447	695	1.031001	2448	695	1.031696	2449	695
70	1.027859	2429	694	1.028553	2430	694	1.029247	2431	694
75	1 025430	2390	693	1.026123	2391	693	1.026816	2392	693
80	1.023040	2331	692	1.023732	2332	692	1.024424	2333	692
85	1.020709	2258	691	1.021400	2259	691	1.022091	2260	691
90	1.018451	2161	690	1.019141	2162	690	1.019831	2163	690
95	1.016290	2046	689	1.016979	2048	689	1.017668	2050	689
100	1.014244	391	687	1.014931	391	687	1.015618	391	687
+ 101	1.013853	+ 390	687	1.014540	+ 390	687	1.015227	+ 390	687
102	(1.013463)		687	(1.014150)		687	(1.014837)		687
f	− 5.40		7	− 5.47		7	− 5.54		8
k	+ 101.64		3	+ 101.67		2	+ 101.69		3
m	− 16.20		32	− 16.52		32	− 16.84		32
S	5.0002		732	5.0734		732	5.1466		732
W	64.4374		247	64.4127		247	64.3880		247
g	12.889		190	12.699		185	12.51[illegible]		181

t	7.5 s	Δs_t	Δs_p	7.6 s	Δs_t	Δs_p	7.7 s	Δs_t	Δs_p
− 6	1.058604)	+ 129	790	(1.059394)	+ 132	790	1.060184)	+ 134	790
5	1.058475	137	787	1.059262	140	788	1.060050	144	788
4	1.058338	150	784	1.059122	152	784	1.059906	154	785
3	1.058188	158	782	1.058970	161	782	1.059752	164	782
2	1.058030	166	779	1.058809	169	779	1.059588	172	779
1	1.057864	177	776	1.058640	180	776	1.059416	183	776
0	1.057687	188	773	1.058460	190	773	1.059233	193	773
+ 1	1.057499	197	771	1.058270	200	770	1.059040	202	771
2	1.057302	206	768	1.058070	208	768	1.058838	211	768
3	1.057096	213	766	1.057862	216	765	1.058627	218	766
4	1.056883	227	763	1.057646	229	763	1.058409	231	763
5	1.056656	233	761	1.057417	236	761	1.058178	238	761
6	1.056423	239	758	1.057181	241	759	1.057940	244	759
7	1.056184	251	756	1.056940	253	756	1.057696	255	756
8	1.055933	260	754	1.056687	262	754	1.057441	264	754
9	1.055673	268	752	1.056425	270	752	1.057177	272	752
10	1.055405	274	750	1.056155	276	750	1.056905	278	750
11	1.055131	283	748	1.055879	285	748	1.056627	287	748
12	1.054848	290	746	1.055594	293	746	1.056340	295	746
13	1.054558	299	743	1.055301	300	744	1.056045	302	744
14	1.054259	305	742	1.055001	307	742	1.055743	309	742
15	1.053954	311	740	1.054694	313	740	1.055434	315	740
16	1.053643	321	738	1.054381	323	738	1.055119	325	738
17	1.053322	329	736	1.054058	331	736	1.054794	332	736
18	1.052993	333	734	1.053727	334	735	1.054462	336	735
19	1.052660	342	733	1.053393	344	733	1.054126	346	733
20	1.052318	1799	731	1.053049	1806	731	1.053780	1813	731
25	1.050519	1951	724	1.051243	1957	724	1.051967	1963	724
30	1.048568	2075	718	1.049286	2081	718	1.050004	2087	718
35	1.046493	2184	712	1.047205	2188	712	1.047917	2192	713
40	1.044209	2276	708	1.045017	2280	708	1.045725	2284	708
45	1.042033	2347	704	1.042737	2350	704	1.043441	2353	704
50	1.039686	2403	701	1.040387	2405	701	1.041088	2407	701
55	1.037283	2437	699	1.037982	2439	699	1.038681	2441	699
60	1.034846	2455	697	1.035543	2457	697	1.036240	2459	697
65	1.032391	2450	695	1.033086	2451	695	1.033781	2452	695
70	1.029941	2432	694	1.030635	2433	694	1.031329	2434	694
75	1.027509	2393	693	1.028202	2394	693	1.028895	2395	693
80	1.025116	2334	692	1.025808	2335	692	1.026500	2336	692
85	1.022782	2261	691	1.023473	2262	691	1.024164	2263	691
90	1.020521	2164	690	1.021211	2165	690	1.021901	2166	690
95	1.018357	2052	689	1.019046	2054	689	1.019735	2055	689
100	1.016305	391	687	1.016992	391	688	1.017680	392	688
+101	1.015914	+ 390	687	1.016601	+ 390	687	1.017288	+ 390	687
102	(1.015524)		687	(1.016211)		687	(1.016898)		686
f	− 5.62		7	− 5.69		7	− 5.76		8
k	+101.72		2	+101.74		3	+101.77		2
m	− 17.16		32	− 17.48		32	− 17.80		32
S	5.2198		732	5.2930		730	5.3662		732
W	64.3633		248	64.3385		248	64.3137		248
g	12.333		175	12.158		171	11.987		166

	7.8			7.9			8.0		
t	s	Δs_t	Δs_p	s	Δs_t	Δs_p	s	Δs_t	Δs_p
− 6	(1.060974)		791	(1.061765)		791	(1.062556)		791
5	1.060838	+ 136	788	1.061626	+ 139	788	1 062414	+ 142	788
4	1.060691	147	785	1.061476	150	785	1 062261	153	785
3	1 060534	157	782	1.061316	160	782	1.062098	163	782
2	1 060367	167	779	1.061146	170	779	1.061925	173	779
1	1.060192	175	776	1 060968	178	776	1.061744	181	777
0	1.060006	186	773	1.060779	189	774	1 061553	191	774
+ 1	1 059811	195	770	1.060581	198	771	1.061352	201	772
2	1.059606	205	768	1.060374	207	768	1.061142	210	769
3	1.059393	213	766	1.060159	215	766	1 060925	217	767
4	1.059172	221	763	1.059935	224	763	1.060698	227	765
5	1 058939	233	761	1.059700	235	761	1.060461	237	762
6	1.058699	240	759	1.059458	242	759	1 060217	244	760
7	1 058452	247	756	1.059208	250	757	1.059965	252	758
8	1.058195	257	754	1.058949	259	754	1.059703	262	756
9	1.057929	266	752	1.058681	268	752	1 059433	270	754
10	1.057655	274	750	1.058405	276	750	1.059155	278	752
11	1.057475	280	748	1.058123	282	748	1.058871	284	750
12	1.057186	289	746	1.057832	291	746	1.058578	293	748
13	1.056789	297	744	1.057533	299	744	1.058277	301	746
14	1.056485	304	742	1 057227	306	742	1.057969	308	744
15	1.056174	311	740	1.056914	313	740	1.057654	315	743
16	1.055857	317	738	1.056595	319	738	1.057333	321	741
17	1 055530	327	736	1.056266	329	737	1 057003	330	739
18	1.055197	333	735	1 055932	334	735	1 056667	336	738
19	1.054859	338	733	1 055592	340	733	1.056325	342	736
20	1.054511	348	732	1.055243	349	732	1.055975	350	735
25	1.052691	1820	724	1.053415	1828	724	1.054139	1836	727
30	1.050722	1969	718	1.051440	1975	718	1.052158	1981	722
35	1.048630	2092	713	1.049343	2097	713	1.050056	2102	716
40	1.046433	2197	708	1.047141	2202	708	1 047849	2207	712
45	1.044145	2288	704	1 044849	2292	706	1.045555	2294	708
50	1.041789	2356	701	1.042490	2359	702	1.043192	2363	705
55	1.039380	2409	699	1.040079	2411	699	1.040778	2414	703
60	1.036937	2443	697	1.037634	2445	697	1.038331	2447	700
65	1.034476	2461	696	1.035172	2462	696	1.035868	2463	699
70	1.032023	2453	694	1.032717	2455	694	1.033411	2457	697
75	1.029588	2435	693	1.030281	2436	693	1.030974	2437	696
80	1.027192	2396	692	1.027884	2397	692	1 028576	2398	694
85	1 024855	2337	691	1.025546	2338	691	1.026237	2339	692
90	1.022591	2264	691	1.023282	2264	691	1.023973	2264	691
95	1.020424	2167	689	1.021113	2169	689	1.021802	2171	689
100	1 018368	2056	688	1.019056	2057	688	1.019744	2058	686
+101	1.017975	393	687	1.018662	394	687	1.019349	395	687
102	(1.017584)	+ 391	686	(1.018270)	+ 392	686	(1.018956)	+ 393	686
f	− 5 84		8	− 5.92		7	− 5 99		7
k	+101.79		3	+101.82		3	+101.85		2
m	− 18.12		32	− 18.44		32	− 18.76		32
S	5 4394		733	5.5127		733	5.5860		742
W	64.2889		248	64.2641		248	64.2393		255
g	11 821		163	11.658		158	11.500		154

t	8.1 s	Δs_t	Δs_p	8.2 s	Δs_t	Δs_p	8.3 s	Δs_t	Δs_p
− 7	(1.063482)	+ 135	793	(1.064275)	+ 137	794	(1.065069)	+ 140	794
6	1.063347	145	791	1.064138	148	791	1.064929	151	791
5	1.063202	156	788	1 063990	159	788	1.064778	162	788
4	1.063046	166	785	1.063831	169	785	1.064616	172	785
3	1.062880	176	782	1.063662	179	782	1.064444	181	782
2	1.062704	183	779	1.063483	185	780	1 064263	188	780
1	1.062521	194	777	1.063298	196	777	1.064075	199	777
0	1.062327	203	775	1.063102	206	774	1.063876	208	775
+ 1	1.062124	213	772	1.062896	216	772	1.063668	218	772
2	1.061911	219	769	1.062680	221	770	1.063450	224	770
3	1 061692	229	767	1.062459	231	767	1.063226	233	767
4	1 061463	240	765	1.062228	243	765	1.062993	245	765
5	1.061223	246	762	1.061985	248	763	1.062748	251	763
6	1.060977	254	760	1.061737	256	760	1.062497	258	760
7	1.060723	264	758	1.061481	266	758	1.062239	268	758
8	1.060459	272	756	1.061215	274	756	1.061971	276	756
9	1.060187	280	754	1.060941	282	754	1.061695	284	754
10	1.059907	286	752	1.060659	288	752	1.061411	290	752
11	1 059621	295	750	1 060371	297	750	1.061121	299	750
12	1 059326	303	748	1.060074	305	748	1.060822	307	748
13	1.059023	310	746	1.059769	311	746	1.060515	312	747
14	1.058713	316	745	1.059458	318	745	1.060203	320	745
15	1.058397	323	743	1.059140	325	743	1.059883	327	743
16	1 058074	332	741	1.058815	334	741	1.059556	336	741
17	1.057742	337	739	1.058481	338	739	1.059220	339	740
18	1.057405	344	738	1.058143	346	738	1.058881	348	738
19	1.057061	351	736	1.057797	352	736	1.058533	353	736
20	1.056710	1844	735	1.057445	1851	735	1 058180	1858	735
25	1.054866	1986	728	1.055594	1992	728	1 056322	1998	728
30	1.052880	2108	722	1.053602	2114	722	1 054324	2119	722
35	1.050772	2211	716	1.051488	2215	717	1.052205	2220	717
40	1.048561	2298	712	1.049273	2302	712	1.049985	2305	712
45	1.046263	2366	708	1.046971	2369	709	1 047680	2373	709
50	1.043897	2416	705	1.044602	2418	705	1.045307	2420	706
55	1.041481	2450	703	1.042184	2452	703	1.042887	2454	703
60	1.039031	2464	701	1.039732	2466	701	1.040433	2468	701
65	1.036567	2459	699	1.037266	2461	699	1.037965	2463	699
70	1.034108	2438	697	1.034805	2439	697	1.035502	2440	697
75	1.031670	2400	696	1.032366	2402	696	1 033062	2404	696
80	1.029270	2341	694	1.029964	2342	694	1.030658	2343	694
85	1.026929	2265	693	1.027622	2267	693	1.028315	2269	693
00	1.024664	2173	691	1.025355	2175	691	1.026046	2177	691
95	1.022491	2061	689	1.023180	2063	689	1.023869	2065	689
100	1.020430	394	687	1.021117	394	687	1.021804	394	687
+101	1.020036	+ 394	687	1.020723	+ 395	687	1.021410	+ 396	687
102	(1.019642)		686	(1.020328)		686	(1.021014)		686
f	− 6.06		8	− 6.14		7	− 6.21		7
k	+101.87		3	+101.90		2	+101.92		3
m	− 19.08		33	− 19.41		33	19.74		32
S	5.6602		742	5.7344		742	5.8086		742
W	64.2138		255	64.1883		255	64.1628		255
g	11.346		151	11 195		147	11.048		143

t	8.4 s	8.4 Δs_t	8.4 Δs_p	8.5 s	8.5 Δs_t	8.5 Δs_p	8.6 s	8.6 Δs_t	8.6 Δs_p
− 7	(1.065863)	+ 143	794	(1.066657)	+ 146	794	(1.067451)	+ 149	794
6	1.065720	154	791	1.066511	157	791	1.067302	160	791
5	1.065566	165	788	1.066354	168	788	1.067142	171	788
4	1.065401	175	785	1.066186	178	785	1.066971	180	785
3	1.065226	183	782	1.066008	185	783	1.066791	188	783
2	1.065043	191	780	1.065823	194	780	1.066603	197	780
1	1.064852	201	777	1.065629	204	777	1.066406	206	777
0	1.064651	211	774	1.065425	213	775	1.066200	216	775
+ 1	1.064440	220	772	1.065212	222	772	1.065984	224	773
2	1.064220	227	770	1.064990	230	770	1.065760	233	770
3	1.063993	235	767	1.064760	237	767	1.065527	239	767
4	1.063758	247	765	1.064523	249	765	1.065288	251	765
5	1.063511	254	763	1 064274	257	763	1.065037	259	763
6	1.063257	260	760	1.064017	262	761	1.064778	265	761
7	1.062997	270	758	1.063755	272	758	1.064513	274	759
8	1.062727	278	756	1.063483	280	756	1.064239	282	757
9	1.062449	286	754	1.063203	288	754	1 063957	290	754
10	1.062163	292	752	1.062915	294	752	1.063667	296	753
11	1 061871	301	750	1.062621	303	750	1.063371	305	750
12	1.061570	308	748	1.062318	309	748	1.063066	310	749
13	1 061262	314	747	1.062009	316	747	1.062756	318	747
14	1.060948	322	745	1.061693	324	745	1.062438	326	745
15	1.060626	329	743	1.061369	331	743	1.062112	333	743
16	1 060297	337	741	1.061038	338	741	1.061779	339	742
17	1.059960	341	740	1.060700	343	740	1.061440	345	740
18	1.059619	350	738	1.060357	352	738	1.061095	353	738
19	1.059269	354	736	1.060005	355	737	1.060742	357	737
20	1.058915		735	1.059650		735	1.060385		735

t	8.4 s	Δs_t	Δs_p	8.5 s	Δs_t	Δs_p	8.6 s	Δs_t	Δs_p
+20	1.058915	+1865	735	1.059650	+1872	735	1.060385	+1879	735
25	1.057050	2004	728	1.057778	2010	728	1.058506	2016	728
30	1.055046	2124	722	1.055768	2129	722	1.056490	2134	722
35	1.052922	2225	717	1 053639	2230	717	1.054356	2235	717
40	1.050697	2308	712	1 051409	2311	712	1.052121	2314	713
45	1.048389	2376	709	1.049098	2379	709	1.049807	2382	709
50	1.046013	2423	706	1.046719	2426	706	1.047425	2429	706
55	1.043590	2456	703	1.044293	2458	703	1.044996	2460	703
60	1.041134	2470	701	1.041835	2472	701	1.042536	2474	701
65	1.038664	2465	699	1.039363	2467	699	1.040062	2468	699
70	1.036199	2441	697	1.036896	2442	698	1.037594	2444	698
75	1.033758	2406	696	1.034454	2407	696	1 035150	2408	696
80	1.031352	2344	695	1.032047	2346	695	1.032742	2348	695
85	1.029008	2271	693	1.029701	2273	693	1.030394	2275	693
90	1.026737	2179	691	1.027428	2181	691	1.028119	2183	691
95	1.024558	2067	689	1.025247	2069	689	1.025936	2071	689
100	1.022491	394	687	1.023178	395	687	1.023865	396	687
+101	1.022097	+ 397	686	1.022783	+ 397	686	1.023469	+ 397	686
102	(1.021700)		686	(1.022386)		686	(1.023072)		686
f	— 6.28		7	-- 6.35		7	— 6.42		8
k	+101.95		3	+101.98		2	+102.00		3
m	— 20.06		33	— 20.39		33	— 20.72		33
S	5.8828		742	5.9570		742	6.0312		742
W	64.1373		255	64.1118		255	64 0863		255
g	10.905		140	10.765		137	10.628		134

t	8.7 s	8.7 Δs_t	8.7 Δs_p	8.8 s	8.8 Δs_t	8.8 Δs_p	8.9 s	8.9 Δs_t	8.9 Δs_p
− 7	(1.068245)	+ 152	794	(1.069039)	+ 155	794	(1.069833)	+ 158	794
6	1.068093	163	791	1.068884	166	791	1.069675	168	791
5	1.067930	174	788	1.068718	177	789	1.069507	180	789
4	1.067756	182	785	1.068541	184	786	1.069327	187	786
3	1.067574	191	783	1.068357	194	783	1.069140	197	783
2	1.067383	200	780	1.068163	202	780	1.068943	204	780
1	1.067183	208	778	1.067961	211	778	1.068739	214	778
0	1.066975	218	775	1.067750	221	775	1.068525	223	775
+ 1	1.066757	227	772	1.067529	229	773	1.068302	232	773
2	1.066530	236	770	1.067300	238	770	1.068070	240	770
3	1.066294	241	768	1.067062	244	768	1.067830	247	768
4	1.066053	253	765	1.066818	255	765	1.067583	257	766
5	1.065800	261	763	1.066563	263	763	1.067326	265	763
6	1.065539	267	761	1.066300	269	761	1.067061	271	761
7	1.065272	276	759	1.066031	278	759	1.066790	280	759
8	1.064996	285	757	1.065753	287	757	1.066510	289	757
9	1.064711	291	755	1.065466	293	755	1.066221	295	755
10	1.064420	299	753	1.065173	301	753	1.065926	303	753
11	1.064121	306	751	1.064872	308	751	1.065623	310	751
12	1.063815	312	749	1.064564	314	749	1.065313	316	749
13	1.063503	320	747	1.064250	322	747	1.064997	324	747
14	1.063183	328	745	1.063928	330	745	1.064673	332	745
15	1.062855	334	743	1.063598	335	743	1.064341	336	744
16	1.062521	341	742	1.063263	343	742	1.064005	345	742
17	1.062180	347	740	1.062920	349	740	1.063660	350	740
18	1.061833	354	738	1.062571	355	739	1.063310	357	739
19	1.061479	359	737	1.062216	361	737	1.062953	363	737
20	1.061120		735	1.061855		735	1.062590		735

	8.7			8.8			8.9		
t	s	Δs_t	Δs_p	s	Δs_t	Δs_p	s	Δs_t	Δs_p
+ 20	1.061120	+1886	735	1.061855	+1893	735	1.062590	+1900	735
25	1.059234	2022	728	1.059962	2028	728	1.060690	2034	728
30	1.057212	2139	722	1.057934	2144	722	1.058656	2149	722
35	1.055073	2239	717	1.055790	2243	717	1.056507	2247	717
40	1.052834	2318	713	1.053547	2322	713	1.054260	2326	713
45	1 050516	2385	709	1.051225	2388	709	1.051934	2391	709
50	1.048131	2432	706	1 048837	2435	706	1.049543	2438	706
55	1.045699	2462	703	1.046402	2464	703	1.047105	2466	704
60	1.043237	2476	701	1.043938	2477	701	1.044639	2478	701
65	1.040761	2469	700	1.041461	2471	700	1.042161	2473	700
70	1.038292	2446	698	1.038990	2448	698	1.039688	2450	698
75	1.035846	2409	696	1.036542	2410	696	1.037238	2411	696
80	1.033437	2350	695	1.034132	2352	695	1.034827	2354	695
85	1.031087	2277	693	1.031780	2279	693	1.032473	2280	693
90	1.028810	2185	691	1.029501	2186	692	1.030193	2188	692
95	1.026625	2073	690	1.027315	2076	690	1.028005	2079	690
100	1.024552	397	687	1.025239	398	687	1.025926	399	687
+101	1.024155	397	686	1 024841	397	686	1.025527	397	686
102	1.023758	+ 390	686	1.024444	+ 391	686	1.025130	+ 392	685
103	(1.023368)		685	(1.024053)		685	(1.024738)		685
f	— 6.50		7	— 6.57		7	— 6.64		8
k	+102.03		3	+102.06		2	+102.08		3
m	— 21.05		32	— 21.37		33	— 21.70		33
S	6.1054		742	6.1796		742	6.2538		743
W	68.0608		255	64.0353		255	64.0098		256
g	10.494		130	10.364		128	10.236		125

t	9.0 s	9.0 Δs_I	9.0 Δs_{II}	9.1 s	9.1 Δs_I	9.1 Δs_{II}	9.2 s	9.2 Δs_I	9.2 Δs_{II}
− 7	(1.070627)	+ 161	794	(1.071421)	+ 164	794	(1.072215)	+ 167	794
6	1.070466	170	791	1.071257	173	791	1.072048	176	791
5	1.070296	183	788	1.071084	185	788	1.071872	187	789
4	1.070113	190	786	1.070899	193	786	1.071685	196	786
3	1.069923	200	783	1.070706	202	783	1.071489	204	783
2	1.069723	206	781	1.070504	209	781	1.071285	212	781
− 1	1.069517	217	778	1.070295	219	778	1.071073	221	779
0	1.069300	225	776	1.070076	227	776	1.070852	229	777
+ 1	1.069075	235	774	1.069849	238	774	1.070623	241	774
2	1.068840	242	771	1.069611	244	771	1.070382	245	772
3	1.068598	249	769	1.069367	251	770	1.070137	254	769
4	1.068349	260	767	1.069116	262	767	1.069883	264	767
5	1.068089	267	765	1.068854	269	765	1.069619	271	765
6	1.067822	273	763	1.068585	275	763	1.069348	277	763
7	1.067549	282	761	1.068310	284	761	1.069071	286	761
8	1.067267	291	759	1.068026	293	759	1.068785	296	759
9	1.066976	297	757	1.067733	299	757	1.068490	301	757
10	1.066679	305	755	1.067434	307	755	1.068189	309	755
11	1.066374	312	753	1.067127	314	753	1.067880	316	753
12	1.066062	318	751	1.066813	320	751	1.067564	321	751
13	1.065744	326	749	1.066493	327	750	1.067243	329	750
14	1.065418	333	748	1.066166	335	748	1.066914	337	748
15	1.065085	338	746	1.065831	340	746	1.066577	341	746
16	1.064747	347	744	1.065491	348	745	1.066236	350	745
17	1.064400	351	743	1.065143	353	743	1.065886	355	743
18	1.064049	359	741	1.064790	360	741	1.065531	361	742
19	1.063690	365	740	1.064430	367	740	1.065170	368	740
20	1.063325		738	1.064063		739	1.064802		739

	9.0			9.1			9.2		
t	s	Δs_t	Δs_p	s	Δs_t	Δs_p	s	Δs_t	Δs_p
+20	1.063325	+1907	738	1.064063	+1913	739	1.064802	+1920	739
25	1.061418	2040	732	1.062150	2046	732	1.062882	2052	732
30	1.059378	2154	726	1.060104	2159	726	1.060830	2164	726
35	1.057224	2251	721	1.057945	2255	721	1.058666	2259	721
40	1.054973	2330	717	1.055690	2334	717	1.056407	2338	717
45	1.052643	2394	713	1.053356	2397	713	1.054069	2400	713
50	1.050249	2440	710	1.050959	2443	710	1.051669	2446	710
55	1.047809	2469	707	1.048516	2471	707	1.049223	2473	708
60	1.045340	2479	705	1.046045	2481	705	1.046750	2483	705
65	1.042861	2475	703	1.043564	2477	703	1.044267	2479	703
70	1 040386	2452	701	1.041087	2454	701	1.041788	2456	701
75	1.037934	2412	699	1.038633	2414	699	1.039332	2416	699
80	1.035522	2356	697	1.036219	2358	697	1.036916	2360	697
85	1.033166	2281	695	1.033861	2284	695	1.034556	2287	695
90	1.030885	2190	692	1.031577	2193	692	1.032269	2196	692
95	1.028695	2082	689	1.029384	2085	689	1.030073	2088	690
100	1.026613	400	686	1.027299	400	686	1.027985	400	686
+101	1.026213	398	686	1.026899	398	686	1.027585	399	686
102	1.025815	+ 392	686	1.025501	+ 393	685	1.027186	+ 393	685
103	(1.025423)		685	(1.025108)		685	(1.026793)		685
f	— 6.72		7	— 6.79		7	— 6.86		7
k	+102.11		3	+102.14		2	+102.16		3
m	— 22.03		33	— 22.36		33	— 22.69		34
S	6.3281		752	6.4033		752	6.4785		752
W	63.9842		262	63.9580		262	63.9318		262
g	10.111		122	9.989		119	9.870		117

t	9.3 s	9.3 Δs_t	9.3 Δs_p	9.4 s	9.4 Δs_t	9.4 Δs_p	9.5 s	9.5 Δs_t	9.5 Δs_p
− 8				(1.073966)		797	(1.074763)		797
7	(1.073009)		794	1.073803	+ 163	794	1.074597	+ 166	794
6	1.072839	+ 170	791	1.073630	173	792	1.074422	175	792
5	1.072661	178	789	1.073450	180	789	1.074239	183	789
4	1.072471	190	786	1.073257	193	786	1.074043	196	786
3	1.072272	199	784	1.073056	201	784	1.073840	203	784
2	1.072066	206	781	1.072847	209	781	1.073628	212	781
− 1	1.071852	214	779	1.072631	216	779	1.073410	218	779
0	1.071629	223	776	1.072405	226	776	1.073181	229	777
+ 1	1.071397	232	774	1.072171	234	774	1.072945	236	774
2	1.071154	243	772	1.071926	245	772	1.072698	247	772
3	1.070906	248	770	1.071676	250	769	1.072445	253	770
4	1.070650	256	767	1.071417	259	767	1.072184	261	767
5	1.070384	266	765	1.071149	268	765	1.071914	270	765
6	1.070111	273	763	1.070874	275	763	1.071637	277	763
7	1.069832	279	761	1.070593	281	761	1.071354	283	761
8	1.069544	288	759	1.070303	290	759	1.071062	292	759
9	1.069247	297	757	1.070004	299	757	1.070761	301	757
10	1.068944	303	755	1.069699	305	755	1.070454	307	755
11	1.068633	311	753	1.069386	313	753	1.070139	315	754
12	1.068315	318	752	1.069067	319	752	1.069819	320	752
13	1.067993	322	750	1.068743	324	750	1.069493	326	750
14	1.067662	331	748	1.068410	333	748	1.069158	335	748
15	1.067323	339	746	1.068069	341	746	1.068815	343	747
16	1.066981	342	745	1.067726	343	745	1.068471	344	745
17	1.066629	352	743	1.067372	354	743	1.068115	356	743
18	1.066273	356	742	1.067015	357	742	1.067757	358	742
19	1.065910	363	740	1.066650	365	740	1.067390	367	740
20	1.065541	369	739	1.066280	370	739	1.067019	371	739

t	9.3 s	9.3 Δs_t	9.3 Δs_p	9.4 s	9.4 Δs_t	9.4 Δs_p	9.5 s	9.5 Δs_t	9.5 Δs_p
+ 20	1.065541	+1927	739	1.066280	+1934	739	1.067019	+1941	739
25	1.063614	2058	732	1.064346	2064	732	1.065078	2070	732
30	1.061556	2169	726	1.062282	2174	726	1.063008	2179	727
35	1.059387	2263	721	1.060108	2267	721	1.060829	2271	722
40	1.057124	2342	717	1.057841	2346	717	1.058558	2349	717
45	1.054782	2403	713	1.055495	2406	714	1.056209	2410	714
50	1.052379	2448	710	1.053089	2450	710	1.053799	2452	711
55	1.049931	2476	708	1.050639	2479	708	1.051347	2482	708
60	1.047455	2485	705	1.048160	2487	705	1.048865	2489	706
65	1.044970	2481	703	1.045673	2483	703	1.046376	2485	703
70	1 042489	2458	701	1.043190	2460	701	1.043891	2462	701
75	1.040031	2418	699	1.040730	2420	699	1.041429	2422	699
80	1.037613	2362	697	1 038310	2364	697	1.039007	2366	697
85	1.035251	2290	695	1.035946	2293	695	1.036641	2295	695
90	1.032961	2198	692	1.033653	2200	693	1.034346	2203	693
95	1.030763	2092	690	1.031453	2096	690	1.032143	2099	690
100	1.028671	400	686	1.029357	400	687	1.030044	401	687
+101	1.028271	400	686	1.028957	401	686	1.029643	402	686
102	1.027871	+ 393	685	1 028556	+ 393	685	1.029241	+ 394	685
103	(1.027478)		685	(1.028163)		684	(1.028847)		684
f	— 6.93		8	— 7.01		7	— 7.08		7
k	+102.19		3	+102.22		2	+102.24		3
m	— 23.03		33	— 23.36		34	— 23.70		33
S	6 5537		752	6.6289		752	6.7041		752
W	63.9056		262	63.8794		263	63.8531		263
g	9.753		115	9.638		112	9.526		109

t	9.6 s	Δs_t	Δs_p	9.7 s	Δs_t	Δs_p	9.8 s	Δs_t	Δs_p
− 8	(1.075560)	+ 169	797	(1.076357)	+ 171	797	(1.077154)	+ 173	798
7	1.075391	177	795	1.076186	180	795	1.076981	183	795
6	1.075214	186	792	1.076006	189	792	1.076798	192	792
5	1.075028	199	789	1.075817	201	789	1.076606	203	789
4	1.074829	205	787	1.075616	208	787	1.076403	211	787
3	1.074624	215	784	1.075408	218	784	1.076192	220	784
2	1.074409	220	781	1.075190	222	782	1.075972	225	782
− 1	1.074189	231	779	1.074968	234	779	1.075747	236	779
0	1.073958	239	776	1.074734	241	777	1.075511	244	776
+ 1	1.073719	249	774	1.074493	251	774	1.075267	253	774
2	1.073470	255	772	1.074242	258	772	1.075014	260	772
3	1.073215	264	769	1.073984	266	770	1.074754	268	770
4	1.072951	272	767	1.073718	274	768	1.074486	277	768
5	1.072679	279	765	1.073444	281	765	1.074209	283	766
6	1.072400	285	763	1.073163	287	763	1.073926	289	764
7	1.072115	294	761	1.072876	296	761	1.073637	298	761
8	1.071821	303	759	1.072580	305	759	1.073339	307	759
9	1.071518	309	757	1.072275	311	757	1.073032	313	758
10	1.071209	316	755	1.071964	317	755	1.072719	318	756
11	1.070893	322	754	1.071647	324	754	1.072401	326	754
12	1.070571	328	752	1.071323	330	752	1.072075	332	752
13	1.070243	337	750	1.070993	339	750	1.071743	341	750
14	1.069906	344	748	1.070654	345	748	1.071402	346	749
15	1.069562	346	747	1.070309	348	747	1.071056	350	747
16	1.069216	358	745	1.069961	359	745	1.070706	360	745
17	1.068858	359	744	1.069602	361	744	1.070346	363	744
18	1.068499	369	742	1.069241	370	742	1.069983	371	742
19	1.068130	372	741	1.068871	374	741	1.069612	376	741
20	1.067758		739	1.068497		739	1.069236		739

	9.6			9.7			9.8		
t	s	Δs_t	Δs_p	s	Δs_t	Δs_p	s	Δs_t	Δs_p
+20	1.067758	+1948	739	1.068497	+1955	739	1.069236	+1961	739
25	1.065810	2075	732	1.066542	2080	733	1.067275	2086	733
30	1.063735	2184	727	1.064462	2189	727	1.065189	2194	727
35	1.061551	2276	722	1.062273	2281	722	1.062995	2285	722
40	1.059275	2352	717	1.059992	2355	718	1.060710	2359	718
45	1.056923	2413	714	1.057637	2416	714	1.058351	2419	714
50	1.054510	2455	711	1.055221	2458	711	1 055932	2461	711
55	1.052055	2484	708	1.052763	2486	708	1.053471	2488	708
60	1.049571	2492	706	1.050277	2495	706	1.050983	2498	706
65	1.047079	2487	703	1 047782	2489	703	1.048485	2491	704
70	1.044592	2464	701	1.045293	2466	701	1.045994	2467	702
75	1.042128	2424	699	1.042827	2426	700	1 043527	2429	700
80	1.039704	2368	697	1 040401	2370	697	1 041098	2372	698
85	1.037336	2297	695	1 038031	2299	695	1.038726	2301	695
90	1.035039	2206	693	1 035732	2209	693	1 036425	2212	693
95	1.032833	2102	690	1.033523	2105	690	1.034213	2108	690
100	1.030731	402	687	1.031418	403	687	1.032105	404	687
+101	1.030329	403	686	1.031015	404	686	1.031701	405	685
102	1.029926	+395	685	1.030611	+396	685	1.031296	+397	685
103	(1.029531)		684	(1.030215)		684	(1.030899)		684
f	− 7.15	7		− 7.22	8		− 7.30	7	
k	+102.27	3		+102.30	2		+102.32	3	
m	− 24.03	33		− 24.36	34		− 24.70	34	
S	6.7793	752		6.8545	752		6.9297	752	
W	63.8268	263		63.8005	263		63.7742	263	
g	9.417	108		9.309	105		9.204	103	

	9.9			10.0			10.1		
t	s	Δs_t	Δs_p	s	Δs_t	Δs_p	s	Δs_t	Δs_p
− 8	(1.077952)	+176	798	(1.078750)	+179	797	(1.079547)	+181	797
7	1.077776	186	795	1.078571	189	795	1.079366	192	795
6	1.077590	195	792	1.078382	198	792	1.079174	200	792
5	1.077395	205	789	1.078184	207	790	1.078974	210	790
4	1.077190	214	787	1.077977	217	787	1.078764	219	787
3	1.076976	222	784	1.077760	224	785	1.078545	227	785
2	1.076754	228	782	1.077536	231	782	1.078318	233	782
− 1	1.076526	239	779	1.077305	241	780	1.078085	243	780
0	1.076287	246	777	1.077064	249	778	1.077842	251	778
+ 1	1.076041	255	774	1.076815	257	776	1.077591	260	776
2	1.075786	262	772	1.076558	264	773	1.077331	266	774
3	1.075524	270	770	1.076294	272	771	1.077065	274	772
4	1.075254	279	768	1.076022	281	769	1.076791	283	770
5	1.074975	285	766	1.075741	287	767	1.076508	289	767
6	1.074690	292	764	1.075454	294	765	1.076219	296	765
7	1.074398	300	762	1.075160	302	763	1.075923	304	764
8	1.074098	308	760	1.074858	310	761	1.075619	311	762
9	1.073790	315	758	1.074548	317	760	1.075308	319	760
10	1.073475	320	756	1.074231	322	758	1.074989	324	758
11	1.073155	328	754	1.073909	330	756	1.074665	331	756
12	1.072827	334	752	1.073579	336	755	1.074334	338	755
13	1.072493	342	750	1.073243	343	753	1.073996	345	753
14	1.072151	348	749	1.072900	350	751	1.073651	351	751
15	1.071803	352	747	1.072550	354	750	1.073300	356	750
16	1.071451	361	745	1.072196	362	748	1.072944	363	748
17	1.071090	365	744	1.071834	367	747	1.072581	369	747
18	1.070725	372	742	1.071467	373	745	1.072212	374	745
19	1.070353	378	741	1.071094	380	744	1.071838	382	744
20	1.069975		739	1.070714		742	1.071456		743

	9.9			10.0			10.1		
t	s	Δs_t	Δs_p	s	Δs_t	Δs_p	s	Δs_t	Δs_p
+ 20	1.069975	+1967	739	1.070714	+1973	742	1.071456	+1979	743
25	1.068008	2092	733	1.068741	2098	736	1.069477	2103	736
30	1.065916	2199	727	1.066643	2204	731	1.067374	2209	731
35	1.063717	2289	722	1.064439	2293	726	1.065165	2297	726
40	1.061428	2363	718	1.062146	2367	722	1.062868	2371	722
45	1.059065	2422	714	1.059779	2425	718	1.060497	2428	718
50	1.056643	2464	711	1.057354	2467	715	1.058069	2470	715
55	1.054179	2490	708	1.054887	2492	712	1.055599	2494	712
60	1.051689	2500	706	1.052395	2502	710	1.053105	2505	710
65	1.049189	2493	704	1.049893	2495	707	1.050600	2497	707
70	1.046696	2469	702	1.047398	2471	705	1.048103	2474	705
75	1.044227	2431	700	1.044927	2433	702	1.045629	2436	702
80	1.041796	2375	698	1.042494	2377	699	1.043193	2379	700
85	1.039421	2303	696	1.040117	2306	697	1.040814	2309	697
90	1.037118	2215	693	1.037811	2218	694	1.038505	2222	694
95	1.034903	2111	690	1.035593	2114	690	1.036283	2118	690
100	1.032792	406	687	1.033479	408	686	1.034105	408	686
+101	1.032386	405	685	1.033071	405	686	1.033757	406	686
102	1.031981	+ 398	685	1.032666	+ 399	685	1.033351	+ 400	685
103	(1.031583)		684	(1.032267)		684	(1.032951)		684
f	− 7.37		7	− 7.44		7	− 7.51		8
k	+102.35		3	+102.38		2	+102.40		3
m	− 25.04		34	− 25.38		34	− 25.72		34
S	7.0049		753	7.0802		762	7.1564		762
W	63.7479		263	63.7216		269	63.6947		270
g	9.101		101	9.000		99	8.901		97

	10.2			10.3			10.4		
t	s	Δs_t	Δs_p	s	Δs_t	Δs_p	s	Δs_t	Δs_p
− 8	1.080344	+ 183	798	1.081142	+ 186	798	1.081940	+ 189	798
7	1.080161	195	795	1.080956	198	795	1.081751	201	795
6	1.079966	202	792	1.080758	204	792	1.081550	206	793
5	1.079764	213	790	1.080554	216	790	1.081344	219	790
4	1.079551	221	787	1.080338	223	787	1.081125	225	788
3	1.079330	230	785	1.080115	232	785	1.080900	234	785
2	1.079100	235	783	1.079883	238	783	1.080666	241	783
− 1	1.078865	245	780	1.079645	247	780	1.080425	249	780
0	1.078620	253	778	1.079398	255	778	1.080176	257	778
+ 1	1.078367	262	776	1.079143	264	776	1.079919	266	776
2	1.078105	268	774	1.078879	271	774	1.079653	273	774
3	1.077837	276	771	1.078608	278	772	1.079380	280	771
4	1.077561	286	769	1.078330	288	770	1.079100	291	769
5	1.077275	291	767	1.078042	292	767	1.078809	293	768
6	1.076984	297	766	1.077750	299	766	1.078516	301	766
7	1.076687	306	764	1.077451	308	764	1.078215	310	764
8	1.076381	313	762	1.077143	315	762	1.077905	317	762
9	1.076068	321	760	1.076828	323	760	1.077588	325	760
10	1.075747	326	758	1.076505	328	758	1.077263	329	758
11	1.075421	332	756	1.076177	333	757	1.076934	335	757
12	1.075089	340	755	1.075844	342	755	1.076599	344	755
13	1.074749	347	753	1.075502	349	753	1.076255	350	753
14	1.074402	352	751	1.075153	353	752	1.075905	355	752
15	1.074050	358	750	1.074800	360	750	1.075550	362	750
16	1.073692	364	748	1.074440	365	748	1.075188	366	749
17	1.073328	371	747	1.074075	373	747	1.074822	374	747
18	1.072957	375	745	1.073702	376	746	1.074448	378	746
19	1.072582	383	744	1.073326	384	744	1.074070	385	744
20	1.072199		743	1.072942		743	1.073685		743

	10.2			10.3			10.4		
t	s	Δs_t	Δs_p	s	Δs_t	Δs_p	s	Δs_t	Δs_p
+ 20	1.072199	+1986	743	1.072942	+1993	743	1.073685	+2000	743
25	1.070213	2108	736	1.070949	2113	736	1.071685	2118	737
30	1.068105	2214	731	1.068836	2219	731	1 069567	2224	731
35	1.065891	2301	726	1.066617	2305	726	1.067343	2309	726
40	1.063590	2375	722	1.064312	2379	722	1.065034	2383	722
45	1.061215	2431	718	1.061933	2434	718	1.062651	2437	719
50	1.058784	2473	715	1.059499	2476	715	1.060214	2479	715
55	1.056311	2496	712	1.057023	2498	712	1.057735	2500	713
60	1.053815	2508	710	1.054525	2511	710	1.055235	2514	710
65	1.051307	2499	707	1.052014	2501	707	1.052721	2503	707
70	1.048808	2477	705	1.049513	2480	705	1.050218	2483	705
75	1.046331	2438	702	1.047033	2440	702	1.047735	2442	703
80	1.043893	2382	700	1.044593	2385	700	1.045293	2388	700
85	1.041511	2312	697	1.042208	2315	697	1.042905	2318	697
90	1.039199	2226	694	1.039893	2230	694	1.040587	2234	694
95	1.036973	2122	690	1.037663	2126	690	1.038353	2130	690
100	1.034851	408	686	1.035537	408	686	1.036223	408	686
+101	1.034443	407	686	1.035129	408	686	1.035815	409	685
102	1.034036	+ 401	685	1.034721	+ 402	685	1.035406	+ 403	685
103	(1.033635)		684	(1.034319)		684	(1.035003)		684
f	— 7.59		7	— 7.66		7	— 7.73		7
k	+102.43		3	+102.46		3	+102.49		3
m	— 26.06		35	— 26.41		34	— 26.75		34
S	7.2326		762	7.3088		762	7.3850		762
W	63.6677		270	63.6407		270	63.6137		270
g	8.804		95	8.709		94	8.615		91

t	10.5 s	10.5 Δs_t	10.5 Δs_p	10.6 s	10.6 Δs_t	10.6 Δs_p	10.7 s	10.7 Δs_t	10.7 Δs_p
− 8	1.082738)	+ 192	798	(1.083536)	+ 195	798	1.084334)	+ 198	798
7	1.082546	203	795	1.083341	205	795	1.084136	207	795
6	1.082343	209	793	1.083136	212	793	1.083929	215	793
5	1.082134	221	790	1.082924	223	790	1.083714	225	790
4	1.081913	228	788	1.082701	231	788	1.083489	234	788
3	1.081685	236	785	1.082470	238	785	1.083255	240	785
2	1.081449	244	783	1.082232	246	783	1.083015	248	783
− 1	1.081205	251	781	1.081986	254	781	1.082767	257	781
0	1.080954	259	778	1.081732	261	778	1.082510	263	779
+ 1	1.080695	268	776	1.081471	270	776	1.082247	272	776
2	1.080427	276	774	1.081201	278	774	1.081975	280	774
3	1.080151	282	772	1.080923	284	772	1.081695	286	772
4	1.079869	292	770	1.080639	294	770	1.081409	296	770
5	1.079577	295	768	1.080345	297	768	1.081113	299	768
6	1.079282	303	766	1.080048	305	766	1.080814	307	766
7	1.078979	312	764	1 079743	314	764	1.080507	316	764
8	1.078667	319	762	1.079429	321	762	1.080191	323	762
9	1.078348	327	760	1.079108	329	760	1.079868	331	760
10	1.078021	330	758	1.078779	331	758	1.079537	332	759
11	1.077691	337	757	1 078448	339	757	1.079205	341	757
12	1.077354	346	755	1.078109	348	755	1.078864	350	755
13	1.077008	351	753	1.077761	352	753	1.078514	353	754
14	1.076657	357	752	1.077409	359	752	1.078161	361	752
15	1.076300	363	750	1.077050	364	750	1.077800	365	750
16	1.075937	368	749	1.076686	370	749	1.077435	372	749
17	1.075569	375	747	1.076316	376	747	1.077063	377	747
18	1.075194	380	746	1.075940	382	746	1.076686	384	746
19	1.074814	386	744	1.075558	387	744	1.076302	388	745
20	1.074428		743	1.075171		743	1.075914		743

t	10.5 s	Δs_I	Δs_{II}	10.6 s	Δs_I	Δs_{II}	10.7 s	Δs_I	Δs_{II}
+20	1.074428	+2006	743	1.075171	+2012	743	1.075914	+2018	743
25	1.072422	2124	737	1.073159	2130	737	1.073896	2136	737
30	1.070298	2229	731	1.071029	2234	731	1.071760	2238	731
35	1.068069	2313	726	1.068795	2317	727	1.069522	2322	727
40	1.065756	2386	722	1.066478	2389	722	1.067200	2392	722
45	1.063370	2441	719	1.064089	2444	719	1.064808	2447	719
50	1.060929	2481	716	1.061645	2484	716	1.062361	2487	716
55	1.058448	2503	713	1.059161	2506	713	1.059874	2509	713
60	1.055945	2517	710	1.056655	2519	710	1.057365	2521	710
65	1.053428	2505	708	1.054136	2508	708	1.054844	2511	708
70	1.050923	2485	705	1.051628	2487	705	1.052333	2489	705
75	1.048438	2445	703	1.049141	2448	703	1.049844	2451	703
80	1.045993	2391	700	1.046693	2394	700	1.047393	2397	700
85	1.043602	2321	697	1.044299	2324	697	1.044996	2327	697
90	1.041281	2238	694	1.041975	2241	694	1.042669	2244	694
95	1.039043	2134	691	1.039734	2139	691	1.040425	2144	691
100	1.036909	409	686	1.037595	410	686	1.038281	411	687
+101	1.036500	409	685	1.037185	410	685	1.037870	411	685
102	1.036091	+ 404	684	1.036775	+ 404	684	1.037459	+ 405	684
103	(1.035687)		684	(1.036371)		683	(1.037054)		683
f	− 7.80		8	− 7.88		7	− 7.95		7
k	+102.52		2	+102.54		3	+102.57		3
m	− 27.09		34	− 27.43		34	− 27.77		34
S	7.4612		762	7.5374		762	7.6136		762
W	63.5867		270	63.5597		270	63.5327		270
g	8.524		90	8.434		88	8.346		87

t	10.8 s	10.8 Δs_t	10.8 Δs_p	10.9 s	10.9 Δs_t	10.9 Δs_p	11.0 s	11.0 Δs_t	11.0 Δs_p
− 9	(1.085325	+ 193	801	1.086126)	+ 196	801	1.086927)	+ 199	801
8	1.085132	201	798	1.085930	203	798	1.086728	205	798
7	1.084931	209	796	1.085727	212	796	1.086523	215	796
6	1.084722	218	793	1.085515	221	793	1.086308	224	793
5	1.084504	227	790	1.085294	229	790	1.086084	231	791
4	1.084277	237	788	1.085065	240	788	1.085853	242	789
3	1.084040	242	785	1.084825	244	786	1.085611	247	786
2	1.083798	250	783	1.084581	252	783	1.085364	254	784
− 1	1.083548	259	781	1.084329	262	781	1.085110	264	782
0	1.083289	266	778	1.084067	268	779	1.084846	271	780
+ 1	1.083023	274	776	1.083799	276	776	1.084575	278	778
2	1.082749	282	774	1.083523	284	774	1.084297	286	776
3	1.082467	288	772	1.083239	290	772	1.084011	292	774
4	1.082179	298	770	1.082949	300	770	1.083719	302	772
5	1.081881	301	768	1.082649	303	768	1.083417	305	770
6	1.081580	309	766	1.082346	311	766	1.083112	313	768
7	1.081271	318	764	1.082035	320	764	1.082799	322	767
8	1.080953	325	762	1.081715	327	762	1.082477	328	765
9	1.080628	332	760	1.081388	333	761	1.082149	335	763
10	1.080296	334	759	1.081055	336	759	1.081814	338	762
11	1.079962	343	757	1.080719	345	757	1.081476	347	760
12	1.079619	351	755	1.080374	352	755	1.081129	353	758
13	1.079268	355	754	1.080022	357	754	1.080776	359	757
14	1.078913	363	752	1.079665	365	752	1.080417	366	755
15	1.078550	366	750	1.079300	367	751	1.080051	369	754
16	1.078184	374	749	1.078933	375	749	1.079682	376	752
17	1.077810	378	748	1.078558	380	748	1.079306	382	751
18	1.077432	385	746	1.078178	386	746	1.078924	387	750
19	1.077047	390	745	1.077792	392	745	1.078537	394	748
20	1.076657		743	1.077400		743	1.078143		747

	10.8			10.9			11.0		
t	s	Δs_t	Δs_p	s	Δs_t	Δs_p	s	Δs_t	Δs_p
+ 20	1.076657	+2024	743	1.077400	+2030	743	1.078143	+2036	747
25	1.074633	2142	737	1.075370	2148	737	1 076107	2153	741
30	1 072491	2242	731	1 073222	2246	732	1.073954	2251	736
35	1 070249	2327	727	1.070976	2331	727	1.071703	2335	731
40	1.067922	2395	723	1.068645	2399	723	1.069368	2403	727
45	1.065527	2450	719	1.066246	2453	719	1.066965	2456	724
50	1.063077	2490	716	1.063793	2493	716	1.064509	2496	720
55	1.060587	2512	713	1.061300	2515	713	1.062013	2518	717
60	1.058075	2523	710	1.058785	2525	710	1.059495	2527	714
65	1 055552	2514	708	1 056260	2517	708	1.056968	2519	712
70	1.053038	2491	705	1 053743	2493	706	1 054449	2496	709
75	1 050547	2454	703	1 051250	2457	703	1.051953	2460	706
80	1.048093	2400	700	1.048793	2402	700	1 049493	2404	703
85	1.045693	2330	698	1.046391	2334	698	1.047089	2337	699
90	1.043363	2247	694	1 044057	2250	695	1.044752	2254	695
95	1.041116	2148	691	1.041807	2152	691	1.042498	2156	691
100	1.038968	413	687	1.039655	415	687	1.040342	417	686
+101	1.038555	412	685	1.039240	413	685	1.039925	414	685
102	1.038143	+ 406	684	1.038827	+ 407	684	1.039511	+ 408	684
103	(1.037737)		683	(1.038420)		683	(1.039103)		683
f	− 8.02		7	− 8.09		7	− 8.16		7
k	+102.60		3	+102.63		3	+102.66		2
m	− 28 11		35	− 28.46		35	− 28.81		35
S	7.6898		763	7.7661		763	7 8424		772
W	63.5057		270	63.4787		270	63.4517		277
g	8.259		85	8.174		83	8.091		82

	11.1			11.2			11.3		
t	s	Δs_t	Δs_p	s	Δs_t	Δs_p	s	Δs_t	Δs_p
− 9	(1.087728)	+ 202	801	(1.088529)	+ 205	801	1.089330)	+ 207	801
8	1.087526	207	798	1.088324	209	799	1.089123	212	799
7	1.087319	218	796	1.088115	220	796	1.088911	222	796
6	1.087101	226	794	1.087895	229	794	1.088689	232	794
5	1.086875	233	791	1.087666	235	791	1.088457	237	791
4	1.086642	245	789	1.087431	247	789	1.088220	249	789
3	1.086397	249	787	1.087184	252	787	1.087971	255	787
2	1.086148	256	784	1.086932	258	784	1.087716	260	785
− 1	1.085892	266	782	1.086674	267	782	1.087456	269	782
0	1.085626	273	781	1.086407	276	780	1.087187	278	781
+ 1	1.085353	280	778	1.086131	282	778	1.086909	283	778
2	1.085073	288	776	1.085849	289	777	1.086626	292	776
3	1.084785	294	775	1.085560	296	774	1.086334	298	775
4	1.084491	304	773	1.085264	307	772	1.086036	308	773
5	1.084187	307	770	1.084957	309	771	1.085728	312	771
6	1.083880	314	768	1.084648	315	768	1.085416	316	769
7	1.083566	324	767	1.084333	326	767	1.085100	328	767
8	1.083242	330	765	1.084007	332	765	1.084772	334	765
9	1.082912	336	763	1.083675	337	763	1.084438	338	764
10	1.082576	340	762	1.083338	342	762	1.084100	344	762
11	1.082236	349	760	1.082996	351	760	1.083756	353	760
12	1.081887	354	758	1.082645	355	758	1.083403	356	759
13	1.081533	361	757	1.082290	363	757	1.083047	364	757
14	1.081172	367	755	1.081927	368	756	1.082683	370	756
15	1.080805	371	754	1.081559	373	754	1.082313	374	754
16	1.080434	377	752	1.081186	378	753	1.081939	380	753
17	1.080057	383	751	1.080808	384	751	1.081559	385	751
18	1.079674	389	750	1.080424	391	750	1.081174	392	750
19	1.079285	395	748	1.080033	396	749	1.080782	398	749
20	1.078890		747	1.079637		747	1.080384		747

t	11.1 s	Δs_t	Δs_p	11.2 s	Δs_t	Δs_p	11.3 s	Δs_t	Δs_p
+ 20	1.078890	+2042	747	1.079637	+2048	747	1.080384	+2054	747
25	1.076848	2158	741	1.077589	2163	741	1.078330	2168	741
30	1.074690	2256	736	1.075426	2261	736	1.076162	2266	736
35	1.072434	2339	731	1.073165	2343	731	1.073896	2347	731
40	1.070095	2406	727	1.070822	2409	727	1.071549	2412	727
45	1.067689	2460	724	1.068413	2464	724	1.069137	2468	724
50	1.065229	2499	720	1.065949	2502	720	1.066669	2504	721
55	1.062730	2521	717	1.063447	2523	718	1.064165	2526	718
60	1.060209	2529	715	1.060924	2532	715	1.061639	2535	715
65	1.057680	2522	712	1.058392	2525	712	1.059104	2528	712
70	1.055158	2499	709	1.055867	2502	709	1 056576	2505	709
75	1.052659	2463	706	1.053365	2466	706	1.054071	2469	706
80	1.050196	2408	703	1.050899	2411	703	1 051602	2414	703
85	1.047788	2341	700	1.048488	2345	700	1.049188	2349	700
90	1.045447	2258	696	1.046143	2263	696	1.046839	2268	696
95	1.043189	2161	691	1.043880	2166	691	1.044571	2171	691
100	1.041028	418	686	1.041714	419	686	1.042400	420	686
+101	1 040610	415	685	1.041295	416	685	1.041980	417	685
102	1.040195	+ 409	684	1.040879	+ 410	684	1.041563	+ 411	684
103	(1.039786)		683	(1.040469)		683	(1.041152)		683
f	— 8.23		8	— 8 31		7	— 8.38		7
k	+102.68		3	+102.71		3	+102.74		3
m	— 29.16		35	— 29.51		35	— 29.86		35
S	7.9196		772	7.9968		772	8.0740		772
W	63.4240		277	63 3963		277	63.3686		277
g	8.009		80	7.929		79	7.850		78

	11.4			11.5			11.6		
t	s	Δs_t	Δs_p	s	Δs_t	Δs_p	s	Δs_t	Δs_p
− 9	1.090131	+ 209	801	1.090932	+ 211	801	1.091733	+ 213	801
8	1.089922	215	799	1.090721	218	799	1.091520	221	799
7	1.089707	224	796	1.090503	226	796	1.091299	228	796
6	1.089483	235	794	1.090277	238	794	1 091071	240	794
5	1.089248	239	791	1.090039	241	792	1.090831	244	792
4	1.089009	251	789	1.089798	253	789	1.090587	255	789
3	1.088758	257	787	1.089545	259	787	1.090332	261	787
2	1.088501	263	785	1.089286	265	785	1.090071	267	785
− 1	1.088238	270	783	1.089021	273	783	1.089804	275	783
0	1.087968	281	780	1.088748	283	781	1.089529	286	780
+ 1	1.087687	285	778	1.088465	287	778	1.089243	289	779
2	1.087402	293	776	1.088178	295	776	1.088954	296	777
3	1.087109	300	774	1.087883	302	775	1.088658	304	774
4	1.086809	310	772	1.087581	311	773	1 088354	313	772
5	1.086499	314	771	1.087270	316	771	1.088041	318	771
6	1.086185	318	769	1.086954	320	769	1.087723	322	769
7	1.085867	330	767	1.086634	332	767	1.087401	334	767
8	1.085537	335	765	1.086302	336	765	1.087067	337	766
9	1.085202	340	764	1.085966	342	764	1.086730	344	764
10	1.084862	346	762	1.085624	348	762	1.086386	350	762
11	1.084516	354	760	1.085276	355	760	1.086036	356	760
12	1.084162	358	759	1.084921	360	759	1.085680	362	759
13	1.083804	365	757	1.084561	366	757	1.085318	367	757
14	1.083439	372	756	1.084195	374	756	1.084951	376	756
15	1.083067	375	754	1.083821	376	754	1.084575	377	754
16	1.082692	382	753	1.083445	384	753	1.084198	386	753
17	1.082310	386	751	1.083061	387	751	1.083812	388	752
18	1.081924	393	750	1.082674	394	750	1.083424	395	750
19	1.081531	400	749	1.082280	402	749	1.083029	403	749
20	1.081131		747	1.081878		748	1.082626		748

	11.4			11.5			11.6		
t	s	Δs_t	Δs_p	s	Δs_t	Δs_p	s	Δs_t	Δs_p
+20	1.081131	+2060	747	1.081878	+2065	748	1.082626	+2071	748
25	1.079071	2173	742	1.079813	2179	742	1.080555	2185	742
30	1.076898	2271	736	1.077634	2275	736	1.078370	2279	737
35	1.074627	2351	732	1.075359	2355	732	1.076091	2359	732
40	1.072276	2415	728	1.073004	2419	728	1.073732	2423	728
45	1.069861	2471	724	1.070585	2474	724	1.071309	2477	724
50	1.067390	2507	721	1.068111	2510	721	1.068832	2513	721
55	1.064883	2529	718	1.065601	2532	718	1.066319	2535	718
60	1.062354	2538	715	1.063069	2541	715	1.063784	2544	715
65	1.059816	2531	712	1.060528	2534	712	1.061240	2537	712
70	1.057285	2508	709	1.057994	2511	709	1.058703	2513	710
75	1.054777	2472	706	1.055483	2476	707	1.056190	2478	707
80	1.052305	2417	703	1.053008	2420	704	1.053712	2424	704
85	1.049888	2353	700	1.050588	2357	700	1.051288	2361	700
90	1.047535	2273	696	1.048231	2277	696	1.048927	2281	696
95	1.045262	2170	692	1.045954	2181	692	1.046646	2186	692
100	1.043086	421	687	1.043773	423	687	1.044460	424	687
+101	1.042665	418	685	1.043350	419	686	1.044036	420	686
102	1.042247	+412	684	1.042931	+413	685	1.043616	+415	685
103	(1.041835)		683	(1.042518)		683	(1.043201)		683
f	− 8.45		7	− 8.52		7	− 8.59		7
k	+102.77		3	+102 80		2	+102.82		3
m	− 30.21		35	− 30.56		35	− 30.91		35
S	8.1512		772	8.2284		772	8.3056		772
W	63 3409		277	63.3132		277	63.2855		277
g	7.772		76	7.696		75	7.621		74

	11.7			11.8			11.9		
t	s	Δs_t	Δs_p	s	Δs_t	Δs_p	s	Δs_t	Δs_p
− 9	(1.092534)	+ 215	802	(1.093336)	+ 218	802	(1.094138)	+ 221	802
8	1.092319	224	799	1.093118	227	799	1.093917	229	799
7	1.092095	230	796	1.092891	232	797	1.093688	235	797
6	1.091865	242	794	1.092659	244	794	1.093453	246	794
5	1.091623	247	792	1.092415	250	792	1.093207	252	792
4	1.091376	257	789	1.092165	259	790	1.092955	262	790
3	1.091119	263	787	1.091906	265	787	1.092693	267	787
2	1.090856	269	785	1.091641	271	785	1.092426	273	785
− 1	1.090587	278	783	1.091370	280	783	1.092153	283	783
0	1.090309	287	781	1.091090	289	780	1.091870	290	781
+ 1	1.090022	291	779	1.090801	294	779	1.091580	296	779
2	1.089731	299	776	1.090507	300	777	1.091284	303	777
3	1.089432	306	775	1.090207	308	774	1.090981	310	775
4	1.089126	314	773	1.089899	316	772	1.090671	317	773
5	1.088812	320	771	1.089583	322	771	1.090354	324	771
6	1.088492	324	769	1.089261	326	769	1.090030	328	769
7	1.088168	335	767	1.088935	336	767	1.089702	337	767
8	1.087833	339	766	1.088599	341	766	1.089365	343	766
9	1.087494	346	764	1.088258	348	764	1.089022	350	764
10	1.087148	352	762	1.087910	354	762	1.088672	355	762
11	1.086796	357	760	1.087556	358	761	1.088317	360	761
12	1.086439	364	759	1.087198	365	759	1.087957	366	759
13	1.086075	368	758	1.086833	370	758	1.087591	372	758
14	1.085707	378	756	1.086463	379	756	1.087219	380	756
15	1.085329	378	755	1.086084	380	755	1.086839	382	755
16	1.084951	387	753	1.085704	388	753	1.086457	389	753
17	1.084564	390	752	1.085316	392	752	1.086068	394	752
18	1.084174	396	750	1.084924	397	750	1.085674	398	751
19	1.083778	404	749	1.084527	405	749	1.085276	406	749
20	1.083374		748	1.084122		748	1.084870		748

t	11.7 s	Δs_t	Δs_p	11.8 s	Δs_t	Δs_p	11.9 s	Δs_t	Δs_p
+ 20	1.083374	+2077	748	1.084122	+2083	748	1.084870	+2089	748
25	1 081297	2190	742	1.082039	2195	742	1.082781	2200	742
30	1.079107	2284	737	1.079844	2289	737	1.080581	2294	737
35	1.076823	2363	732	1.077555	2367	732	1.078287	2371	732
40	1.074460	2427	728	1.075188	2431	728	1.075916	2435	728
45	1.072033	2480	724	1.072757	2483	724	1.073481	2486	724
50	1.069553	2516	721	1 070274	2519	721	1.070995	2522	721
55	1.067037	2538	718	1.067755	2541	718	1.068473	2544	718
60	1.064499	2547	715	1.065214	2549	715	1.065929	2551	715
65	1.061952	2539	713	1.062665	2542	713	1.063378	2545	713
70	1.059413	2516	710	1.060123	2519	710	1.060833	2522	710
75	1.056897	2481	707	1.057604	2484	707	1.058311	2487	707
80	1.054416	2428	704	1 055120	2432	704	1.055824	2436	704
85	1 051988	2365	700	1.052688	2369	700	1.053388	2373	700
90	1.049623	2285	696	1.050319	2289	696	1.051015	2293	696
95	1.047338	2191	692	1.048030	2196	692	1.048722	2201	692
100	1.045147	425	687	1.045834	426	687	1.046521	427	687
+101	1.044722	421	686	1.045408	422	686	1.046094	423	686
102	1.044301	+ 417	685	1.044986	+ 419	685	1.045671	+ 420	685
103	(1.043884)		683	(1.044567)		684	(1.045251)		684
f	— 8.66		7	— 8.73		8	— 8.81		7
k	+102.85		3	+102.88		3	+102.91		3
m	— 31.26		35	— 31.61		35	— 31.96		35
S	8.3828		773	8.4601		773	8.5374		773
W	63.2578		277	63.2301		277	63.2024		278
g	7.547		72	7.475		72	7.403		70

t	12.0 s	Δs_t	Δs_p	12.1 s	Δs_t	Δs_p	12.2 s	Δs_t	Δs_p
−10							(1.096762)	+ 218	804
9	(1.094940)	+ 224	802	(1.095742)	+ 227	802	1.096544	230	802
8	1.094716	231	799	1.095515	233	799	1.096314	235	800
7	1.094485	238	797	1.095282	240	797	1.096079	242	797
6	1.094247	248	795	1.095042	250	795	1.095837	252	795
5	1.093999	254	793	1.094792	256	793	1.095585	258	793
4	1.093745	265	791	1.094536	267	791	1.095327	269	791
3	1.093480	269	789	1.094269	272	789	1.095058	274	789
2	1.093211	275	786	1.093997	277	787	1.094784	279	787
−1	1.092936	285	784	1.093720	287	785	1.094505	289	785
0	1.092651	292	782	1.093433	293	783	1.094216	295	783
+1	1.092359	298	781	1.093140	300	781	1.093921	302	781
2	1.092061	305	779	1.092840	307	779	1.093619	309	779
3	1.091756	312	777	1.092533	314	777	1.093310	315	777
4	1.091444	319	775	1.092219	321	776	1.092995	323	775
5	1.091125	326	773	1.091898	327	774	1.092672	329	773
6	1.090799	330	772	1.091571	332	772	1.092343	334	772
7	1.090469	338	770	1.091239	340	770	1.092009	342	770
8	1.090131	345	768	1.090899	346	768	1.091667	347	768
9	1.089786	352	767	1.090553	354	767	1.091320	356	767
10	1.089434	356	765	1.090199	357	765	1.090964	358	765
11	1.089078	362	764	1.089842	364	764	1.090606	366	764
12	1.088716	367	762	1.089478	368	762	1.090240	369	762
13	1.088349	374	761	1.089110	376	761	1.089871	378	761
14	1.087975	381	759	1.088734	382	759	1.089493	383	759
15	1.087594	384	758	1.088352	385	758	1.089110	386	758
16	1.087210	390	757	1.087967	392	757	1.088724	394	757
17	1.086820	395	755	1.087575	396	755	1.088330	397	755
18	1.086425	400	754	1.087179	401	754	1.087933	402	754
19	1.086025	407	753	1.086778	408	753	1.087531	409	753
20	1.085618		752	1.086370		752	1.087122		752

	12.0			12.1			12.2		
t	s	Δs_t	Δs_p	s	Δs_t	Δs_p	s	Δs_t	Δs_p
+ 20	1.085618	+2095	752	1.086370	+2101	752	1.087122	+2107	752
25	1.083523	2205	746	1.084269	2210	746	1.085015	2215	746
30	1.081318	2299	741	1.082059	2303	741	1.082800	2307	741
35	1.079019	2375	737	1.079756	2379	737	1.080493	2383	737
40	1.076644	2439	733	1.077377	2443	733	1.078110	2447	733
45	1.074205	2489	729	1.074934	2492	729	1.075663	2495	729
50	1.071716	2525	726	1.072442	2528	726	1.073168	2531	726
55	1.069191	2547	723	1.069914	2550	723	1.070637	2553	723
60	1.066644	2553	720	1.067364	2556	720	1.068084	2559	720
65	1.064091	2548	717	1.064808	2552	717	1.065525	2556	717
70	1.061543	2525	713	1.062256	2528	713	1.062969	2531	714
75	1.059018	2490	710	1.059728	2494	710	1.060438	2498	710
80	1.056528	2440	706	1.057234	2444	706	1.057940	2448	706
85	1.054088	2377	702	1.054790	2381	702	1.055492	2385	702
90	1.051711	2297	698	1.052409	2303	698	1.053107	2308	698
95	1.049414	2206	692	1.050106	2211	693	1.050799	2217	693
100	1.047208	428	687	1.047895	430	687	1.048582	432	687
+101	1.046780	424	685	1.047465	425	685	1.048150	426	686
102	1.046356	+ 421	684	1 047040	+ 422	684	1.047724	+ 423	684
103	(1.045935)		683	(1.046618)		683	(1.047301)		683
f	− 8.88		7	− 8.95		7	− 9.02		7
k	+102.94		2	+102.96		3	+102.99		3
m	− 32.31		36	− 32.67		36	− 33.03		35
S	8.6147		782	8.6929		782	8.7711		782
W	63.1746		284	63.1462		284	63.1178		284
g	7.333		69	7.264		67	7.197		67

t	12.3 s	12.3 Δs_t	12.3 Δs_p	12.4 s	12.4 Δs_t	12.4 Δs_p	12.5 s	12.5 Δs_t	12.5 Δs_p
− 10	(1.097566)	+ 220	805	(1.098371)	+ 223	805	(1.099176)	+ 226	805
9	1.097346	232	802	1.098148	234	802	1.098950	236	802
8	1.097114	238	800	1 097914	240	800	1.098714	242	800
7	1.096876	244	798	1.097674	247	798	1.098472	250	798
6	1.096632	254	795	1.097427	256	795	1.098222	258	796
5	1.096378	260	793	1.097171	262	793	1.097964	264	793
4	1.096118	271	791	1.096909	273	791	1.097700	275	791
3	1.095847	276	789	1.096636	278	789	1.097425	280	789
2	1.095571	281	787	1.096358	283	787	1.097145	285	787
− 1	1.095290	291	785	1.096075	293	785	1.096860	295	785
0	1.094999	297	783	1.095782	299	783	1.096565	301	783
+ 1	1.094702	304	781	1.095483	306	781	1.096264	308	781
2	1.094398	311	779	1.095177	313	779	1.095956	315	779
3	1.094087	317	777	1.094864	318	777	1.095641	320	777
4	1.093770	325	776	1.094546	327	775	1.095321	329	776
5	1.093445	330	774	1.094219	332	773	1.094992	333	774
6	1.093115	336	772	1.093887	338	772	1.094659	340	772
7	1.092779	344	770	1 093549	345	770	1.094319	346	770
8	1.092435	348	769	1.093204	350	769	1.093973	352	769
9	1.092087	358	767	1.092854	360	767	1.093621	361	767
10	1.091729	359	765	1.092494	360	766	1.093260	362	766
11	1.091370	368	764	1.092134	370	764	1.092898	371	764
12	1.091002	370	762	1.091764	371	763	1.092527	373	763
13	1.090632	380	761	1.091393	381	761	1.092154	382	761
14	1.090252	384	760	1.091012	386	760	1.091772	388	760
15	1.089868	387	758	1.090626	388	758	1.091384	389	758
16	1.089481	396	757	1.090238	397	757	1.090995	398	757
17	1.089085	398	756	1.089841	400	756	1.090597	402	756
18	1.088687	403	754	1.089441	404	754	1.090195	405	755
19	1.088284	410	753	1.089037	411	753	1.089790	412	753
20	1.087874		752	1.088626		752	1.089378		752

t	12.3 s	Δs_t	Δs_p	12.4 s	Δs_t	Δs_p	12.5 s	Δs_t	Δs_p
+ 20	1.087874	+2113	752	1.088626	+2119	752	1.089378	+2125	752
25	1.085761	2220	746	1.086507	2225	746	1.087253	2230	746
30	1.083541	2311	741	1.084282	2315	741	1.085023	2319	742
35	1.081230	2387	737	1.081967	2391	737	1.082704	2395	737
40	1.078843	2451	733	1.079576	2455	733	1.080309	2458	733
45	1.076392	2498	729	1.077121	2501	730	1.077851	2505	730
50	1.073894	2534	726	1.074620	2537	726	1.075346	2540	726
55	1.071360	2556	723	1.072083	2559	723	1.072806	2562	723
60	1.068804	2562	720	1.069524	2565	720	1.070244	2568	720
65	1.066242	2559	717	1.066959	2562	717	1.067676	2565	717
70	1.063683	2535	714	1.064397	2539	714	1.065111	2543	714
75	1.061148	2502	710	1.061858	2505	710	1.062568	2508	711
80	1.058646	2452	707	1.059353	2457	707	1.060060	2461	707
85	1.056194	2389	702	1.056896	2393	703	1.057599	2398	703
90	1.053805	2313	698	1.054503	2318	698	1.055201	2323	698
95	1.051492	2223	693	1.052185	2220	693	1.052878	2235	693
100	1.049269	433	687	1.049956	434	687	1.050643	435	687
+101	1.048836	428	686	1.049522	430	686	1.050208	432	686
102	1.048408	424	684	1.049092	425	684	1.049776	426	684
103	1.047984	+ 421	683	1.048667	+ 422	683	1.049350	+ 423	683
104	(1.047563)		682	(1.048245)		682	(1.048927)		682
f	— 9.09		7	— 9.16		7	— 9.23		7
k	+103.02		3	+103.05		3	+103.08		3
m	— 33.38		36	— 33.74		35	— 34.09		36.
S	8.8493		782	8.9275		783	9.0058		783
W	63.0894		284	63.0610		285	63.0325		285
g	7.130		65	7.065		65	7.000		63

t	12.6 s	Δs_l	Δs_p	12.7 s	Δs_l	Δs_p	12.8 s	Δs_l	Δs_p
− 10	(1.099981)	+ 229	805	(1.100786)	+ 232	805	(1.101591)	+ 234	805
9	1.099752	238	802	1.100554	240	803	1.101357	243	803
8	1.099514	244	800	1.100314	246	800	1.101114	248	800
7	1.099270	252	798	1.100068	254	798	1.100866	256	798
6	1.099018	261	796	1.099814	264	796	1.100610	266	796
5	1.098757	266	793	1.099550	268	794	1.100344	271	794
4	1.098491	277	791	1.099282	279	791	1.100073	281	791
3	1.098214	282	789	1.099003	284	789	1.099792	286	789
2	1.097932	287	787	1.098719	289	787	1.099506	291	787
− 1	1.097645	297	785	1.098430	299	785	1.099215	301	785
0	1.097348	303	783	1.098131	305	783	1.098914	307	783
+ 1	1.097045	310	781	1.097826	312	781	1.098607	314	781
2	1.096735	317	779	1.097514	319	779	1.098293	321	779
3	1.096418	321	777	1.097195	323	777	1.097972	324	778
4	1.096097	331	775	1.096872	332	776	1.097648	334	775
5	1.095766	335	774	1 096540	337	774	1.097314	339	774
6	1.095431	342	772	1.096203	343	772	1.096975	344	772
7	1.095089	347	771	1.095860	349	771	1.096631	351	771
8	1.094742	354	769	1.095511	356	769	1.096280	358	769
9	1.094388	362	767	1 095155	363	767	1.095922	364	767
10	1.094026	364	766	1.094792	366	766	1.095558	368	766
11	1.093662	372	764	1.094426	373	764	1.095190	374	765
12	1.093290	375	763	1.094053	377	763	1.094816	379	763
13	1.092915	383	761	1.093676	384	761	1.094437	385	761
14	1.092532	390	760	1.093292	391	760	1.094052	392	760
15	1.092142	390	759	1.092901	392	759	1.093660	394	759
16	1.091752	399	757	1.092509	400	757	1,093266	401	757
17	1.091353	403	756	1.092109	404	756	1.092865	405	756
18	1.090950	407	755	1.091705	409	755	1.092460	411	755
19	1 090543	413	753	1.091296	414	753	1.092049	415	754
20	1.090130		752	1.090882		752	1.091634		752

	12.6			12.7			12.8		
t	s	Δs_t	Δs_p	s	Δs_t	Δs_p	s	Δs_t	Δs_p
+ 20	1.090130	+2131	752	1.090882	+2136	752	1.091634	+2141	752
25	1.087999	2234	747	1.088746	2239	747	1.089493	2244	747
30	1.085765	2324	742	1.086507	2329	742	1.087249	2334	742
35	1.083441	2399	737	1.084178	2403	737	1.084915	2406	738
40	1.081042	2461	733	1.081775	2464	734	1.082509	2468	734
45	1.078581	2509	730	1.079311	2512	730	1.080041	2515	730
50	1.076072	2543	727	1.076799	2547	727	1.077526	2551	727
55	1.073529	2565	723	1.074252	2568	723	1.074975	2571	724
60	1.070964	2571	720	1.071684	2574	720	1.072404	2577	721
65	1.068393	2568	717	1.069110	2571	717	1.069827	2574	717
70	1.065825	2546	714	1.066539	2549	714	1.067253	2552	714
75	1.063279	2512	711	1.063990	2516	711	1.064701	2520	711
80	1.060767	2465	707	1.061474	2469	707	1.062181	2473	707
85	1.058302	2403	703	1.059005	2408	703	1.059708	2413	703
90	1.055899	2328	698	1 056597	2333	698	1.057295	2338	698
95	1.053571	2241	693	1.054264	2247	693	1.054957	2253	693
100	1.051330	436	687	1.052017	437	687	1.052704	438	687
+101	1.050894	434	686	1.051580	435	686	1.052266	436	686
102	1.050460	427	685	1.051145	429	685	1.051830	431	685
103	1.050033	+ 424	683	1 050716	+ 425	683	1.051399	+ 426	683
104	(1.049609)		682	(1.050291)		682	(1.050973)		682
f	— 9.30		7	— 9.37		7	— 9.44		7
k	+103.11		3	+103.14		3	+103.17		3
m	— 34.45		35	— 34.80		36	— 35.16		36
S	9.0841		783	9.1624		783	9.2407		783
W	63.0040		285	62.9755		285	62.9470		285
g	6.937		63	6.874.		61	6.813		61

	12.9			13.0			13.1		
t	s	Δs_t	Δs_p	s	Δs_t	Δs_p	s	Δs_t	Δs_p
−10	(1.102396)	+236	805	(1.103201)	+238	805	(1.104006)	+240	805
9	1.102160	246	803	1.102963	249	803	1.103766	251	803
8	1.101914	250	800	1.102714	252	801	1.103515	254	801
7	1.101664	258	798	1.102462	260	799	1.103261	263	799
6	1.101406	268	796	1.102202	270	796	1 102998	271	797
5	1.101138	274	794	1.101932	277	795	1.102727	279	795
4	1.100864	283	791	1.101655	285	793	1.102448	287	793
3	1.100581	288	789	1.101370	290	791	1.102161	292	791
2	1.100293	293	787	1.101080	295	789	1.101869	297	789
−1	1.100000	303	785	1.100785	305	787	1.101572	307	787
0	1.099697	309	783	1.100480	311	785	1.101265	313	786
+1	1.099388	316	781	1.100169	318	783	1.100952	319	783
2	1 099072	322	779	1.099851	323	782	1.100633	325	782
3	1.098750	327	778	1.099528	329	780	1.100308	331	780
4	1.098423	335	776	1.099199	337	778	1.099977	338	779
5	1.098088	341	774	1.098862	342	777	1.099639	344	777
6	1.097747	345	773	1.098520	347	775	1.099295	349	775
7	1.097402	353	771	1.098173	355	773	1.098946	356	773
8	1.097049	360	769	1 097818	361	772	1.098590	362	772
9	1.096689	365	768	1.097457	367	771	1.098228	369	771
10	1.096324	369	766	1.097090	370	769	1.097859	371	769
11	1.095955	376	765	1.096720	378	768	1.097488	380	768
12	1.095579	381	763	1.096342	382	766	1.097108	383	766
13	1.095198	386	762	1.095960	388	765	1.096725	389	765
14	1.094812	393	760	1.095572	394	764	1.096336	396	764
15	1.094419	396	759	1.095178	397	762	1.095940	398	762
16	1.094023	402	758	1 094781	404	761	1.095542	405	761
17	1.093621	406	756	1.094377	407	760	1.095137	408	760
18	1.093215	412	755	1.093970	413	759	1.094729	414	759
19	1.092803	417	754	1.093557	418	758	1.094315	420	758
20	1.092386		753	1.093139		756	1.093895		757

	12.9			13.0			13.1		
t	s	Δs_t	Δs_p	s	Δs_t	Δs_p	s	Δs_t	Δs_p
+ 20	1.092386	+2146	753	1.093139	+2152	756	1.093895	+2157	757
25	1.090240	2249	747	1.090987	2254	751	1.091738	2259	751
30	1.087991	2338	742	1.088733	2342	746	1.089479	2346	747
35	1.085653	2410	738	1.086391	2414	742	1.087133	2418	742
40	1.083243	2472	734	1.083977	2476	738	1.084715	2478	738
45	1.080771	2518	730	1.081501	2521	736	1.082237	2525	736
50	1.078253	2554	727	1.078980	2557	732	1.079712	2561	732
55	1.075699	2574	724	1.076423	2577	728	1.077151	2580	728
60	1.073125	2581	721	1.073846	2585	725	1.074571	2588	725
65	1.070544	2577	717	1.071261	2580	722	1.071983	2584	722
70	1.067967	2555	714	1.068681	2558	718	1.069399	2562	718
75	1.065412	2524	711	1.066123	2528	714	1.066837	2532	714
80	1.062888	2477	707	1.063595	2481	710	1.064305	2486	710
85	1.060411	2418	703	1.061114	2423	705	1.061819	2428	705
90	1.057993	2343	698	1.058691	2348	700	1.059391	2354	700
95	1.055650	2259	693	1.056343	2265	694	1.057037	2272	694
100	1.053391	439	687	1.054078	440	687	1.054765	441	687
+101	1.052952	437	686	1.053638	438	686	1.054324	440	686
102	1.052515	433	685	1.053200	434	684	1.053884	435	684
103	1.052082	+ 427	684	1.052766	+ 429	683	1.053449	+ 431	683
104	(1.051655)		682	(1.052337)		681	(1.053018)		681
f	− 9.51		8	− 9.59		7	− 9.66		7
k	+103.20		3	+103.23		3	+103.26		3
m	− 35.52		36	− 35.88		36	− 36.24		36
S	9.3190		783	9 3973		793	9.4766		793
W	62.9185		285	62.8900		291	62.8609		291
g	6.752		60	6 692		58	6.634		58

	13.2			13.3			13.4		
t	s	Δs_t	Δs_p	s	Δs_t	Δs_p	s	Δs_t	Δs_p
− 10	(1.104811	+ 242	805	1.105616)	+ 244	806	(1.106422)	+ 247	806
9	1.104569	253	803	1.105372	255	803	1.106175	257	803
8	1.104316	256	801	1.105117	258	801	1 105918	260	801
7	1.104060	265	799	1.104859	267	799	1.105658	269	799
6	1.103795	273	797	1.104592	275	797	1 105389	277	797
5	1.103522	281	795	1.104317	283	795	1.105112	285	795
4	1.103241	289	793	1.104034	291	793	1.104827	293	793
3	1.102952	294	791	1.103743	296	791	1.104534	298	791
2	1.102658	299	789	1.103447	301	789	1.104236	303	789
− 1	1.102359	308	787	1.103146	310	787	1.103933	311	787
0	1.102051	316	785	1.102836	318	786	1.103622	320	785
+ 1	1.101735	320	783	1.102518	321	784	1.103302	323	784
2	1.101415	327	782	1 102197	328	782	1.102979	330	782
3	1.101088	332	781	1.101869	335	780	1.102649	336	780
4	1.100756	340	778	1.101534	341	779	1.102313	343	778
5	1.100416	346	777	1.101193	348	777	1 101970	350	777
6	1.100070	351	775	1 100845	352	775	1.101620	353	775
7	1.099719	357	774	1.100493	359	774	1.101267	361	774
8	1.099362	363	772	1.100134	364	772	1.100906	365	772
9	1.098999	371	771	1.099770	373	771	1.100541	375	771
10	1.098628	372	769	1.099397	373	769	1.100166	374	770
11	1.098256	382	768	1.099024	384	768	1.099792	385	768
12	1.097874	384	766	1.098640	385	767	1.099407	387	767
13	1.097490	390	765	1.098255	391	765	1.099020	392	765
14	1.097100	398	764	1.097864	399	764	1.098628	400	764
15	1.096702	399	763	1.097465	401	763	1 098228	403	763
16	1.096303	406	761	1.097064	407	761	1.097825	408	762
17	1.095897	409	760	1.096657	410	760	1.097417	411	760
18	1.095488	415	759	1.096247	416	759	1.097006	417	759
19	1.095073	421	758	1.095831	422	758	1.096589	423	758
20	1.094652		757	1.095409		757	1.096166		757

	13.2			13.3			13.4		
t	s	Δs_t	Δs_p	s	Δs_t	Δs_p	s	Δs_t	Δs_p
+ 20	1 094652	+2163	757	1.095409	+2169	757	1.096166	+2174	757
25	1.092489	2263	751	1.093240	2267	752	1.093992	2272	752
30	1.090226	2351	747	1 090973	2356	747	1.091720	2360	747
35	1.087875	2422	742	1.088617	2425	743	1.089360	2429	743
40	1.085453	2480	739	1.086192	2483	739	1.086931	2486	739
45	1.082973	2529	736	1.083709	2533	736	1.084445	2537	736
50	1.080444	2565	732	1.081176	2569	732	1.081908	2573	732
55	1.077879	2583	728	1.078607	2586	728	1.079335	2589	728
60	1.075296	2591	725	1.076021	2594	725	1.076746	2597	725
65	1.072705	2588	722	1.073427	2592	722	1.074149	2596	722
70	1.070117	2566	718	1 070835	2570	718	1.071553	2574	718
75	1.067551	2536	714	1 068265	2540	714	1 068979	2544	715
80	1.065015	2491	710	1 065725	2496	710	1.066435	2500	710
85	1.062524	2433	705	1.063229	2438	706	1 063935	2444	706
90	1.060091	2360	700	1.060791	2366	700	1.061491	2372	700
95	1.057731	2279	694	1 058425	2286	694	1.059119	2293	694
100	1.055452	442	687	1.056139	443	687	1.056826	444	688
+101	1.055010	442	686	1.055696	444	686	1.056382	446	686
102	1.054568	436	684	1 055252	437	684	1.055936	438	685
103	1.054132	+ 433	683	1.054815	+ 435	683	1.055498	+ 437	683
104	(1.053699)		681	(1.054380)		681	(1.055061)		681
f	— 9.73		7	— 9.80		7	— 9 87		7
k	+103 29		3	+103 32		3	+103.35		3
m	— 36.60		36	— 36 96		37	— 37.33		36
S	9.5559		793	9.6352		793	9.7145		793
W	62 8318		292	62.8026		292	62.7734		292
g	6.576		57	6.519		56	6 463		56

t	13.5 s	Δs_t	Δs_p	13.6 s	Δs_t	Δs_p	13.7 s	Δs_t	Δs_p
− 11				1.108281)	+ 247	808	(1.109089)	+ 249	808
10	(1.107228)	+ 250	806	1.108034	252	806	1.108840	254	806
9	1.106978	259	804	1.107782	262	804	1.108586	265	804
8	1.106719	262	801	1.107520	264	801	1.108321	266	802
7	1.106457	271	799	1.107256	273	799	1 108055	275	799
6	1.106186	279	797	1.106983	281	797	1.107780	283	797
5	1.105907	287	795	1.106702	289	795	1.107497	291	795
4	1.105620	295	793	1 106413	297	793	1.107206	299	793
3	1.105325	300	791	1.106116	302	791	1.106907	304	791
2	1.105025	305	789	1.105814	307	789	1.106603	309	789
− 1	1.104720	313	787	1.105507	314	787	1.106294	316	788
0	1.104407	321	786	1.105193	323	785	1.105978	324	786
+ 1	1.104086	325	784	1.104870	327	784	1.105654	329	784
2	1.103761	332	782	1.104543	333	782	1.105325	335	782
3	1.103429	338	781	1.104210	340	780	1.104990	342	780
4	1.103091	344	779	1.103870	346	778	1.104648	347	779
5	1.102747	352	777	1.103524	354	777	1.104301	355	777
6	1.102395	354	775	1.103170	355	776	1.103946	357	776
7	1.102041	363	774	1.102815	364	774	1.103589	365	774
8	1.101678	366	773	1.102451	368	773	1.103224	370	773
9	1.101312	376	771	1 102083	377	771	1.102854	378	771
10	1.100936	376	770	1.101706	378	770	1.102476	380	770
11	1.100560	386	768	1.101328	387	768	1.102096	388	768
12	1.100174	389	767	1.100941	391	767	1.101708	392	767
13	1.099785	393	765	1.100550	394	766	1.101316	396	766
14	1.099392	401	764	1.100156	402	764	1.100920	403	764
15	1.098991	404	763	1.099754	405	763	1.100517	406	763
16	1.098587	410	762	1.099349	412	762	1.100111	413	762
17	1.098177	412	760	1.098937	413	761	1.099698	415	761
18	1.097765	418	759	1.098524	419	759	1.099283	420	759
19	1.097347	424	758	1.098105	425	758	1.098863	426	758
20	1.096923		757	1.097680		757	1.098437		757

	13.5			13.6			13.7		
t	s	Δs_t	Δs_p	s	Δs_t	Δs_p	s	Δs_t	Δs_p
+ 20	1.096923	+2179	757	1.097680	+2184	757	1.098437	+2189	757
25	1.094744	2277	752	1.095496	2282	752	1.096248	2287	752
30	1.092467	2364	747	1.093214	2368	747	1.093961	2372	747
35	1.090103	2433	743	1.090846	2437	743	1.091589	2441	743
40	1.087670	2489	739	1.088409	2492	739	1.089148	2494	739
45	1.085181	2541	736	1.085917	2545	737	1.086654	2550	737
50	1.082640	2577	732	1.083372	2581	732	1.084104	2585	732
55	1.080063	2592	728	1.080791	2595	728	1.081519	2597	728
60	1.077471	2600	725	1.078196	2603	726	1.078922	2607	726
65	1.074871	2600	722	1.075593	2603	722	1.076315	2606	722
70	1.072271	2577	719	1.072990	2581	719	1.073709	2585	719
75	1.069694	2549	715	1.070409	2554	715	1.071124	2559	715
80	1.067145	2504	710	1.067855	2508	710	1.068565	2512	710
85	1.064641	2450	706	1.065347	2456	706	1.066053	2461	706
90	1.062191	2378	700	1.062891	2384	701	1.063592	2391	701
95	1.059813	2299	694	1.060507	2305	694	1.061201	2311	695
100	1.057514	446	688	1.058202	448	688	1.058890	450	688
+101	1.057068	447	686	1.057754	448	686	1.058440	449	686
102	1.056621	440	685	1.057306	442	685	1.057991	444	685
103	1.056181	+ 439	683	1.056864	+ 440	683	1.057547	+ 441	683
104	(1.055742)		682	(1.056424)		682	(1.057106)		682
f	− 9.94		7	− 10.01		7	− 10.08		7
k	+103.38		3	+103.41		3	+103.44		3
m	− 37.69		37	− 38.06		36	− 38.42		37
S	9.7938		793	9.8731		793	9.9524		793
W	62.7442		292	62.7150		292	66.6858		292
g	6.407		54	6 353		54	6.299		53

t	13.8 s	13.8 Δs_t	13.8 Δs_p	13.9 s	13.9 Δs_t	13.9 Δs_p	14.0 s	14.0 Δs_t	14.0 Δs_p
− 11	(1.109897)		808	(1.110705)		808	(1.111513)		809
10	1.109646	+ 251	806	1.110452	+ 253	806	1.111258	+ 255	807
9	1.109390	256	804	1.110194	258	804	1.110998	260	805
8	1.109123	267	802	1.109925	269	802	1.110727	271	803
7	1.108854	269	800	1.109654	271	800	1.110454	273	801
6	1.108577	277	797	1.109374	280	797	1.110171	283	799
5	1.108292	285	795	1.109087	287	795	1.109882	289	797
4	1.107999	293	793	1.108792	295	793	1.109585	297	795
3	1.107698	301	791	1.108489	303	792	1.109281	304	793
2	1.107392	306	789	1.108181	308	790	1.108971	310	791
− 1	1.107082	310	788	1.107870	311	788	1.108658	313	790
0	1.106764	318	785	1.107549	321	786	1.108335	323	788
+ 1	1.106438	326	784	1.107222	327	784	1.108006	329	786
2	1.106107	331	782	1.106889	333	782	1.107671	335	785
3	1.105770	337	781	1.106551	338	781	1.107332	339	783
4	1.105427	343	779	1.106206	345	779	1.106985	347	782
5	1.105078	349	777	1.105855	351	777	1.106632	353	780
6	1.104722	356	776	1.105498	357	776	1.106274	358	779
7	1.104363	359	774	1.105137	361	774	1.105911	363	777
8	1.103997	366	773	1.104770	367	773	1.105543	368	776
9	1.103625	372	771	1.104396	374	771	1.105167	376	775
10	1.103246	379	770	1.104016	380	770	1.104786	381	773
11	1.102864	382	768	1.103632	384	768	1.104400	386	772
12	1.102475	389	767	1.103242	390	767	1.104009	391	771
13	1.102082	393	766	1.102848	394	766	1.103614	395	770
14	1.101684	398	764	1.102448	400	765	1.103213	401	768
15	1.101280	404	763	1.102043	405	763	1.102806	407	767
16	1.100873	407	762	1.101635	408	762	1.102397	409	766
17	1.100459	414	761	1.101220	415	761	1.101981	416	765
18	1.100042	417	760	1.100802	418	760	1.101562	419	764
19	1.099621	421	758	1.100379	423	759	1.101138	424	763
20	1.099194	427	757	1.099951	428	757	1.100708	430	762

t	13.8 s	13.8 Δs_t	13.8 Δs_p	13.9 s	13.9 Δs_t	13.9 Δs_p	14.0 s	14.0 Δs_t	14.0 Δs_p
+20	1.099194	+2194	757	1.099951	+2199	757	1.100708	+2204	762
25	1.097000	2292	752	1.097752	2297	752	1 098504	2302	757
30	1.094708	2376	747	1.095455	2380	747	1.096202	2384	752
35	1.092332	2445	743	1.093075	2449	743	1.093818	2453	748
40	1.089887	2496	739	1.090626	2498	739	1.091365	2500	745
45	1.087391	2555	737	1.088128	2559	737	1.088865	2563	741
50	1.084836	2589	733	1.085569	2593	733	1 086302	2597	738
55	1.082247	2599	729	1.082976	2602	729	1.083705	2605	735
60	1.079648	2611	726	1.080374	2615	726	1.081100	2619	731
65	1 077037	2609	722	1.077759	2612	722	1.078481	2615	727
70	1.074428	2589	719	1.075147	2593	719	1.075866	2597	723
75	1.071839	2564	715	1.072554	2569	715	1 073269	2573	719
80	1.069275	2516	710	1.069985	2520	711	1 070696	2525	714
85	1.066759	2466	706	1.067465	2471	706	1.068171	2476	709
90	1.064293	2397	701	1 064994	2403	701	1.065695	2409	702
95	1.061896	2318	695	1.062591	2325	695	1 063286	2332	696
100	1.059578	452	688	1.060266	454	688	1.060954	455	688
+101	1 059126	450	686	1.059812	451	687	1.060499	453	686
102	1.058676	446	685	1.059361	448	685	1.060046	449	685
103	1.058230	+ 442	683	1.058913	+ 443	684	1.059597	+ 445	683
104	(1.057788)		682	(1.058470)		682	(1.059152)		681
f	— 10.15		7	— 10.22		7	— 10.29		7
k	+103.47		3	+103.50		3	+103.53		3
m	— 38.79		36	— 39.15		37	— 39.52		37
S	10.0317		793	10.1110		794	10.1904		803
W	62 6566		292	62.6274		292	62.5982		299
g	6.246		52	6.194		51	6.143		51

t	14.1			14.2			14.3		
	s	Δs_t	Δs_p	s	Δs_t	Δs_p	s	Δs_t	Δs_p
− 11	(1.112322)	+ 257	809	(1.113131)	+ 259	809	(1.113940)	+ 261	809
10	1.112065	262	807	1.112872	264	807	1.113679	266	807
9	1.111803	273	805	1.112608	275	805	1.113413	277	805
8	1.111530	275	803	1.112333	277	803	1.113136	279	803
7	1.111255	285	801	1 112056	287	801	1.112857	289	801
6	1 110970	291	799	1.111769	293	799	1.112568	295	799
5	1.110679	299	797	1.111476	301	797	1.112273	303	797
4	1.110380	306	795	1.111175	308	795	1.111970	310	795
3	1.110074	312	793	1.110867	313	793	1 111660	314	793
2	1.109762	314	792	1.110554	316	792	1.111346	318	792
− 1	1.109448	325	790	1.110238	327	790	1.111028	328	790
0	1.109123	331	788	1.109911	332	789	1.110700	334	788
+ 1	1.108792	336	787	1.109579	338	787	1.110366	340	787
2	1.108456	341	785	1.109241	342	785	1.110026	344	785
3	1.108115	348	784	1.108899	350	783	1.109682	351	784
4	1.107767	355	782	1.108549	357	782	1.109331	359	782
5	1.107412	359	780	1.108192	360	780	1.108972	361	781
6	1.107053	365	779	1.107832	366	779	1.108611	367	779
7	1.106688	369	778	1.107466	371	778	1.108244	373	778
8	1.106319	377	776	1.107095	378	776	1.107871	379	776
9	1.105942	383	775	1.106717	385	775	1.107492	387	775
10	1.105559	387	773	1.106332	388	773	1.107105	389	774
11	1.105172	392	772	1.105944	393	772	1.106716	394	772
12	1.104780	396	771	1.105551	397	771	1.106322	398	771
13	1.104384	403	770	1.105154	405	770	1.105924	406	770
14	1 103981	408	768	1.104749	409	769	1.105518	411	769
15	1.103573	410	767	1.104340	411	767	1.105107	412	767
16	1.103163	417	766	1.103929	418	766	1.104695	419	766
17	1.102746	420	765	1.103511	421	765	1.104276	422	765
18	1.102326	425	764	1.103090	426	764	1.103854	427	764
19	1.101901	431	763	1.102664	432	763	1.103427	433	763
20	1.101470		762	1.102232		762	1.102994		762

t	14.1 s	14.1 Δs_t	14.1 Δs_p	14.2 s	14.2 Δs_t	14.2 Δs_p	14.3 s	14.3 Δs_t	14.3 Δs_p
+ 20	1.101470	+2209	762	1.002232	+2214	762	1.102994	+2219	762
25	1.099261	2307	757	1.000018	2312	757	1.100775	2316	757
30	1.096954	2388	752	1.097706	2392	753	1.098459	2396	753
35	1.094566	2456	748	1.095314	2459	749	1.096063	2463	749
40	1.092110	2504	745	1.092855	2507	745	1.093600	2510	745
45	1 089606	2566	742	1.090348	2570	742	1.091090	2574	742
50	1.087040	2600	738	1.087778	2603	738	1.088516	2606	739
55	1.084440	2609	735	1.085175	2613	735	1.085910	2617	735
60	1.081831	2623	731	1.082562	2627	731	1.083293	2631	731
65	1.079208	2619	727	1.079935	2623	727	1.080662	2627	727
70	1.076589	2601	723	1.077312	2605	723	1.078035	2609	723
75	1.073988	2578	719	1.074707	2583	719	1.075426	2588	719
80	1.071410	2530	714	1.072124	2535	714	1.072838	2540	714
85	1.068880	2483	709	1 069589	2489	709	1 070298	2495	709
90	1.066397	2415	703	1.067100	2422	703	1.067803	2429	703
95	1.063982	2340	696	1.064678	2348	696	1.065374	2356	696
100	1.061642	457	688	1.062330	458	688	1.063018	459	688
+101	1.061185	454	687	1.061872	456	687	1.062559	458	687
102	1.060731	451	685	1.061416	453	685	1.062101	455	685
103	1 060280	+ 447	683	1.060963	+ 449	683	1.061646	+ 451	683
104	(1.059833)		681	(1.060514)		681	(1.061195)		682
f	— 10.36		7	— 10.43		7	— 10.50		7
k	+103.56		3	+103.59		3	+103.62		3
m	— 39.89		37	— 40.26		37	— 40.63		37
S	10.2707		803	10.3510		803	10.4313		803
W	62.5683		299	62.5384		299	62.5085		299
g	6.092		50	6.042		49	5.993		49

	14.4			14.5			14.6		
t	s	Δs_t	Δs_p	s	Δs_t	Δs_p	s	Δs_t	Δs_p
− 11	(1.114749)	+ 263	809	(1.115558)	+ 265	809	(1.116367)	+ 267	809
10	1.114486	268	807	1.115293	270	807	1.116100	272	807
9	1.114218	279	805	1.115023	281	805	1.115828	283	805
8	1.113939	281	803	1.114742	283	803	1.115545	285	803
7	1.113658	291	801	1.114459	293	801	1.115260	295	801
6	1.113367	297	799	1.114166	299	799	1.114965	301	799
5	1.113070	305	797	1.113867	307	797	1.114664	309	797
4	1.112765	312	795	1.113560	313	795	1.114355	314	796
3	1.112453	315	794	1.113247	317	794	1.114041	319	794
2	1.112138	320	792	1.112930	322	792	1.113722	324	792
− 1	1.111818	330	790	1.112608	331	790	1.113398	333	790
0	1.111488	335	789	1.112277	337	788	1.113065	338	789
+ 1	1.111153	342	787	1.111940	344	787	1.112727	346	787
2	1.110811	345	785	1.111596	347	785	1.112381	348	785
3	1.110466	353	783	1.111249	354	784	1.112033	356	783
4	1.110113	360	782	1.110895	361	782	1.111677	362	782
5	1.109753	363	781	1.110534	365	781	1.111315	367	781
6	1.109390	368	779	1.110169	369	779	1.110948	370	779
7	1.109022	375	778	1.109800	377	778	1.110578	379	778
8	1.108647	380	776	1.109423	381	776	1.110199	382	777
9	1.108267	388	775	1.109042	389	775	1.109817	390	775
10	1.107879	391	774	1.108653	393	774	1.109427	394	774
11	1.107488	395	772	1.108260	396	773	1.109033	398	773
12	1.107093	399	771	1.107864	400	771	1.108635	401	771
13	1.106694	407	770	1.107464	408	770	1.108234	409	770
14	1.106287	413	769	1.107056	414	769	1.107825	415	769
15	1.105874	413	768	1.106642	415	768	1.107410	416	768
16	1.105461	420	766	1.106227	421	767	1.106994	423	767
17	1.105041	423	765	1.105806	424	765	1.106571	425	766
18	1.104618	428	764	1.105382	429	764	1.106146	430	764
19	1.104190	434	763	1.104953	435	763	1.105716	436	763
20	1.103756		762	1.104518		762	1.105280		762

	14.4			14.5			14.6		
t	s	Δs_t	Δs_p	s	Δs_t	Δs_p	s	Δs_t	Δs_p
+ 20	1.103756	+2224	762	1.104518	+2229	762	1.105280	+2234	762
25	1.101532	2320	757	1.102289	2324	757	1.103046	2328	757
30	1.099212	2400	753	1.099965	2404	753	1.100718	2408	753
35	1.096812	2467	749	1.097561	2471	749	1.098310	2475	749
40	1 094345	2513	745	1 095090	2516	745	1.095835	2519	745
45	1.091832	2577	742	1.092574	2580	742	1.093316	2583	742
50	1.089255	2610	739	1.089994	2614	739	1.090733	2618	739
55	1.086645	2621	735	1.087380	2625	735	1.088115	2629	735
60	1.084024	2635	731	1.084755	2639	731	1.085486	2642	731
65	1.081389	2631	727	1.082116	2634	728	1.082844	2638	728
70	1.078758	2613	724	1.079482	2618	724	1.080206	2623	724
75	1.076145	2593	719	1.076864	2597	719	1.077583	2601	719
80	1.073552	2545	715	1.074267	2551	715	1.074982	2557	715
85	1.071007	2501	709	1.071716	2507	709	1.072425	2513	709
90	1.068506	2436	703	1.069209	2443	703	1.069912	2450	703
95	1.066070	2364	696	1.066766	2372	696	1.067462	2380	696
100	1.063706	460	688	1.064394	461	688	1.065082	462	689
+101	1 063246	460	687	1.063933	462	687	1.064620	464	687
102	1.062786	457	685	1.063471	459	685	1.064156	461	685
103	1 062329	+ 452	683	1.063012	+ 453	683	1.063695	+ 454	684
104	(1.061877)		682	(1.062559)		682	(1.063241)		682
f	— 10.57		7	— 10.64		7	— 10.71		7
k	+103.65		3	+103.68		3	+103.71		3
m	— 41.00		37	— 41.37		37	— 41.74		37
S	10.5116		804	10.5920		804	10.6724		804
W	62.4786		299	62.4487		299	62.4188		299
g	5.944		48	5.896		47	5.849		46

	14.7			14.8			14.9		
t	s	Δs_t	Δs_p	s	Δs_t	Δs_p	s	Δs_t	Δs_p
− 11	(1.117176)	+ 269	809	(1.117985)	+ 271	810	(1.118795)	+ 274	810
10	1.116907	274	807	1.117714	276	807	1.118521	278	808
9	1.116633	285	805	1.117438	287	805	1.118243	289	805
8	1.116348	287	803	1.117151	289	803	1.117954	291	803
7	1.116061	297	801	1.116862	299	801	1.117663	300	802
6	1.115764	303	799	1.116563	304	800	1.117363	306	800
5	1.115461	310	798	1.116259	312	798	1.117057	314	798
4	1.115151	316	796	1.115947	318	796	1.116743	320	796
3	1.114835	321	794	1.115629	323	794	1.116423	325	794
2	1.114514	326	792	1.115306	328	792	1.116098	329	792
− 1	1.114188	334	790	1.114978	336	791	1.115769	338	791
0	1.113854	340	788	1.114642	341	789	1.115431	343	789
+ 1	1.113514	348	787	1.114301	349	787	1.115088	350	787
2	1.113166	350	786	1.113952	352	786	1.114738	354	786
3	1.112816	357	784	1.113600	359	784	1.114384	360	784
4	1.112459	363	782	1.113241	364	783	1.114024	366	783
5	1.112096	369	781	1.112877	370	781	1.113658	371	781
6	1.111727	371	780	1.112507	373	780	1.113287	375	780
7	1.111356	380	778	1.112134	381	778	1.112912	382	778
8	1.110976	384	777	1.111753	386	777	1.112530	388	777
9	1.110592	391	775	1.111367	392	775	1.112142	393	776
10	1.110201	395	774	1.110975	396	774	1.111749	397	774
11	1.109806	400	773	1.110579	401	773	1.111352	402	773
12	1.109406	402	772	1.110178	404	772	1.110950	406	772
13	1.109004	410	770	1.109774	411	770	1.110544	412	770
14	1.108594	416	769	1.109363	417	769	1.110132	418	769
15	1 108178	417	768	1.108946	418	768	1.109714	419	768
16	1.107761	424	767	1.108528	425	767	1.109295	426	767
17	1 107337	427	766	1.108103	429	766	1.108869	430	766
18	1.106910	431	764	1.107674	432	765	1.108439	433	765
19	1.106479	437	763	1.107242	438	764	1.108006	439	764
20	1.106042		762	1.106804		763	1.107567		763

	14.7			14.8			14.9		
t	s	Δs_t	Δs_p	s	Δs_t	Δs_p	s	Δs_t	Δs_p
+ 20	1.106042	+2239	762	1.106804	+2243	763	1.107567	+2248	763
25	1.103803	2332	758	1.104561	2337	758	1.105319	2342	758
30	1.101471	2412	753	1.102224	2416	753	1.102977	2420	753
35	1.099059	2479	749	1.099808	2483	749	1.100557	2487	749
40	1.096580	2522	745	1.097325	2525	745	1.098070	2528	746
45	1.094058	2586	742	1.094800	2589	742	1.095542	2592	742
50	1.091472	2622	739	1.092211	2626	739	1.092950	2629	739
55	1.088850	2633	735	1.089585	2637	736	1.090321	2641	736
60	1.086217	2645	731	1.086948	2648	732	1.087680	2652	732
65	1.083572	2642	728	1.084300	2646	728	1.085028	2650	728
70	1.080930	2628	724	1.081654	2633	724	1.082378	2637	724
75	1.078302	2605	719	1.079021	2609	720	1.079741	2614	720
80	1.075697	2563	715	1.076412	2569	715	1.077127	2575	715
85	1.073134	2519	709	1.073843	2525	709	1 074552	2531	709
90	1.070615	2457	703	1.071318	2464	703	1.072021	2471	703
95	1.068158	2387	696	1.068854	2394	696	1.069550	2401	697
100	1.065771	464	689	1.066460	466	689	1.067149	468	689
+101	1.065307	466	687	1.065994	468	687	1.066681	470	687
102	1.064841	462	685	1.065526	463	685	1.066211	464	686
103	1.064379	+ 456	684	1.065063	+ 458	684	1.065747	+ 460	684
104	(1.063923)		682	(1.064605)		682	(1.065287)		682
f	— 10.78		7	— 10.85		7	— 10.92		7
k	+103.74		3	+103.77		3	+103.80		3
m	— 42.11		37	— 42.48		37	— 42.85		37
S	10.7528		804	10.8332		804	10.9136		804
W	62.3889		299	62.3590		299	62.3291		299
y	5.803		46	5.757		46	5.711		44

	15.0			15.1			15.2		
t	s	Δs_t	Δs_p	s	Δs_t	Δs_p	s	Δs_t	Δs_p
− 12				(1.120686)	+ 271	812	1.121489)	+ 273	812
11	(1.119605)	+ 276	810	1.120415	278	810	1.121225	280	810
10	1.119329	281	808	1.120137	283	808	1.120945	285	808
9	1.119048	291	806	1.119854	293	806	1.120660	294	806
8	1.118757	292	804	1.119561	293	805	1.120366	295	805
7	1.118465	302	803	1.119268	304	803	1.120071	306	803
6	1.118163	308	801	1.118964	310	801	1.119765	312	801
5	1.117855	316	799	1.118654	317	799	1.119453	318	799
4	1.117539	322	798	1.118337	324	798	1.119135	326	798
3	1.117217	327	796	1.118013	329	796	1.118809	331	796
2	1.116890	330	794	1.117684	331	794	1.118478	332	794
− 1	1.116560	340	793	1.117353	343	793	1.118146	346	793
0	1.116220	345	790	1.117010	345	790	1.117800	345	791
+ 1	1.115875	351	790	1.116665	353	790	1.117455	355	790
2	1.115524	356	788	1.116312	357	788	1.117100	358	788
3	1.115168	361	787	1.115955	363	787	1.116742	364	787
4	1.114807	368	785	1.115592	369	786	1.116378	371	786
5	1.114439	372	784	1.115223	373	784	1.116007	374	784
6	1.114067	377	783	1.114850	379	783	1.115633	380	783
7	1.113690	383	781	1.114471	384	782	1.115253	386	782
8	1.113307	389	780	1.114087	390	780	1.114867	391	780
9	1.112918	395	779	1.113697	396	779	1.114476	397	779
10	1.112523	398	778	1.113301	399	778	1.114079	400	778
11	1.112125	403	777	1.112902	405	777	1.113679	407	777
12	1.111722	408	775	1.112497	409	775	1.113272	410	776
13	1.111314	413	774	1.112088	414	774	1.112862	415	774
14	1.110901	419	773	1.111674	420	773	1.112447	421	773
15	1.110482	420	772	1.111254	421	772	1.112026	422	772
16	1.110062	427	771	1.110833	428	771	1.111604	429	771
17	1.109635	431	770	1.110405	432	770	1.111175	433	770
18	1.109204	434	769	1.109973	435	769	1.110742	436	769
19	1.108770	440	768	1.109538	441	768	1.110306	442	768
20	1.108330		767	1.109097		767	1.109864		767

	15.0			15.1			15.2		
t	s	Δs_t	Δs_p	s	Δs_t	Δs_p	s	Δs_t	Δs_p
+ 20	1.108330	+2253	767	1.109097	+2258	767	1.109864	+2262	767
25	1.106077	2347	762	1.106839	2351	763	1.107602	2356	763
30	1.103730	2424	758	1.104488	2427	758	1.105246	2430	759
35	1.101306	2490	755	1.102061	2494	755	1.102816	2498	755
40	1.098816	2532	751	1.099567	2537	751	1.100318	2542	751
45	1.096284	2595	746	1.097030	2598	746	1.097776	2601	746
50	1.093689	2632	743	1.094432	2635	743	1.095175	2638	743
55	1.091057	2645	740	1.091797	2648	740	1.092537	2651	741
60	1.088412	2656	737	1.089149	2660	737	1.089886	2664	737
65	1.085756	2654	733	1.086489	2659	733	1.087222	2664	733
70	1.083102	2641	728	1.083830	2646	728	1.084558	2650	728
75	1.080461	2619	723	1.081184	2624	724	1.081908	2630	724
80	1.077842	2581	718	1.078560	2587	718	1.079278	2593	718
85	1.075261	2537	712	1.075973	2544	712	1.076685	2551	712
90	1.072724	2477	705	1.073429	2484	705	1.074134	2491	705
95	1.070247	2409	698	1.070945	2418	698	1.071643	2427	698
100	1.067838	470	689	1.068527	472	689	1.069216	474	689
+101	1.067368	471	687	1.068055	473	687	1.068742	474	688
102	1.066897	466	685	1.065582	467	686	1.068268	469	686
103	1.066431	+ 462	684	1.065115	+ 464	684	1.067799	+ 466	684
104	(1.065969)		682	(1.064651)		682	(1.067333)		682
f	— 10.99		7	— 11.06		7	— 11.13		7
k	+103.83		3	+103.86		3	+103.89		3
m	— 43.22		37	— 43.59		38	— 43.97		37
S	10.9940		814	11.0754		814	11.1568		814
W	62.2992		306	62.2686		306	62.2380		306
g	5.667		44	5.623		44	5.579		43

	15.3			15.4			15.5		
t	s	Δs_t	Δs_p	s	Δs_t	Δs_p	s	Δs_t	Δs_p
− 12	(1.122310)	+ 275	812	(1.123122)	+ 277	812	(1.123934)	+ 279	812
11	1.122035	282	810	1.122845	284	810	1.123655	286	811
10	1.121753	287	808	1.122561	289	808	1.123369	290	809
9	1.121466	295	806	1.122272	296	807	1.123079	298	807
8	1.121171	297	805	1.121976	299	805	1.122781	301	805
7	1.120874	308	803	1.121677	310	803	1.122480	312	803
6	1.120566	314	801	1.121367	316	801	1.122168	317	801
5	1.120252	319	799	1.121051	320	800	1.121851	322	800
4	1.119933	328	798	1.120731	330	798	1.121529	332	798
3	1.119605	333	796	1.120401	334	796	1.121197	335	796
2	1.119272	333	795	1.120067	335	795	1.120862	337	795
− 1	1.118939	348	793	1.119732	350	793	1.120525	352	793
0	1.118591	346	791	1.119382	347	791	1.120173	348	792
+ 1	1.118245	357	790	1.119035	358	790	1.119825	359	790
2	1.117888	359	789	1.118677	361	789	1.119466	363	789
3	1.117529	365	787	1.118316	366	787	1.119103	367	787
4	1.117164	373	786	1.117950	375	786	1.118736	377	786
5	1.116791	375	784	1.117575	376	784	1.118359	377	784
6	1.116416	381	783	1.117199	382	783	1.117982	383	783
7	1.116035	388	782	1.116817	390	782	1.117599	391	782
8	1.115647	392	780	1.116427	393	781	1.117208	395	781
9	1.115255	398	779	1.116034	399	779	1.116813	400	779
10	1.114857	401	778	1.115635	402	778	1.116413	403	778
11	1.114456	408	777	1.115233	409	777	1.116010	410	777
12	1.114048	412	776	1.114824	413	776	1.115600	414	776
13	1.113636	416	775	1.114411	418	775	1.115186	420	775
14	1.113220	422	773	1.113993	423	773	1.114766	424	773
15	1.112798	423	772	1.113570	424	772	1.114342	424	773
16	1.112375	430	771	1.113146	431	772	1.113918	433	772
17	1.111945	434	770	1.112715	435	770	1.113485	436	771
18	1.111511	437	769	1.112280	438	769	1.113049	439	770
19	1.111074	443	768	1.111842	444	768	1.112610	445	768
20	1.110631		767	1.111398		767	1.112165		767

t	15.3 s	Δs_t	Δs_p	15.4 s	Δs_t	Δs_p	15.5 s	Δs_t	Δs_p
+ 20	1.110631	+2266	767	1.111398	+2270	767	1.112165	+2274	767
25	1 108365	2360	763	1.109128	2364	763	1.109891	2368	763
30	1.106005	2434	759	1.106564	2438	759	1.107523	2442	759
35	1.103571	2502	755	1.104326	2506	755	1.105081	2510	755
40	1.101069	2547	751	1.101820	2552	751	1.102571	2557	751
45	1.098522	2604	746	1.099268	2607	746	1.100014	2610	747
50	1.095918	2640	743	1.096661	2642	743	1.097404	2644	744
55	1.093278	2655	741	1.094019	2659	741	1.094760	2663	741
60	1.090623	2668	737	1 091360	2672	737	1.092097	2676	737
65	1.087955	2669	733	1.088688	2673	733	1.089421	2677	733
70	1.085286	2654	729	1.086015	2659	729	1.086744	2664	729
75	1.082632	2636	724	1.083356	2642	724	1 084080	2647	724
80	1.079996	2599	718	1.080714	2605	719	1 081433	2612	719
85	1.077397	2558	712	1 078109	2564	712	1.078821	2570	713
90	1.074839	2498	706	1.075545	2506	706	1.076251	2514	706
95	1,072341	2436	698	1.073039	2444	698	1.073737	2452	698
100	1.069905	475	690	1.070595	477	690	1 071285	479	690
+101	1.069430	476	688	1.070118	478	688	1.070806	480	688
102	1.068954	471	686	1.069640	473	686	1.070326	475	686
103	1.068483	+ 468	684	1.069167	+ 470	684	1.069851	+ 472	684
104	(1.068015)		682	(1.068697)		682	(1.069379)		682
f	— 11.20		7	— 11 27		7	— 11.34		7
k	+103.92		3	+103.95		4	+103.99		3
m	— 44 34		38	— 44.72		37	— 45.09		38
S	11.2382		814	11.3196		814	11 4010		814
W	62.2074		306	62.1768		306	62.1462		306
g	5.536		42	5.494		42	5 452		42

	15.6			15.7			15.8		
t	s	Δs_t	Δs_p	s	Δs_t	Δs_p	s	Δs_t	Δs_p
− 12	(1.124746)	+ 280	813	(1.125559)	+ 282	813	1.126372)	+ 284	813
11	1.124466	288	811	1.125277	290	811	1.126088	292	811
10	1.124178	292	809	1.124987	294	809	1.125796	296	809
9	1.123886	300	807	1 124693	302	807	1.125500	304	807
8	1.123586	303	805	1.124391	305	805	1.125196	307	805
7	1.123283	314	803	1.124086	316	803	1.124889	317	803
6	1.122969	318	801	1.123770	319	802	1.124572	321	802
5	1.122651	324	800	1 123451	326	800	1.124251	328	800
4	1.122327	334	798	1.123125	336	798	1.123923	337	798
3	1.121993	336	796	1.122789	337	797	1.123586	339	797
2	1.121657	339	795	1.122452	341	795	1.123247	343	795
− 1	1.121318	353	793	1.122111	354	793	1.122904	354	793
0	1.120965	350	792	1.121757	352	793	1.122550	355	793
+ 1	1.120615	360	790	1 121405	361	790	1.122195	362	790
2	1.120255	365	789	1.121044	367	789	1.121833	368	789
3	1.119890	368	787	1.120677	369	788	1.121465	371	788
4	1.119522	379	786	1.110308	380	786	1.121094	381	786
5	1.119143	378	785	1.119928	380	785	1.120713	382	785
6	1.118765	384	783	1.119548	385	783	1.120331	386	784
7	1.118381	392	782	1.119163	393	782	1.119945	394	782
8	1.117989	397	781	1.118770	399	781	1.119551	400	781
9	1.117592	401	779	1.118371	402	780	1.119151	404	780
10	1.117191	404	778	1.117969	405	778	1.118747	406	778
11	1.116787	411	777	1.117564	412	777	1.118341	413	777
12	1.116376	415	776	1.117152	416	776	1.117928	417	776
13	1.115961	422	775	1.116736	423	775	1.117511	424	775
14	1.115539	424	774	1.116313	425	774	1.117087	426	774
15	1.115115	425	773	1.115888	426	773	1.116661	427	773
16	1.114690	434	772	1.115462	435	772	1.116234	436	772
17	1.114256	437	771	1.115027	438	771	1.115798	439	771
18	1.113819	441	770	1.114589	442	770	1.115359	443	770
19	1.113378	446	769	1.114147	447	769	1.114916	448	769
20	1.112932		768	1.113700		768	1.114468		768

	15.6			15.7			15.8		
t	s	Δs_t	Δs_p	s	Δs_t	Δs_p	s	Δs_t	Δs_p
+ 20	1.112932	+2278	768	1.113700	+2283	768	1.114468	+2288	768
25	1.110654	2372	763	1.111417	2376	763	1.112180	2380	763
30	1.108282	2446	759	1 109041	2450	759	1.109800	2454	759
35	1.105836	2514	755	1.106591	2517	755	1.107346	2520	755
40	1.103322	2561	752	1.104074	2566	752	1.104826	2571	752
45	1.100761	2613	747	1.101508	2616	747	1.102255	2619	747
50	1.098148	2647	744	1.098892	2650	744	1.099636	2653	744
55	1.095501	2667	741	1.096242	2671	741	1.096983	2675	741
60	1.092834	2680	737	1.093571	2684	737	1.094308	2688	737
65	1.090154	2681	733	1.090887	2685	733	1.091620	2689	733
70	1.087473	2669	729	1.088202	2674	729	1.088931	2679	729
75	1.084804	2652	724	1.085528	2657	724	1 086252	2662	724
80	1.082152	2618	719	1 082871	2624	719	1 083590	2630	719
85	1.079534	2577	713	1.080247	2584	713	1 080960	2591	713
90	1.076957	2522	706	1.077663	2530	706	1.078369	2538	706
95	1.074435	2460	698	1.075133	2468	698	1.075831	2476	698
100	1.071975	481	690	1.072665	483	690	1.073355	485	690
+101	1.071494	482	688	1.072182	484	688	1.072870	486	688
102	1.071012	477	686	1.071698	479	686	1.072384	481	686
103	1.070535	474	684	1.071219	476	684	1 071903	478	684
104	1.070061	+ 470	682	1.070743	+ 472	682	1.071425	+ 474	682
105	(1.069591)		680	(1.070271)		680	(1.070951)		680
f	− 11.41		7	− 11.48		7	− 11.55		7
k	+104.02		3	+104.05		3	+104.08		3
m	− 45.47		37	− 45.84		38	− 46.22		37
S	11.4824		814	11.5638		814	11.6452		815
W	62.1156		306	62.0850		306	62 0544		307
g	5.410		41	5.369		40	5.329		40

	15.9			16.0			16.1		
t	s	Δs_t	Δs_p	s	Δs_t	Δs_p	s	Δs_t	Δs_p
− 12	(1.127185)	+ 286	813	(1.127998)	+ 288	813	(1.128811)	+ 289	814
11	1.126899	294	811	1.127710	296	812	1.128522	298	812
10	1.126605	298	809	1.127414	300	810	1.128224	302	810
9	1.126307	306	807	1.127114	308	808	1.127922	309	808
8	1.126001	309	805	1.126806	311	807	1.127613	313	807
7	1.125692	318	803	1.126495	319	805	1.127300	321	805
6	1.125374	323	802	1 126176	325	803	1.126979	326	804
5	1.125051	330	800	1 125851	332	802	1.126653	334	802
4	1.124721	338	798	1.125519	339	800	1.126319	340	800
3	1.124383	341	797	1.125180	343	799	1.125979	345	799
2	1.124042	345	795	1.124837	347	797	1.125634	348	797
− 1	1.123697	354	793	1.124490	354	796	1.125286	356	796
0	1.123343	358	793	1.124136	360	794	1.124930	361	794
+ 1	1.122985	363	791	1.123776	365	793	1.124569	366	793
2	1.122622	369	789	1.123411	370	792	1.124203	371	792
3	1.122253	373	788	1.123041	375	791	1.123832	377	791
4	1.121880	382	786	1 122666	383	789	1.123455	384	789
5	1.121498	383	785	1.122283	384	788	1.123071	385	788
6	1.121115	388	784	1.121899	390	787	1.122686	391	787
7	1.120727	395	782	1.121509	396	786	1.122295	397	786
8	1.120332	401	781	1.121113	402	785	1.121898	403	785
9	1.119931	406	780	1.120711	407	784	1.121495	409	784
10	1.119525	407	779	1.120304	408	782	1.121086	409	783
11	1.119118	414	778	1.119896	416	781	1.120677	417	781
12	1.118704	418	776	1.119480	419	780	1.120260	420	780
13	1.118286	425	775	1.119061	426	779	1.119840	426	779
14	1.117861	427	774	1.118635	428	779	1.119414	430	779
15	1.117434	428	773	1.118207	429	777	1.118984	430	777
16	1.117006	437	772	1.117778	438	776	1.118554	439	776
17	1.116569	440	771	1.117340	441	775	1 118115	442	775
18	1.116129	444	770	1.116899	445	774	1.117673	445	774
19	1.115685	449	769	1.116454	450	774	1.117228	451	774
20	1.115236		768	1.116004		773	1.116777		773

	15.9			16.0			16.1		
t	s	$\Delta s_{\prime}$	Δs_{p}	s	$\Delta s_{\prime}$	Δs_{p}	s	$\Delta s_{\prime}$	Δs_{p}
+ 20	1.115236	+ 2293	768	1.116004	+ 2298	773	1.116777	+ 2303	773
25	1.112943	2384	763	1.113706	2388	768	1.114474	2391	769
30	1.110559	2458	759	1.111318	2462	765	1.112083	2466	765
35	1.108101	2523	755	1.108856	2526	761	1.109617	2530	761
40	1.105578	2576	752	1.106330	2581	757	1.107087	2584	757
45	1.103002	2622	747	1.103749	2625	754	1.104503	2629	754
50	1.100380	2656	744	1.101124	2659	750	1.101874	2662	750
55	1.097724	2679	741	1.098465	2683	747	1 099212	2687	747
60	1.095045	2692	737	1.095782	2695	743	1.096525	2700	743
65	1.092353	2693	734	1.093087	2698	738	1 093825	2702	739
70	1.089660	2684	729	1.090389	2689	734	1.091123	2695	734
75	1.086976	2667	724	1.087700	2672	728	1.088428	2678	728
80	1.084309	2636	719	1.085028	2642	722	1.085750	2648	722
85	1 081673	2598	713	1.082386	2605	716	1.083102	2613	716
90	1 079075	2546	706	1.079781	2553	708	1 080489	2561	708
95	1.076529	2484	699	1.077228	2493	700	1.077928	2503	700
100	1.074045	487	690	1.074735	489	690	1.075425	491	691
+101	1.073558	488	688	1.074246	490	688	1.074934	492	689
102	1.073070	483	686	1.073756	485	686	1.074442	487	687
103	1.072587	480	684	1.073271	481	684	1.073955	483	684
104	1.072107	+ 476	683	1.072790	+ 478	682	1 073472	+ 480	682
105	(1.071631)		681	(1.072312)		680	(1.072992)		680
f	— 11.62		7	— 11.69		7	— 11.76		7
k	+104.11		3	+104.14		3	+104.17		3
m	— 46.59		38	— 46.97		38	— 47.35		38
S	11.7267		815	11.8082		825	11.8907		825
W	62.0237		307	61.9930		313	61 9617		313
g	5.289		39	5.250		39	5.211		38

	16.2			16.3			16.4		
t	s	Δs_l	Δs_p	s	Δs_l	Δs_p	s	Δs_l	Δs_p
— 12	(1.129625)	+ 291	814	(1.130439)	+ 293	814	(1.131253)	+ 295	814
11	1.129334	300	812	1.130146	302	812	1.130958	304	812
10	1.129034	304	810	1.129844	306	810	1.130654	307	810
9	1.128730	310	808	1 129538	311	809	1.130347	313	809
8	1.128420	315	807	1.129227	317	807	1.130034	319	807
7	1.128105	322	805	1.128910	323	805	1.129715	324	805
6	1.127783	328	804	1.128587	330	804	1.129391	332	804
5	1.127455	336	802	1.128257	338	802	1.129059	339	802
4	1.127119	341	800	1.127919	342	801	1.128720	344	801
3	1.126778	347	799	1.127577	349	799	1.128376	350	799
2	1.126431	349	797	1.127228	350	798	1.128026	352	798
— 1	1.126082	358	796	1.126878	360	796	1.127674	361	796
0	1.125724	362	794	1.126518	363	795	1.127313	365	795
+ 1	1.125362	367	793	1 126155	368	793	1.126948	369	794
2	1.124995	372	792	1.125787	373	792	1.126579	374	792
3	1.124623	379	791	1.125414	380	791	1.126205	381	791
4	1.124244	385	790	1.125034	387	790	1.125824	388	790
5	1.123859	386	788	1.124647	387	789	1.125436	389	789
6	1.123473	392	787	1.124260	393	787	1.125047	394	787
7	1.123081	398	786	1.123867	399	786	1.124653	400	786
8	1.122683	404	785	1.123468	405	785	1.124253	406	785
9	1.122279	410	784	1.123063	411	784	1.123847	412	784
10	1.121869	411	783	1.122652	413	783	1.123435	414	783
11	1.121458	418	781	1.122239	419	782	1.123021	420	782
12	1.121040	421	780	1.121820	422	781	1.122601	423	781
13	1.120619	426	779	1.121398	426	780	1.122178	427	780
14	1.120193	432	779	1.120972	434	779	1.121751	435	779
15	1.119761	431	777	1.120538	432	778	1.121316	433	778
16	1.119330	440	776	1.120106	440	777	1.120883	441	777
17	1.118890	443	776	1.119666	444	776	1.120442	445	776
18	1.118447	445	775	1.119222	446	775	1.119997	447	775
19	1.118002	452	774	1.118776	453	774	1.119550	454	774
20	1.117550		773	1.118323		773	1.119096		773

t	16.2 s	Δs_t	Δs_p	16.3 s	Δs_t	Δs_p	16.4 s	Δs_t	Δs_p
+ 20	1.117550		773	1.118323		773	1.119096		773
25	1.115243	+2307	769	1.116012	+2311	769	1.116781	+2315	769
30	1.112848	2395	765	1.113613	2399	765	1.114378	2403	765
35	1.110378	2470	761	1.111139	2474	761	1.111900	2478	761
40	1.107844	2534	757	1.108601	2538	758	1.109359	2541	758
45	1.105257	2587	754	1.106011	2590	754	1.106765	2594	754
50	1.102624	2633	751	1.103375	2636	751	1.104126	2639	751
55	1.099959	2665	747	1.100706	2669	747	1.101453	2673	747
60	1.097268	2691	743	1.098011	2695	743	1.098754	2699	743
65	1.094564	2704	739	1.095303	2708	739	1.096042	2712	739
70	1.091857	2707	734	1.092591	2712	734	1.093325	2717	734
75	1.089156	2701	729	1.089885	2706	729	1 090614	2711	729
80	1.086472	2684	723	1.087195	2690	723	1 087918	2696	723
85	1.083818	2654	716	1.084534	2661	716	1 085250	2668	716
90	1.081197	2621	709	1.081906	2628	709	1.082615	2635	709
95	1.078628	2569	700	1.079328	2578	700	1.080028	2587	700
100	1.076116	2512	691	1.076807	2521	691	1 077498	2530	691
+101	1.075623	493	689	1.076312	495	689	1.077001	497	689
102	1.075129	494	687	1.075816	496	687	1.076503	498	687
103	1.074639	490	685	1.075324	492	685	1.076009	494	685
104	1.074154	485	682	1.074836	488	682	1.075518	491	683
105	(1.073672)	+ 482	680	(1.074352)	+ 484	680	(1.075032)	+ 486	680
f	— 11.83		7	— 11.90		7	— 11.97		7
k	+104.20		3	+104.23		3	+104.26		4
m	— 47.73		38	— 48.11		38	— 48.49		38
S	11.9732		825	12.0557		825	12.1382		825
W	61.9304		313	61.8991		313	61.8678		313
g	5.173		38	5.135		37	5.098		37

	16.5			16.6			16.7		
t	s	Δs_t	Δs_p	s	Δs_t	Δs_p	s	Δs_t	Δs_p
− 13	1.132355	+ 288	816	1.133171	+ 290	816	1.133987	+ 292	816
12	1.132067	297	814	1.132881	299	814	1.133695	301	814
11	1.131770	306	812	1.132582	308	812	1.133394	310	812
10	1.131464	308	810	1.132274	309	810	1.133084	310	811
9	1.131156	315	809	1.131965	317	809	1.132774	319	809
8	1.130841	321	807	1.131648	323	807	1.132455	324	807
7	1.130520	325	805	1.131325	326	806	1.132131	328	806
6	1.130195	334	804	1.130999	336	804	1.131803	338	804
5	1.129861	340	802	1.130663	341	802	1.131465	342	802
4	1.129521	346	801	1.130322	348	801	1.131123	350	801
3	1.129175	351	799	1.129974	352	799	1.130773	353	799
2	1.128824	354	798	1.129622	356	798	1.130420	357	798
− 1	1.128470	362	796	1.129266	363	797	1.130063	365	797
0	1.128108	366	795	1.128903	367	795	1.129698	368	795
+ 1	1.127742	371	794	1.128536	373	794	1.129330	375	794
2	1.127371	375	792	1.128163	376	792	1.128955	377	793
3	1.126996	382	791	1.127787	383	791	1.128578	384	791
4	1.126614	389	790	1.127404	390	790	1.128194	391	790
5	1.126225	391	789	1.127014	393	789	1.127803	395	789
6	1.125834	395	787	1.126621	396	787	1.127408	397	788
7	1.125439	401	786	1.126225	402	786	1.127011	403	786
8	1.125038	407	785	1.125823	408	785	1.126608	409	785
9	1.124631	413	784	1.125415	414	784	1.126199	415	784
10	1.124218	415	783	1.125001	416	783	1.125784	417	783
11	1.123803	421	782	1.124585	422	782	1.125367	423	782
12	1.123382	424	781	1.124163	425	781	1.124944	426	781
13	1.122958	428	780	1.123738	429	780	1.124518	430	780
14	1.122530	436	779	1.123309	437	779	1.124088	438	779
15	1.122094	434	778	1.122872	435	778	1.123650	436	778
16	1.121660	442	777	1.122437	443	777	1.123214	444	777
17	1.121218	446	776	1.121994	447	776	1.122770	448	776
18	1.120772	448	775	1.121547	449	775	1.122322	450	775
19	1.120324	455	774	1.121098	456	774	1.121872	457	774
20	1.119869		773	1.120642		773	1.121415		773

	16.5			16.6			16.7		
t	s	Δs_I	Δs_{II}	s	Δs_I	Δs_{II}	s	Δs_I	Δs_{II}
+ 20	1.119869		773	1.120642		773	1.121415		773
25	1.117550	+2319	769	1.118319	+2323	769	1.119088	+2327	769
30	1 115143	2407	765	1.115908	2411	765	1 116673	2415	765
35	1.112661	2482	761	1 113422	2486	761	1.114183	2490	762
40	1.110117	2544	758	1 110875	2547	758	1.111633	2550	758
45	1.107519	2598	754	1.108273	2602	754	1 109027	2606	755
50	1 104877	2642	751	1.105628	2645	751	1.106379	2648	751
55	1.102200	2677	747	1.102947	2681	747	1.103694	2685	747
60	1.099497	2703	743	1.100240	2707	743	1.100983	2711	743
65	1.096781	2716	739	1.097520	2720	739	1.098259	2724	739
70	1.094059	2722	734	1.094793	2727	734	1.095527	2732	734
75	1.091343	2716	729	1.092072	2721	729	1.092801	2726	729
80	1.088641	2702	723	1 089364	2708	723	1 090087	2714	723
85	1.085966	2675	716	1.086682	2682	716	1.087398	2689	716
90	1.083324	2642	709	1 084033	2649	709	1 084742	2656	709
95	1.080728	2596	700	1.081428	2605	701	1 082129	2613	701
100	1.078189	2539	691	1.078880	2548	691	1.079571	2558	691
+101	1.077690	499	689	1 078379	501	689	1.079068	503	689
102	1.077190	500	687	1.077877	502	687	1.078564	504	687
103	1.076694	496	685	1.077379	498	685	1.078064	500	685
104	(1.076201	493	683	1.076884	495	683	1.077567	497	683
105	1.075712)	+ 489	680	(1.076392)	+ 492	681	(1.077073)	+ 494	681
f	— 12.04		7	— 12.11		7	— 12.18		7
k	+104.30		3	+104.33		3	+104.36		3
m	— 48.87		38	— 49.25		38	— 49.63		38
S	12.2207		825	12.3032		825	12.3857		825
W	61.8365		313	61 8052		313	61.7739		313
g	5.061		37	5.024		36	4.988		36

t	16.8 s	Δs_t	Δs_p	16.9 s	Δs_t	Δs_p	17.0 s	Δs_t	Δs_p
− 13	(1.134803)	+ 294	816	(1.135619)	+ 296	816	(1.136435)	+ 298	817
12	1.134509	303	814	1.135323	305	814	1.136137	306	815
11	1.134206	311	812	1.135018	312	813	1.135831	314	814
10	1.133895	312	811	1.134706	314	811	1.135517	316	812
9	1.133583	321	809	1.134392	323	809	1.135201	325	810
8	1.133262	325	807	1.134069	326	807	1.134876	327	809
7	1.132937	330	806	1.133743	332	806	1.134549	334	808
6	1.132607	340	804	1.133411	341	804	1.134215	342	806
5	1.132267	343	803	1.133070	345	803	1.133873	347	805
4	1.131924	352	801	1.132725	353	801	1.133526	354	803
3	1.131572	354	800	1.132372	356	800	1.133172	358	802
2	1.131218	358	798	1.132016	359	798	1.132814	360	801
− 1	1.130860	367	797	1.131657	368	797	1.132454	368	799
0	1.130493	369	796	1.131289	371	797	1.132086	374	798
+ 1	1.130124	376	794	1.130918	377	794	1.131712	378	797
2	1.129748	379	793	1.130541	381	793	1.131334	383	796
3	1.129369	385	791	1.130160	386	791	1.130951	387	795
4	1.128984	392	790	1.129774	393	790	1.130564	394	794
5	1.128592	396	789	1.129381	397	789	1.130170	398	792
6	1.128296	399	788	1.128984	400	788	1.129772	401	791
7	1.127797	404	787	1.128584	406	787	1.129371	407	790
8	1.127393	410	785	1.128178	411	786	1.128964	413	789
9	1.126983	416	784	1.127767	417	784	1.128551	418	788
10	1.126567	418	783	1.127350	419	783	1.128133	420	787
11	1.126149	424	782	1.126931	425	782	1.127713	426	786
12	1 125725	427	781	1.126506	428	781	1.127287	429	785
13	1.125298	431	780	1.126078	432	780	1.126858	433	785
14	1.124867	439	779	1.125646	440	779	1.126425	441	784
15	1.124428	437	778	1.125206	438	778	1.125984	439	783
16	1.123991	445	777	1.124768	446	777	1.125545	447	782
17	1.123546	449	776	1.124322	450	776	1.125098	451	781
18	1.123097	451	775	1.123872	452	775	1.124647	453	780
19	1.122646	458	774	1.123420	459	774	1.124194	459	779
20	1.122188		773	1.122961		774	1.123735		779

	16.8			16.9			17.0		
t	s	Δs_t	Δs_p	s	Δs_t	Δs_p	s	Δs_t	Δs_p
+ 20	1.122188	+2331	773	1.122961	+2335	774	1.123735	+2340	779
25	1.119857	2419	769	1.120626	2423	769	1.121395	2427	775
30	1.117438	2493	765	1.118203	2496	765	1.118968	2499	771
35	1.114945	2554	762	1.115707	2558	762	1.116469	2562	768
40	1.112391	2609	758	1.113149	2612	758	1.113907	2615	764
45	1.109782	2652	755	1.110537	2656	755	1.111292	2660	761
50	1.107130	2689	751	1.107881	2693	751	1.108632	2696	757
55	1.104441	2715	747	1.105188	2718	748	1.105936	2722	753
60	1.101726	2728	744	1.102470	2733	744	1.103214	2738	749
65	1.098998	2737	739	1.099737	2742	739	1.100476	2746	744
70	1.096261	2731	734	1.096995	2736	735	1.097730	2742	739
75	1.093530	2720	729	1.094259	2726	729	1.094988	2732	734
80	1.090810	2696	723	1.091533	2702	723	1.092256	2708	727
85	1.088114	2663	717	1.088831	2671	717	1.089548	2679	720
90	1.085451	2621	709	1.086160	2629	709	1.086869	2637	712
95	1.082830	2568	701	1.083531	2578	701	1.084232	2588	702
100	1.080262	505	691	1.080953	507	691	1.081644	509	692
+101	1.079757	506	689	1 080446	508	689	1.081135	510	690
102	1.079251	502	687	1.079938	504	687	1.080625	506	688
103	1.078749	499	685	1.079434	501	685	1.080119	503	685
104	1.078250	+ 496	683	1.078933	+ 498	683	1.079616	+ 500	683
105	(1.077754)		681	(1.077435)		681	(1.079116)		681
f	— 12.25		7	— 12 32		7	— 12.39		6
k	+104.39		3	+104.42		4	+104.46		3
m	— 50.01		38	— 50.39		39	— 50.78		39
S	12.4682		825	12.5507		825	12.6332		835
W	61.7426		314	61.7112		314	61.6798		320
g	4.952		35	4.917		35	4.882		34

	17.1			17.2			17.3		
t	s	Δs_t	Δs_p	s	Δs_t	Δs_p	s	Δs_t	Δs_p
− 13	(1.137252)	+ 300	817	(1.138069)	+ 302	817	(1.138886)	+ 304	817
12	1.136952	307	815	1.137767	308	815	1.138582	309	816
11	1.136645	316	814	1.137459	318	814	1.138273	320	814
10	1.136329	318	812	1.137141	319	812	1 137953	320	812
9	1.136011	326	811	1.136822	328	811	1.137633	330	811
8	1 135685	328	809	1.136494	329	809	1.137303	330	809
7	1.135357	336	808	1.136165	338	808	1.136973	340	808
6	1.135021	343	806	1.135827	344	806	1.136633	345	806
5	1 134678	349	805	1.135483	351	805	1.136288	352	805
4	1.134329	355	803	1.135132	356	804	1.135936	358	804
3	1.133974	359	802	1.134776	360	802	1.135578	361	802
2	1.133615	362	801	1.134416	363	801	1.135217	364	801
− 1	1.133253	369	800	1.134053	371	800	1.134853	373	800
0	1.132884	375	798	1.133682	376	798	1.134480	377	799
+ 1	1.132509	379	797	1.133306	380	797	1.134103	381	797
2	1.132130	384	796	1.132926	385	796	1.133722	386	796
3	1 131746	388	795	1.132541	389	795	1.133336	390	795
4	1.131358	396	794	1.132152	397	794	1.132946	398	794
5	1.130962	399	793	1.131755	400	793	1.132548	401	793
6	1.130563	402	792	1 131355	403	792	1.132147	404	792
7	1.130161	408	791	1.130952	410	791	1.131743	411	791
8	1.129753	414	789	1.130542	415	790	1.131332	416	790
9	1.129339	419	788	1.130127	420	789	1.130916	421	789
10	1.128920	421	787	1.129707	421	788	1.130495	422	788
11	1.128499	427	787	1.129286	428	787	1.130073	429	787
12	1.128072	429	786	1.128858	430	786	1.129644	431	786
13	1.127643	434	785	1.128428	435	785	1.129213	436	785
14	1.127209	442	784	1.127993	443	784	1.128777	444	784
15	1.126767	440	783	1.127550	441	783	1.128333	442	783
16	1.126327	448	782	1.127109	449	782	1.127891	450	782
17	1 125879	452	781	1.126660	453	781	1.127441	454	781
18	1.125427	454	780	1.126207	454	780	1.126987	454	781
19	1.124973	459	780	1 125753	460	780	1.126533	461	780
20	1.124514		779	1.125293		779	1 126072		779

	17.1			17.2			17.3		
t	s	Δs_t	Δs_p	s	Δs_t	Δs_p	s	Δs_t	Δs_p
+ 20	1.124514		779	1.125293		779	1.126072		779
25	1.122170	+2344	775	1.122945	+2348	775	1.123720	+2352	775
30	1.119739	2431	771	1.120510	2435	771	1.121281	2439	771
35	1.117237	2502	768	1.118005	2505	768	1.118773	2508	768
40	1.114671	2566	764	1.115435	2570	765	1.116200	2573	765
45	1.112053	2618	761	1.112814	2621	761	1.113575	2625	761
50	1.109389	2664	757	1 110146	2668	757	1.110903	2672	757
55	1.106689	2700	753	1.107442	2704	754	1.108196	2707	754
60	1.103963	2726	749	1.104712	2730	749	1.105461	2735	749
65	1.101220	2743	745	1.101965	2747	745	1.102710	2751	745
70	1.098469	2751	739	1.099208	2757	740	1.099948	2762	740
75	1.095722	2747	734	1.096456	2752	734	1.097190	2758	734
80	1.092983	2739	727	1.093710	2746	727	1.094437	2753	727
85	1.090268	2715	720	1.090988	2722	720	1.091708	2729	720
90	1.087581	2687	712	1.088293	2695	712	1.089005	2703	712
95	1.084934	2647	703	1.085637	2656	703	1.086340	2665	703
100	1.082336	2598	692	1.083028	2609	692	1.083720	2620	692
+101	1.081825	511	690	1 082515	513	690	1.083205	515	690
102	1.081313	512	688	1.082001	514	688	1.082689	516	688
103	1.080804	509	686	1.081490	511	686	1.082176	513	686
104	1.080299	505	683	1 080982	508	683	1.081665	511	683
105	(1.079797)	+ 502	681	(1.080478)	+ 504	681	(1.081159)	+ 506	681
f	— 12.45		7	— 12 52		7	— 12.59		7
k	+104.49		3	+104.52		4	+104.56		3
m	— 51.17		38	— 51.55		39	— 51.94		38
S	12.7167		836	12.8003		836	12.8839		836
W	61.6478		320	61.6158		320	61.5838		320
g	4.848		34	4.814		34	4.780		33

	17.4			17.5			17.6		
t	s	Δs_t	Δs_p	s	Δs_t	Δs_p	s	Δs_t	Δs_p
− 13	(1.139703)	+ 305	817	(1.140520)	+ 306	817	(1.141337)	+ 307	817
12	1.139398	311	816	1.140214	313	816	1.141030	315	816
11	1.139087	322	814	1.139901	324	814	1.140715	325	814
10	1.138765	321	812	1.139577	322	813	1.140390	324	813
9	1.138444	332	811	1.139255	334	811	1.140066	336	811
8	1.138112	331	809	1.138921	332	809	1.139730	333	810
7	1.137781	342	808	1.138589	344	808	1.139397	345	808
6	1.137439	346	806	1.138245	347	807	1.139052	349	807
5	1.137093	353	805	1.137898	354	805	1.138703	355	805
4	1.136740	360	804	1.137544	362	804	1.138348	363	804
3	1.136380	362	802	1.137182	363	803	1.137985	365	803
2	1.136018	365	801	1.136819	366	801	1.137620	367	801
− 1	1.135653	374	800	1.136453	375	800	1.137253	376	800
0	1.135279	379	799	1.136078	381	799	1.136877	382	799
+ 1	1.134900	382	797	1.135697	383	798	1.136495	385	798
2	1.134518	387	796	1.135314	388	796	1.136110	389	796
3	1.134131	391	795	1.134926	392	795	1.135721	393	795
4	1.133740	399	794	1.134534	400	794	1.135328	401	794
5	1.133341	402	793	1.134134	403	793	1.134927	404	793
6	1.132939	405	792	1.133731	406	792	1.134523	407	792
7	1.132534	412	791	1.133325	413	791	1.134116	414	791
8	1.132122	417	790	1.132912	418	790	1.133702	419	790
9	1.131705	422	789	1.132494	423	789	1.133283	424	789
10	1.131283	423	788	1.132071	424	788	1.132859	425	788
11	1.130860	430	787	1.131647	431	787	1.132434	432	787
12	1.130430	432	786	1.131216	433	786	1.132002	434	786
13	1.129998	437	785	1.130783	438	785	1.131568	439	785
14	1.129561	445	784	1.130345	446	784	1.131129	447	784
15	1.129116	443	783	1.129899	444	783	1.130682	445	783
16	1.128673	451	782	1.129455	452	782	1.130237	453	783
17	1.128222	454	781	1.129003	454	781	1.129784	454	782
18	1.127768	455	781	1.128549	456	781	1.129330	457	781
19	1.127313	462	780	1.128093	463	780	1.128873	464	780
20	1.126851		779	1.127630		779	1.128409		779

	17.4			17.5			17.6		
t	s	Δs_t	Δs_p	s	Δs_t	Δs_p	s	Δs_t	Δs_p
+ 20	1.126851	+2356	779	1.127630	+2360	779	1.128409	+2364	779
25	1.124495	2443	775	1.125270	2446	775	1.126045	2449	775
30	1.122052	2511	772	1.122824	2515	772	1.123596	2519	772
35	1.119541	2576	768	1.120309	2579	768	1 121077	2582	768
40	1.116965	2629	765	1.117730	2633	765	1.118495	2637	765
45	1.114336	2676	761	1.115097	2679	761	1.115858	2682	761
50	1.111660	2710	758	1.112418	2714	758	1.113176	2718	758
55	1.108950	2740	754	1.109704	2744	754	1.110458	2748	754
60	1.106210	2755	750	1.106960	2760	750	1.107710	2765	750
65	1.103455	2767	745	1 104200	2772	745	1.104945	2777	745
70	1.100688	2764	740	1.101428	2770	740	1.102168	2776	740
75	1.097924	2760	734	1.098658	2766	734	1.099392	2772	734
80	1.095164	2736	728	1.095892	2744	728	1.096620	2752	728
85	1.092428	2711	720	1.093148	2719	720	1.093868	2727	720
90	1.089717	2674	712	1.090429	2683	712	1.091141	2692	712
95	1.087043	2631	703	1.087746	2641	703	1.088449	2651	703
100	1.084412	517	693	1.085105	520	693	1.085798	522	693
+101	1.083895	518	690	1.084585	520	691	1.085276	523	691
102	1.083377	515	688	1.084065	517	688	1.084753	519	688
103	1.082862	514	686	1.083548	517	686	1.084234	519	686
104	1.082348	+ 508	683	1.083031	+ 510	684	1 083715	+ 513	684
105	(1.081840)		681	(1.082521)		681	(1.083202)		681
f	— 12.66		7	— 12.73		7	— 12.80		7
k	+104.59		4	+104.63		3	+104.66		3
m	— 52.32		39	— 52 71		38	— 53.09		39
S	12.9675		836	13.0511		836	13.1347		836
W	61.5518		320	61.5198		320	61.4878		321
g	4.747		33	4.714		32	4.682		32

	17.7			17.8			17.9		
t	*s*	$\Delta s_{\prime}$	$\Delta s_{\prime\prime}$	*s*	$\Delta s_{\prime}$	$\Delta s_{\prime\prime}$	*s*	$\Delta s_{\prime}$	$\Delta s_{\prime\prime}$
− 14							1.144097	+ 307	819
13	(1.142154)	+ 308	818	1.142972	+ 310	818	1.143790	312	818
12	1.141846	317	816	1.142662	319	816	1.143478	321	816
11	1.141529	326	814	1.142343	327	814	1.143157	328	814
10	1.141203	326	813	1.142016	328	813	1.142829	330	813
9	1.140877	337	811	1.141688	338	811	1.142499	339	811
8	1.140540	335	810	1.141350	337	810	1.142160	339	810
7	1.140205	346	808	1.141013	347	808	1.141821	348	808
6	1.139859	351	807	1.140666	352	807	1.141473	353	807
5	1.139508	356	806	1.140314	358	806	1.141120	360	806
4	1.139152	364	804	1.139956	365	804	1.140760	366	804
3	1.138788	367	803	1.139591	369	803	1.140394	370	803
2	1.138421	368	801	1.139222	369	802	1.140024	371	802
− 1	1.138053	377	800	1.138853	378	800	1.139653	379	800
0	1.137676	383	799	1.138475	384	799	1.139274	385	799
+ 1	1.137293	387	798	1.138091	388	798	1.138889	389	798
2	1.136906	390	797	1.137703	392	797	1.138500	393	797
3	1.136516	394	795	1.137311	395	796	1.138107	397	796
4	1.136122	402	794	1.136916	403	794	1.137710	404	794
5	1.135720	405	793	1.136513	406	793	1.137306	407	793
6	1.135315	408	792	1.136107	409	792	1.136899	410	792
7	1.134907	415	791	1.135698	416	791	1.136489	417	791
8	1.134492	420	790	1.135282	421	790	1.136072	422	790
9	1.134072	425	789	1.134861	426	789	1.135650	427	789
10	1.133647	426	788	1.134435	427	788	1.135223	428	788
11	1.133221	433	787	1.134008	434	787	1.134795	435	787
12	1.132788	435	786	1.133574	436	786	1.134360	437	786
13	1.132353	440	785	1.133138	441	785	1.133923	441	785
14	1.131913	448	784	1.132697	449	785	1.133482	450	785
15	1.131465	445	783	1.132248	445	784	1.133032	446	784
16	1.131020	454	783	1.131803	455	783	1.132586	456	783
17	1.130566	455	782	1.131348	456	782	1.132130	457	782
18	1.130111	458	781	1.130892	459	781	1.131673	460	781
19	1.129653	465	780	1.130433	466	780	1.131213	467	780
20	1.129188		779	1.129967		779	1.130746		779

t	17.7 s	Δs_t	Δs_p	17.8 s	Δs_t	Δs_p	17.9 s	Δs_t	Δs_p
+ 20	1 129188	+2368	779	1.129967	+2371	779	1.130746	+2374	779
25	1.126820	2452	776	1 127596	2456	776	1.128372	2460	776
30	1.124368	2523	772	1.125140	2527	772	1 125912	2531	772
35	1.121845	2585	768	1.122613	2588	768	1.123381	2591	769
40	1.119260	2641	765	1.120025	2645	765	1.120790	2648	765
45	1.116619	2685	761	1.117380	2688	762	1.118142	2692	762
50	1 113934	2722	758	1.114692	2726	758	1.115450	2730	758
55	1.111212	2752	754	1.111966	2756	754	1.112720	2760	754
60	1.108460	2770	750	1.109210	2775	750	1.109960	2780	750
65	1.105690	2782	745	1 106435	2787	745	1.107180	2792	745
70	1.102908	2782	740	1.103648	2788	740	1.104388	2794	740
75	1.100126	2778	734	1.100860	2784	734	1.101594	2790	735
80	1.097348	2760	728	1.098076	2767	728	1.098804	2774	728
85	1.094588	2735	721	1.095309	2744	721	1.096030	2753	721
90	1 091853	2701	712	1 092565	2710	712	1.093277	2719	713
95	1.089152	2661	703	1.089855	2671	703	1 090558	2681	703
100	1.086491	524	693	1 087184	526	693	1 087877	528	693
+101	1 085967	526	691	1 086658	529	691	1.087349	531	691
102	1.085441	521	688	1 086129	523	689	1.086818	526	689
103	1 084920	521	686	1.085606	523	686	1.086292	525	686
104	1.084399	+ 516	684	1.085083	+ 519	684	1 085767	+ 522	684
105	(1.083883)		681	(1.084564)		681	(1.085245)		682
f	— 12 87		7	- 12.94		7	— 13 01		6
k	+104.69		3	+104.72		3	+104.75		4
m	— 53 48		38	— 53.86		39	— 54.25		39
S	13.2183		836	13 3019		836	13 3855		836
W	61 4557		321	61.4236		321	61.3915		321
g	4.650		32	4.618		31	4 587		31

t	18.0 s	18.0 Δs_t	18.0 Δs_p	18.1 s	18.1 Δs_t	18.1 Δs_p	18.2 s	18.2 Δs_t	18.2 Δs_p
− 14	(1.144916)	+ 308	820	(1.145736)	+ 309	820	(1.146556)	+ 310	820
13	1.144608	314	819	1.145427	316	819	1.146246	318	819
12	1.144294	323	817	1.145111	324	817	1.145928	325	817
11	1.143971	329	816	1.144787	331	816	1.145603	333	816
10	1.143642	332	814	1.144456	333	814	1.145270	334	815
9	1.143310	340	813	1.144123	341	813	1.144936	342	813
8	1.142970	341	812	1.143782	343	812	1.144594	345	812
7	1.142629	349	810	1.143439	350	810	1.144249	351	811
6	1.142280	354	809	1.143089	355	809	1.143898	356	809
5	1.141926	362	808	1.142734	363	808	1.143542	364	808
4	1.141564	367	807	1.142371	369	807	1.143178	370	807
3	1.141197	371	805	1.142002	372	806	1.142808	374	806
2	1.140826	373	804	1.141630	374	804	1.142434	375	805
− 1	1.140453	380	803	1.141256	382	803	1.142059	383	803
0	1.140073	386	801	1.140874	388	802	1.141676	390	802
+ 1	1.139687	390	799	1.140486	390	800	1.141286	390	801
2	1.139297	394	799	1.140096	394	800	1.140896	395	800
3	1.138903	399	799	1.139702	400	799	1.140501	400	800
4	1.138504	405	798	1.139302	406	799	1.140101	407	798
5	1.138099	408	797	1.138896	409	798	1.139694	411	797
6	1.137691	411	796	1.138487	412	796	1.139283	413	796
7	1.137280	418	795	1.138075	419	795	1.138870	420	795
8	1.136862	423	794	1.137656	424	794	1.138450	424	795
9	1.136439	428	793	1.137232	428	794	1.138026	429	794
10	1.136011	429	793	1.136804	431	793	1.137597	432	793
11	1.135582	436	791	1.136373	436	792	1.137165	437	792
12	1.135146	438	791	1.135937	439	791	1.136728	440	791
13	1.134708	441	790	1.135498	442	790	1.136288	443	790
14	1.134267	451	789	1.135056	452	789	1.135845	452	789
15	1.133816	447	788	1.134604	447	789	1.135393	448	789
16	1.133369	457	788	1.134157	458	788	1.134945	459	788
17	1.132912	458	787	1.133699	459	787	1.134486	460	787
18	1.132454	461	786	1.133240	462	786	1.134026	463	786
19	1.131993	468	785	1.132778	468	785	1.133563	468	786
20	1.131525		785	1.132310		785	1.133095		785

t	18.0 s	Δs_t	Δs_p	18.1 s	Δs_t	Δs_p	18.2 s	Δs_t	Δs_p
+ 20	1.131525	+2377	785	1.132310	+2381	785	1.133095	+2385	785
25	1.129148	2464	781	1.129929	2467	781	1.130710	2470	781
30	1.126684	2534	778	1.127462	2537	778	1.128240	2540	778
35	1.124150	2595	775	1 123925	2599	775	1.125700	2603	775
40	1.121555	2651	771	1.121326	2654	771	1.123097	2657	771
45	1.118904	2696	768	1.119672	2700	768	1.120440	2704	768
50	1.116208	2734	764	1.116972	2738	764	1 117736	2742	764
55	1.113474	2764	760	1.114234	2768	760	1 114994	2772	760
60	1.110710	2785	756	1.111466	2790	756	1.112222	2795	756
65	1.107925	2797	751	1.108676	2803	751	1.109427	2809	751
70	1.105128	2799	745	1.105873	2805	745	1.106618	2811	746
75	1.102329	2797	739	1 103068	2804	739	1.103807	2811	739
80	1.099532	2781	732	1.100264	2789	732	1.100996	2797	732
85	1.096751	2761	724	1.097475	2770	724	1.098199	2779	724
90	1.093990	2729	715	1 094705	2739	715	1 095420	2749	715
95	1.091261	2691	705	1.091966	2702	705	1.092671	2713	705
100	1.088570	530	694	1.089264	532	694	1.089958	534	694
+101	1 088040	533	692	1.088732	536	692	1.089424	539	692
102	1.087507	529	689	1.088196	531	689	1.088885	533	689
103	1.086978	527	687	1.087665	530	687	1.088352	533	687
104	1.086451	+ 524	684	1.087135	+ 526	684	1.087819	+ 528	684
105	(1 085927)		682	(1 086609)		682	(1.087291)		682
f	— 13.07		7	— 13.14		7	— 13.21		7
k	+104.79		3	+104 82		3	+104.85		4
m	— 54.64		39	— 55 03		39	— 55.42		39
S	13.4691		847	13.5538		847	13.6385		847
W	61.3594		327	61.3267		327	61.2940		327
g	4.556		31	4.535		30	4.495		31

	18.3			18.4			18.5		
t	s	Δs_t	Δs_p	s	Δs_t	Δs_p	s	Δs_t	Δs_p
− 14	(1.147376)	+ 311	820	(1.148196)	+ 312	820	(1.149016)	+ 313	821
13	1 147065	320	819	1.147884	322	819	1.148703	324	819
12	1.146745	326	817	1.147562	327	817	1.148379	328	818
11	1.146419	334	816	1.147235	335	816	1.148051	336	816
10	1.146085	336	815	1.146900	338	815	1.147715	340	815
9	1.145749	343	813	1.146562	344	813	1.147375	345	813
8	1.145406	346	812	1.146218	347	812	1.147030	348	812
7	1 145060	353	811	1.145871	355	811	1.146682	356	811
6	1.144707	357	809	1.145516	358	810	1.146326	360	810
5	1.144350	365	808	1.145158	366	808	1.145966	367	808
4	1.143985	371	807	1.144792	372	807	1.145599	373	807
3	1.143614	375	806	1.144420	376	806	1.145226	377	806
2	1.143239	377	805	1.144044	378	805	1.144849	379	805
− 1	1.142862	384	804	1.143666	386	804	1.144470	387	804
0	1.142478	391	802	1.143280	392	803	1.144083	393	803
+ 1	1.142087	391	801	1 142888	392	802	1.143690	393	802
2	1.141696	395	800	1.142496	396	801	1.143297	398	801
3	1.141301	402	799	1.142100	402	799	1.142899	403	800
4	1.140899	408	799	1 141698	409	798	1.142496	410	799
5	1.140491	412	798	1.141289	414	797	1.142086	415	798
6	1.140079	414	796	1.140875	415	796	1.141671	416	797
7	1.139665	420	795	1 140460	420	795	1 141255	420	796
8	1.139245	425	795	1.140040	426	795	1.140835	427	795
9	1.138820	430	794	1.139614	431	794	1.140408	432	794
10	1.138390	433	793	1.139183	434	793	1.139976	435	793
11	1.137957	438	792	1.138749	439	792	1.139541	440	792
12	1.137519	441	791	1.138310	442	791	1.139101	443	791
13	1.137078	444	790	1.137868	445	790	1.138658	446	791
14	1.136634	452	789	1.137423	452	789	1.138212	452	790
15	1.136182	449	789	1.136971	450	789	1.137760	451	789
16	1.135733	460	788	1.136521	461	788	1.137309	462	788
17	1.135273	461	787	1.136060	461	787	1 136847	461	787
18	1 134812	463	787	1.135599	464	787	1.136386	465	787
19	1.134349	469	786	1.135135	470	786	1.135921	471	786
20	1.133880		785	1.134665		785	1.135450		785

	18.3			18.4			18.5		
t	s	Δs_t	Δs_p	s	Δs_t	Δs_p	s	Δs_t	Δs_p
+ 20	1.133880	+2389	785	1.134665	+2393	785	1.135450	+2396	785
25	1.131491	2473	781	1.132272	2476	782	1.133054	2480	782
30	1.129018	2543	778	1.129796	2546	778	1.130574	2549	778
35	1.126475	2607	775	1.127250	2611	775	1.128025	2614	775
40	1.123868	2660	771	1.124639	2663	772	1.125411	2667	772
45	1.121208	2708	768	1.121976	2712	768	1.122744	2715	768
50	1.118500	2746	764	1.119264	2750	765	1.120029	2754	765
55	1.115754	2776	760	1.116514	2780	761	1.117275	2785	761
60	1.112978	2800	756	1.113734	2805	756	1.114490	2810	756
65	1.110178	2814	751	1.110929	2819	751	1.111680	2824	751
70	1.107364	2818	746	1.108110	2825	746	1.108856	2832	746
75	1.104546	2818	739	1.105285	2825	739	1.106024	2831	740
80	1.101728	2805	732	1 102460	2813	733	1.103193	2821	733
85	1.098923	2788	724	1 099647	2797	725	1.100372	2806	725
90	1.096135	2759	715	1.096850	2768	716	1.097566	2778	716
95	1.093376	2724	706	1.094082	2736	706	1 094788	2748	706
100	1.090652	536	694	1 091346	538	694	1.092040	540	695
+101	1.090116	542	692	1 090808	544	692	1 091500	546	692
102	1.089574	535	690	1 090264	538	690	1.090954	541	690
103	1.089039	536	687	1.089726	539	687	1.090413	541	687
104	1.088503	+ 530	684	1 089187	+ 532	685	1.089872	+ 535	685
105	(1.087973)		682	(1.088655)		682	(1.089337)		682
f	— 13.28		7	— 13.35		7	— 13.42		7
k	+104.89		3	+104.92		3	+104.95		4
m	— 55.81		39	— 56.20		39	— 56.59		39
S	13.7232		847	13.8079		847	13.8926		847
W	61.2613		327	61.2286		327	61.1959		327
g	4.464		29	4 435		30	4.405		29

	18.6			18.7			18.8		
t	s	Δs_t	Δs_p	s	Δs_t	Δs_p	s	Δs_t	Δs_p
— 14	1.149837	+ 315	821	1.150658	+ 317	821	1.151479	+ 319	821
13	1.149522	325	819	1.150341	326	819	1.151160	327	819
12	1.149197	330	818	1.150015	332	818	1.150833	334	818
11	1.148867	337	816	1.149683	338	816	1.150499	339	816
10	1.148530	342	815	1.149345	343	815	1.150160	344	815
9	1.148188	346	814	1.149002	348	814	1.149816	350	814
8	1.147842	349	812	1.148654	350	812	1.149466	351	812
7	1.147493	357	811	1.148304	358	811	1.149115	359	811
6	1.147136	362	810	1.147946	364	810	1.148756	365	810
5	1.146774	368	808	1.147582	369	809	1.148391	371	809
4	1.146406	374	807	1.147213	375	807	1.148020	376	807
3	1.146032	378	806	1.146838	379	806	1.147644	380	806
2	1.145654	380	805	1.146459	381	805	1.147264	382	805
— 1	1.145274	388	804	1.146078	389	804	1.146882	390	804
0	1.144886	394	803	1.145689	395	803	1.146492	396	803
+ 1	1.144492	394	802	1.145294	395	802	1.146096	396	803
2	1.144098	399	801	1.144899	401	801	1.145700	403	801
3	1.143699	404	799	1.144498	405	799	1.145297	405	800
4	1.143295	411	798	1.144093	412	799	1.144892	413	798
5	1.142884	416	797	1.143681	416	798	1.144479	417	797
6	1.142468	417	797	1.143265	418	797	1.144062	419	797
7	1.142051	421	796	1.142847	422	796	1.143643	423	796
8	1.141630	428	795	1.142425	429	795	1.143220	430	795
9	1.141202	433	794	1.141996	434	794	1.142790	435	794
10	1.140769	436	793	1.141562	437	793	1.142355	438	793
11	1.140333	441	792	1.141125	442	792	1.141917	442	792
12	1.139892	443	791	1.140683	443	792	1.141475	444	792
13	1.139449	447	791	1.140240	448	791	1.141031	449	791
14	1.139002	453	790	1.139792	454	790	1.140582	455	790
15	1.138549	452	789	1.139338	453	789	1.140127	454	789
16	1.138097	463	788	1.138885	463	788	1.139673	463	788
17	1.137634	461	788	1.138422	462	788	1.139210	463	788
18	1.137173	466	787	1.137960	467	787	1.138747	468	787
19	1.136707	472	786	1.137493	473	786	1.138279	473	786
20	1.136235		785	1.137020		786	1.137806		786

	18.6			18.7			18.8		
t	s	Δs_t	Δs_p	s	Δs_t	Δs_p	s	Δs_t	Δs_p
+ 20	1.136235	+2399	785	1.137020	+2402	786	1.137806	+2406	786
25	1.133836	2484	782	1.134618	2487	782	1.135400	2490	782
30	1.131352	2552	779	1.132131	2556	779	1.132910	2560	779
35	1.128800	2617	775	1.129575	2620	775	1.130350	2623	775
40	1.126183	2671	772	1.126955	2675	772	1.127727	2678	772
45	1.123512	2718	768	1.124280	2721	769	1.125049	2725	769
50	1.120794	2758	765	1.121559	2762	765	1.122324	2766	765
55	1.118036	2790	761	1.118797	2795	761	1.119558	2800	761
60	1.115246	2815	756	1.116002	2819	756	1.116758	2823	756
65	1.112431	2829	752	1.113183	2835	752	1.113935	2841	752
70	1.109602	2838	746	1.110348	2844	746	1.111094	2850	746
75	1.106764	2838	740	1.107504	2845	740	1.108244	2852	740
80	1.103926	2829	733	1.104659	2837	733	1.105392	2845	733
85	1.101097	2815	725	1.101822	2824	725	1 102547	2833	725
90	1.098282	2788	716	1.098998	2798	716	1.099714	2808	716
95	1.095494	2759	706	1.096200	2770	706	1.096906	2781	706
100	1.092735	543	695	1.093430	546	695	1.094125	549	695
+101	1.092192	548	692	1.092884	550	692	1 093576	552	692
102	1.091644	544	690	1.092334	547	690	1.093024	550	690
103	1.091100	543	687	1.091787	545	687	1.092474	547	687
104	1.090557	+ 538	685	1.091242	541	685	1.091927	544	685
105	(1.090019)		682	1.090701	+ 541	682	1.091383	+ 543	682
106				(1.090160)		680	(1.090840)		680
f	— 13.49		6	— 13.55		7	— 13 62		7
k	+104.99		3	+105.02		3	+105.05		4
m	— 56.98		39	— 57.37		39	— 57.76		39
S	13 9773		847	14 0620		847	14.1467		847
W	61.1632		328	61.1304		328	61.0976		328
g	4.376		28	4.348		29	4.319		28

	18.9			19.0			19.1		
t	s	Δs_t	Δs_p	s	Δs_t	Δs_p	s	Δs_t	Δs_p
− 14	(1.152300)	+ 321	821	(1.153121)	+ 323	822	1.153943)	+ 325	822
13	1.151979	328	819	1.152798	329	820	1.153618	330	821
12	1.151651	336	818	1.152469	337	819	1.153288	338	819
11	1.151315	340	817	1.152132	342	818	1.152950	343	818
10	1.150975	345	815	1.151790	346	817	1.152607	347	817
9	1.150630	352	814	1.151444	353	816	1.152260	355	816
8	1.150278	352	813	1.151091	354	814	1.151905	355	815
7	1.149926	360	811	1.150737	361	813	1.151550	362	813
6	1.149566	366	810	1.150376	367	812	1.151188	368	812
5	1.149200	373	809	1.150009	374	811	1.150820	375	811
4	1.148827	377	808	1.149635	379	810	1.150445	380	810
3	1.148450	381	806	1.149256	382	809	1.150065	383	809
2	1.148069	383	805	1.148874	384	808	1.149682	385	808
− 1	1.147686	391	804	1.148490	391	807	1.149297	392	807
0	1.147295	396	804	1.148099	397	806	1.148905	398	807
+ 1	1.146899	398	803	1.147702	400	805	1.148507	401	805
2	1.146501	404	801	1.147302	405	804	1.148106	405	805
3	1.146097	407	800	1.146897	408	804	1.147701	409	804
4	1.145690	414	799	1.146489	415	803	1.147292	416	803
5	1.145276	417	798	1.146074	418	802	1.146876	419	802
6	1.144859	420	797	1.145656	420	801	1.146457	421	801
7	1.144439	424	797	1.145236	426	800	1.146036	427	800
8	1.144015	431	795	1.144810	432	799	1.145609	432	800
9	1.143584	436	794	1.144378	437	799	1.145177	438	799
10	1.143148	439	793	1.143941	440	798	1.144739	441	798
11	1.142709	442	792	1.143501	442	797	1.144298	443	797
12	1.142267	445	792	1.143059	446	796	1.143855	446	797
13	1.141822	450	791	1.142613	451	796	1.143409	452	796
14	1.141372	456	790	1.142162	457	795	1.142957	458	795
15	1.140916	455	789	1.141705	455	794	1.142499	455	794
16	1.140461	463	789	1.141250	464	794	1.142044	465	794
17	1.139998	464	788	1.140786	465	793	1.141579	466	793
18	1.139534	469	787	1.140321	470	792	1.141113	470	792
19	1.139065	473	786	1.139851	473	792	1.140643	474	792
20	1.138592		786	1.139378		791	1.140169		791

	18.9			19.0			19.1		
t	s	Δs_t	Δs_p	s	Δs_t	Δs_p	s	Δs_t	Δs_p
+ 20	1.138592	+2410	786	1.139378	+2414	791	1.140169	+2417	791
25	1.136182	2493	782	1 136964	2496	788	1.137752	2499	788
30	1.133689	2564	779	1.134468	2568	785	1.135253	2571	785
35	1.131125	2626	775	1.131900	2629	782	1.132682	2632	782
40	1.128499	2681	772	1.129271	2684	779	1.130050	2688	779
45	1.125818	2729	769	1.126587	2733	775	1.127362	2737	775
50	1.123089	2770	765	1 123854	2774	771	1.124625	2778	771
55	1.120319	2805	761	1 121080	2809	767	1.121847	2813	767
60	1.117514	2827	757	1.118271	2832	763	1.119034	2838	763
65	1.114687	2847	752	1.115439	2853	757	1.116196	2859	757
70	1.111840	2856	746	1.112586	2862	751	1.113337	2868	752
75	1.108984	2859	740	1.109724	2866	745	1.110469	2874	745
80	1.106125	2853	733	1.106858	2861	737	1 107595	2869	737
85	1.103272	2842	725	1.103997	2851	729	1.104726	2861	729
90	1.100430	2818	716	1.101146	2828	719	1.101865	2839	719
95	1.097612	2792	706	1.098318	2803	708	1.099026	2815	708
100	1.094820	552	695	1.095515	554	696	1.096211	556	696
+101	1.094268	554	693	1.094961	557	694	1.095655	560	694
102	1.093714	553	690	1.094404	555	691	1.095095	558	691
103	1.093161	549	688	1.093849	552	688	1.094537	554	688
104	1.092612	547	685	1.093297	550	686	1.093983	553	686
105	1.092065	+ 545	682	1.092747	+ 547	683	1.093430	+ 550	683
106	(1 091520)		680	(1.092200)		680	(1.092880)		680
f	— 13.69		7	— 13.76		7	— 13.83		7
k	+105.09		3	+105.12		3	+105.15		3
m	— 58.15		39	— 58 54		39	— 58.93		39
S	14.2314		848	14.3162		858	14.4020		858
W	61.0648		328	61.0320		334	60.9986		334
g	4.291		28	4.263		27	4.236		28

t	19.2 s	19.2 Δs_t	19.2 Δs_p	19.3 s	19.3 Δs_t	19.3 Δs_p	19.4 s	19.4 Δs_t	19.4 Δs_p
− 15							(1.156731)	+ 322	823
14	(1.154765)	+ 326	822	(1.155587)	+ 327	822	1.156409	328	822
13	1.154439	332	821	1.155260	334	821	1.156081	335	821
12	1.154107	339	819	1 154926	340	820	1.155746	342	820
11	1.153768	344	818	1.154586	345	818	1.155404	346	818
10	1.153424	348	817	1.154241	349	817	1.155058	350	817
9	1.153076	356	816	1.153892	357	816	1.154708	358	816
8	1.152720	357	815	1.153535	358	815	1.154350	359	815
7	1.152363	363	814	1.153177	365	814	1.153991	366	814
6	1.152000	369	812	1.152812	370	813	1.153625	372	813
5	1.151631	376	811	1.152442	377	811	1.153253	378	812
4	1.151255	381	810	1.152065	382	810	1.152875	383	811
3	1.150874	384	809	1.151683	385	809	1.152492	386	810
2	1.150490	386	808	1.151298	387	808	1.152106	387	809
− 1	1.150104	392	808	1.150911	393	808	1.151719	394	808
0	1.149712	400	807	1.150518	400	807	1.151325	401	806
+ 1	1.149312	401	806	1.150118	402	806	1.150924	403	806
2	1.148911	406	805	1.149716	407	805	1.150521	408	805
3	1.148505	410	804	1 149309	411	804	1 150113	412	804
4	1.148095	417	803	1.148898	418	803	1.149701	419	803
5	1.147678	420	802	1.148480	421	802	1.149282	422	802
6	1.147258	422	801	1.148059	423	801	1.148860	423	801
7	1.146836	427	801	1 147636	427	801	1.148437	428	801
8	1.146409	433	800	1.147209	434	800	1.148009	435	800
9	1.145976	439	799	1.146775	440	799	1.147574	441	799
10	1.145537	442	798	1.146335	443	798	1.147133	443	798
11	1.145095	443	797	1.145892	443	798	1.146690	444	798
12	1.144652	447	797	1.145449	448	797	1.146246	449	797
13	1.144205	453	796	1.145001	454	796	1 145797	455	796
14	1.143752	459	795	1.144547	459	795	1.145342	459	795
15	1.143293	455	795	1.144088	456	795	1.144883	457	795
16	1.142838	466	794	1.143632	467	794	1.144426	468	794
17	1.142372	467	793	1.143165	468	793	1.143958	468	793
18	1.141905	470	792	1.142697	470	793	1.143490	471	793
19	1.141435	475	792	1.142227	476	792	1.143019	477	792
20	1.140960		791	1.141751		791	1.142542		791

	19.2			19.3			19.4		
t	s	Δs_t	Δs_p	s	Δs_t	Δs_p	s	Δs_t	Δs_p
+ 20	1.140960	+2420	791	1.141751	+2423	791	1.142542	+2426	791
25	1.138540	2502	788	1.139328	2505	788	1 140116	2508	788
30	1.136038	2574	785	1.136823	2577	785	1.137608	2580	785
35	1.133464	2635	782	1.134246	2637	782	1.135028	2639	782
40	1.130829	2692	780	1.131609	2697	780	1.132389	2702	780
45	1.128137	2741	775	1.128912	2744	775	1.129687	2747	775
50	1.125396	2782	772	1 126168	2787	772	1.126940	2791	772
55	1.122614	2817	767	1.123381	2821	768	1.124149	2826	768
60	1.119797	2844	763	1.120560	2849	763	1.121323	2854	763
65	1.116953	2864	758	1.117711	2870	758	1.118469	2876	758
70	1.114089	2875	752	1 114841	2882	752	1.115593	2889	752
75	1.111214	2882	745	1 111959	2890	745	1.112704	2898	745
80	1.108332	2877	737	1.109069	2885	737	1.109806	2893	738
85	1.105455	2871	729	1.106184	2881	729	1.106913	2891	729
90	1.102584	2850	719	1.103303	2861	719	1.104022	2871	719
95	1.099734	2827	708	1.100442	2839	709	1.101151	2852	709
100	1.096907	558	696	1.097603	560	696	1.098299	562	697
+101	1.096349	563	694	1.097043	566	694	1.097737	569	694
102	1.095786	561	691	1.096477	564	691	1.097168	566	691
103	1 095225	556	688	1.095913	558	689	1.096602	561	689
104	1.094669	556	686	1.095355	559	686	1.096041	562	686
105	1.094113	+ 553	683	1.094796	+ 556	683	1.095479	+ 559	683
106	(1.093560)		680	(1.094240)		680	(1.094920)		680
f	— 13.90		7	— 13.97		6	— 14.03		7
k	+105.18		4	+105 22		3	+105.25		3
m	— 59 32		39	— 59.71		40	— 60.11		39
S	14.4878		858	14.5736		858	14.6594		858
W	60.9652		334	60.9318		334	60.8984		334
g	4.208		27	4.181		26	4.155		27

t	19.5 s	Δs_t	Δs_p	19.6 s	Δs_t	Δs_p	19.7 s	Δs_t	Δs_p
− 15	(1.157554)	+ 323	824	(1.158378)	+ 325	824	(1.159202)	+ 327	824
14	1.157231	329	822	1.158053	330	822	1.158875	331	822
13	1.156902	336	821	1.157723	337	821	1.158544	338	821
12	1.156566	344	820	1.157386	345	820	1.158206	346	820
11	1.156222	347	819	1.157041	349	819	1.157860	351	819
10	1.155875	351	817	1.156692	352	817	1.157509	353	817
9	1.155524	359	816	1.156340	360	816	1.156156	361	816
8	1.155165	360	815	1.155980	361	815	1.155795	362	815
7	1.154805	367	814	1.155619	368	814	1.155433	369	814
6	1.154438	373	813	1.155251	374	813	1.155064	375	813
5	1.154065	379	812	1.154877	380	812	1.154689	381	812
4	1.153686	384	811	1.154497	385	811	1.154308	386	811
3	1.153302	387	810	1.154112	388	810	1.153922	389	810
2	1.152915	388	809	1.153724	389	809	1.153533	390	809
− 1	1.152527	396	808	1.153335	397	808	1.153143	398	808
0	1.152131	401	807	1.152938	402	807	1.153745	403	807
+ 1	1.151730	404	806	1.152536	405	806	1.153342	406	806
2	1.151326	409	805	1.152131	410	805	1.152936	411	805
3	1.150917	413	804	1.151721	414	804	1.152525	415	804
4	1.150504	420	803	1.151307	421	803	1.152110	422	803
5	1.150084	423	802	1.150886	423	802	1.151688	423	803
6	1.149661	423	802	1.150463	424	802	1.151265	425	802
7	1.149238	429	801	1.150039	430	801	1.150840	431	801
8	1.148809	436	800	1.149609	437	800	1.150409	438	800
9	1.148373	442	799	1.149172	443	799	1.149971	444	799
10	1.147931	443	798	1.148729	443	798	1.149527	443	799
11	1.147488	445	798	1.148286	446	798	1.149084	447	798
12	1.147043	450	797	1.147840	451	797	1.148637	452	797
13	1.146593	456	796	1.147389	456	796	1.148185	456	796
14	1.146137	459	796	1.146933	460	796	1.147729	461	796
15	1.145678	458	795	1.146473	459	795	1.147268	460	795
16	1.145220	469	794	1.146014	469	794	1.146808	469	794
17	1.144751	468	794	1.145545	469	794	1.146339	470	794
18	1.144283	472	793	1.145076	473	793	1.145869	474	793
19	1.143811	478	792	1.144603	479	792	1.145395	479	792
20	1.143333		791	1.144124		792	1.144916		792

	19.5			19.6			19.7		
t	s	Δs_t	Δs_p	s	Δs_t	Δs_p	s	Δs_t	Δs_p
+ 20	1.143333	+2429	791	1.144124	+2432	792	1.144916	+2435	792
25	1.140904	2511	788	1.141692	2514	789	1.142481	2518	789
30	1.138393	2583	785	1.139178	2586	785	1.139963	2589	785
35	1.135810	2641	782	1.136592	2643	782	1.137374	2645	782
40	1.133169	2707	780	1.133949	2711	780	1.134729	2715	780
45	1.130462	2750	776	1.131238	2754	776	1.132014	2758	776
50	1.127712	2795	772	1.128484	2799	772	1.129256	2803	772
55	1.124917	2831	768	1.125685	2836	768	1.126453	2841	768
60	1.122086	2859	763	1 122849	2864	763	1.123612	2869	763
65	1 119227	2882	758	1.119985	2888	758	1.120743	2894	758
70	1.116345	2896	752	1.117097	2903	752	1.117849	2910	752
75	1.113449	2905	745	1.114194	2912	745	1.114939	2919	745
80	1.110544	2902	738	1.111282	2911	738	1.112020	2920	738
85	1.107642	2901	729	1.108371	2910	729	1.109100	2919	729
90	1.104741	2881	720	1.105461	2892	720	1.106181	2903	720
95	1.101860	2864	709	1.102569	2876	709	1.103278	2888	709
100	1.098996	565	697	1.099693	568	697	1.100390	571	697
+101	1.098431	572	694	1.099125	575	694	1.099819	577	694
102	1.097859	568	691	1 098550	570	692	1.099242	573	692
103	1.097291	564	689	1.097980	567	689	1.098669	570	689
104	1.096727	565	686	1.097413	568	686	1.098099	571	686
105	1.096162	+ 562	683	1.096845	+ 565	683	1.097528	+ 568	683
106	(1.095600)		680	(1.096280)		680	(1.096960)		681
f	— 14.10		7	— 14.17		7	— 14.24		7
k	+105.28		4	+105 32		3	+105.35		3
m	— 60.50		40	— 60.90		39	— 61.29		40
S	14.7452		858	14.8310		858	14.9168		858
W	60.8650		335	60 8315		335	60.7980		335
g	4.128		26	4.102		26	4.076		25

	19.8			19.9			20.0		
t	s	Δs_t	Δs_p	s	Δs_t	Δs_p	s	Δs_t	Δs_p
− 15	(1.160026)	+ 329	824	(1.160850)	+ 330	824	(1.161674)	+ 331	825
14	1.159697	332	823	1.160520	334	823	1.161343	336	824
13	1.159365	339	821	1.160186	340	821	1.161007	341	823
12	1.159026	347	820	1.159846	348	820	1.160666	349	822
11	1.158679	353	819	1.159498	354	819	1.160317	355	821
10	1 158326	354	818	1.159144	356	818	1.159962	357	820
9	1.157972	362	816	1.158788	363	817	1.159605	365	819
8	1.157610	363	815	1.158425	364	815	1.159240	365	818
7	1.157247	370	814	1.158061	371	814	1 158875	372	817
6	1 156877	376	813	1.157690	377	813	1.158503	378	816
5	1.156501	382	812	1.157313	383	812	1.158125	384	815
4	1.156119	387	811	1.156930	388	811	1.157741	389	814
3	1.155732	390	810	1.156542	391	810	1.157352	392	813
2	1.155342	391	809	1.156151	392	809	1.156960	393	812
− 1	1.154951	399	808	1.155759	400	808	1.156567	401	811
0	1.154552	404	807	1.155359	405	807	1.156166	406	811
+ 1	1.154148	407	806	1.154954	408	806	1.155760	409	810
2	1.153741	412	805	1.154546	413	805	1.155351	413	809
3	1.153329	416	804	1.154133	417	805	1.154938	418	808
4	1.152913	422	803	1.153716	422	804	1.154520	423	808
5	1.152491	424	803	1.153294	425	803	1.154097	426	807
6	1.152067	426	802	1.152869	427	802	1.153671	428	806
7	1.151641	432	801	1.152442	433	801	1.153243	434	806
8	1.151209	439	800	1.152009	440	800	1.152809	440	805
9	1.150770	444	799	1.151569	444	800	1.152369	445	804
10	1 150326	444	799	1.151125	445	799	1.151924	445	804
11	1.149882	448	798	1.150680	449	799	1.151479	451	803
12	1.149434	453	797	1.150231	453	797	1.151028	453	802
13	1.148981	456	797	1.149778	457	797	1.150575	458	802
14	1.148525	462	796	1.149321	463	796	1.150117	464	801
15	1.148063	461	795	1.148858	462	795	1.149653	462	801
16	1.147602	469	794	1.148396	469	795	1.149191	470	800
17	1.147133	471	794	1.147927	472	794	1.148721	473	799
18	1.146662	475	793	1.147455	475	793	1.148248	475	799
19	1.146187	479	793	1.146980	480	793	1.147773	481	798
20	1.145708		792	1.146500		792	1.147292		798

	19.8			19.9			20.0		
t	s	Δs_t	Δs_p	s	Δs_t	Δs_p	s	Δs_t	Δs_p
+ 20	1.145708	+2438	792	1.146500	+2441	792	1.147292	+2444	798
25	1.143270	2522	789	1.144059	2525	789	1.144848	2528	795
30	1.140748	2592	786	1.141534	2595	786	1.142320	2598	792
35	1.138156	2647	783	1.138939	2650	783	1.139722	2653	789
40	1.135509	2719	780	1.136289	2723	780	1.137069	2727	786
45	1.132790	2762	776	1.133566	2766	776	1.134342	2770	783
50	1.130028	2807	772	1.130800	2811	772	1.131572	2815	779
55	1.127221	2846	768	1.127989	2851	768	1.128757	2855	775
60	1.124375	2874	763	1.125138	2879	764	1.125902	2885	770
65	1.121501	2900	758	1.122259	2906	758	1.123017	2912	764
70	1.118601	2917	752	1 119353	2923	752	1.120105	2929	758
75	1.115684	2926	746	1.116430	2934	746	1 117176	2942	751
80	1.112758	2929	738	1.113496	2938	738	1.114234	2946	743
85	1.109829	2928	729	1.110558	2937	730	1.111288	2947	733
90	1.106901	2914	720	1.107621	2925	720	1.108341	2936	723
95	1.103987	2900	709	1.104696	2912	709	1.105405	2924	711
100	1.101087	574	697	1.101784	577	697	1 102481	580	698
+101	1.100513	579	694	1.101207	581	694	1.101901	583	696
102	1.099934	576	692	1.100626	579	692	1.101318	582	693
103	1.099358	573	689	1.100047	576	689	1.100736	579	690
104	1.098785	574	686	1.099471	576	686	1.100157	578	687
105	1.098211	+ 570	684	1.098895	+ 573	684	1 099579	+ 576	684
106	(1.097641)		681	(1.098322)		681	(1.099003)		681
f	— 14.31		7	— 14.38		6	— 14.44		7
k	+105.38		4	+105.42		4	+105.46		4
m	— 61.69		39	— 62.08		40	— 62.48		39
S	15.0026		859	15.0885		859	15.1744		869
W	60.7645		335	60.7310		335	60.6975		341
g	4.051		26	4.025		25	4.000		25

	20.1			20.2			20.3		
t	s	Δs_t	Δs_p	s	Δs_t	Δs_p	s	Δs_t	Δs_p
− 15	(1.162499)	+ 332	825	(1.163324)	+ 333	825	(1.164149)	+ 334	825
14	1.162167	337	824	1.162991	338	824	1.163815	339	824
13	1.161830	342	823	1.162653	343	823	1.163476	344	823
12	1.161488	350	822	1.162310	351	822	1.163132	352	822
11	1.161138	356	821	1.161959	357	821	1.162780	358	821
10	1.160782	358	820	1.161602	359	820	1.162422	360	820
9	1.160424	366	819	1.161243	367	819	1.162062	368	819
8	1.160058	366	818	1.160876	367	818	1.161694	368	818
7	1.159692	373	817	1.160509	374	817	1.161326	375	817
6	1.159319	379	816	1.160135	380	816	1.160951	381	816
5	1.158940	385	815	1.159755	386	815	1.160570	387	815
4	1.158555	390	814	1.159369	391	814	1.160183	392	814
3	1.158165	393	813	1.158978	394	813	1.159791	395	813
2	1.157772	394	812	1.158584	394	812	1.159396	394	813
− 1	1.157378	401	812	1.158190	402	812	1.159002	403	812
0	1.156977	407	811	1.157788	408	811	1.158599	409	811
+ 1	1.156570	410	810	1.157380	411	810	1.158190	412	810
2	1.156160	414	809	1.156969	415	809	1.157778	415	809
3	1.155746	418	808	1.156554	418	809	1.157363	419	809
4	1.155328	424	808	1.156136	425	808	1.156944	426	808
5	1.154904	427	807	1.155711	428	807	1.156518	429	807
6	1.154477	428	806	1.155283	428	806	1.156089	428	807
7	1.154049	435	806	1.154855	436	806	1.155661	437	806
8	1.153614	441	805	1.154419	442	805	1.155224	443	805
9	1.153173	445	804	1.153977	445	804	1.154781	445	804
10	1.152728	446	804	1.153532	447	804	1.154336	448	804
11	1.152282	452	803	1.153085	453	803	1.153888	453	803
12	1.151830	453	802	1.152632	453	803	1.153435	454	803
13	1.151377	459	802	1.152179	460	802	1.152981	461	802
14	1.150918	464	801	1.151719	464	801	1.152520	464	801
15	1.150454	463	801	1.151255	464	801	1.152056	465	801
16	1.149991	471	800	1.150791	472	800	1.151591	472	800
17	1.149520	473	799	1.150319	473	800	1.151119	474	800
18	1.149047	476	799	1.149846	477	799	1.150645	478	799
19	1.148571	481	798	1.149369	481	798	1.150167	481	798
20	1.148090		798	1.148888		798	1.149686		798

	20.1			20.2			20.3		
t	s	Δs_t	Δs_p	s	Δs_t	Δs_p	s	Δs_t	Δs_p
+ 20	1.148090	+2447	798	1.148888	+2450	798	1.149686	+2453	798
25	1.145643	2531	795	1.146438	2534	795	1.147233	2537	795
30	1.143112	2601	792	1.143904	2604	792	1.144696	2607	792
35	1.140511	2656	789	1.141300	2659	789	1.142089	2662	789
40	1.137855	2730	786	1.138641	2733	786	1.139427	2736	787
45	1.135125	2774	783	1.135908	2778	783	1.136691	2782	783
50	1.132351	2819	779	1.133130	2823	779	1.133909	2827	779
55	1 129532	2860	775	1.130307	2865	775	1.131082	2870	775
60	1.126672	2891	770	1.127442	2897	770	1.128212	2903	770
65	1.123781	2918	764	1.124545	2924	764	1.125309	2930	764
70	1.120863	2936	758	1.121621	2943	758	1.122379	2950	758
75	1.117927	2950	751	1.118678	2958	751	1.119429	2966	751
80	1.114977	2956	743	1.115720	2965	743	1.116463	2974	743
85	1.112021	2957	734	1.112755	2968	734	1.113489	2979	734
90	1.109064	2948	723	1.109787	2959	723	1.110510	2970	723
95	1.106116	2937	712	1.106828	2950	712	1.107540	2963	712
100	1.103179	582	699	1.103878	585	699	1.104577	588	699
+101	1.102597	586	696	1.103293	589	696	1.103989	592	696
102	1.102011	585	693	1.102704	588	693	1.103397	591	693
103	1.101426	582	690	1.102116	585	690	1.102806	588	690
104	1.100844	581	687	1.101531	584	687	1.102218	587	687
105	1.100263	+ 579	684	1.100947	+ 582	684	1.101631	+ 585	684
106	(1.099684)		681	(1.100365)		681	(1.101046)		681
f	— 14.51		7	— 14.58		6	— 14 64		7
k	+105 50		3	+105.53		3	+105.56		4
m	— 62.87		40	— 63 27		39	— 63 66		40
S	15.2613		869	15.3482		869	15.4351		869
W	60.6634		341	60.6293		341	60.5952		342
g	3.975		25	3.950		24	3.926		24

t	20.4 s	Δs_l	Δs_p	20.5 s	Δs_l	Δs_p	20.6 s	Δs_l	Δs_p
− 15	1.164974	+ 335	825	(1.165799)	+ 336	825	(1.166624)	+ 337	826
14	1.164639	340	824	1.165463	341	824	1.166287	342	824
13	1.164299	345	823	1.165122	346	823	1.165945	347	823
12	1.163954	353	822	1.164776	354	822	1 165598	355	822
11	1.163601	359	821	1.164422	360	821	1.165243	361	821
10	1.163242	361	820	1.164062	362	820	1.164882	363	820
9	1.162881	369	819	1.163700	370	819	1.164519	371	819
8	1.162512	369	818	1.163330	370	818	1.164148	371	818
7	1.162143	376	817	1.162960	377	817	1.163777	378	817
6	1.161767	382	816	1.162583	383	816	1.163399	384	816
5	1.161385	388	815	1.162200	389	815	1.163015	390	815
4	1.160997	393	814	1.161811	394	814	1.162625	394	815
3	1.160604	395	813	1.161417	395	814	1.162231	396	814
2	1.160209	395	813	1.161022	396	813	1.161835	397	813
− 1	1.159814	404	812	1.160626	405	812	1.161438	406	812
0	1.159410	410	811	1.160221	411	811	1.161032	412	811
+ 1	1.159000	413	810	1.159810	413	810	1.160620	413	810
2	1.158587	415	810	1.159397	416	810	1.160207	417	810
3	1.158172	420	809	1.158981	421	809	1.159790	422	809
4	1.157752	427	808	1 158560	428	808	1.159368	429	808
5	1.157325	429	807	1.158132	429	807	1.158939	429	807
6	1.156896	429	807	1.157703	430	807	1.158510	431	807
7	1.156467	438	806	1.157273	439	806	1.158079	440	806
8	1.156029	444	805	1.156834	444	805	1.157639	444	805
9	1.155585	445	805	1.156390	446	805	1.157195	447	805
10	1.155140	449	804	1.155944	450	804	1.156748	450	804
11	1.154691	453	803	1.155494	453	804	1.156298	454	804
12	1.154238	455	803	1.155041	456	803	1.155844	457	803
13	1.153783	462	802	1.154585	462	802	1.155387	462	802
14	1.153321	464	802	1.154123	465	802	1.154925	466	802
15	1.152857	466	801	1.153658	467	801	1.154459	468	801
16	1.152391	472	800	1.153191	472	800	1.153991	472	801
17	1.151919	475	800	1.152719	476	800	1.153519	477	800
18	1 151444	479	799	1.152243	479	799	1.153042	479	799
19	1.150965	481	799	1.151764	482	799	1.152563	483	799
20	1.150484		798	1.151282		798	1.152080		798

	20.4			20.5			20.6		
t	s	Δs_t	Δs_p	s	Δs_t	Δs_p	s	Δs_t	Δs_p
+20	1.150484	+2456	798	1.151282	+2459	798	1.152080	+2462	798
25	1.148028	2540	795	1.148823	2543	795	1.149618	2545	795
30	1.145488	2610	792	1 146280	2612	793	1.147073	2615	793
35	1.142878	2664	790	1.143668	2667	790	1.144458	2670	790
40	1.140214	2740	787	1.141001	2744	787	1.141788	2748	787
45	1.137474	2786	783	1.138257	2790	783	1.139040	2794	783
50	1.134688	2831	779	1.135467	2835	779	1.136246	2839	780
55	1.131857	2875	775	1,132632	2880	775	1 133407	2885	775
60	1.128982	2909	770	1 129752	2914	770	1.130522	2919	770
65	1.126073	2936	765	1.126838	2943	765	1.127603	2950	765
70	1.123137	2957	758	1.123895	2964	758	1.124653	2971	758
75	1.120180	2974	751	1.120931	2982	751	1.121682	2990	751
80	1.117206	2983	743	1.117949	2992	743	1.118692	3001	743
85	1.114223	2990	734	1 114957	3001	734	1.115691	3011	734
90	1.111233	2981	723	1.111956	2992	724	1.112680	3004	724
95	1.108252	2976	712	1.108964	2989	712	1.109676	3002	712
100	1.105276	591	699	1.105975	594	699	1.106674	597	699
+101	1.104685	595	696	1.105381	598	696	1.106077	600	696
102	1.104090	594	693	1 104783	597	694	1 105477	600	694
103	1.103496	591	690	1.104186	593	691	1 104877	596	691
104	1.102905	590	688	1.103593	593	688	1.104281	596	688
105	1.102315	+ 588	685	1.103000	+ 592	685	1.103685	+ 595	685
106	(1.101727)		681	(1.102408)		682	(1.103090)		682
f	— 14.71		7	— 14 78		6	— 14.84		7
k	+105.60		3	+105.63		4	+105.67		3
m	— 64.06		40	— 64.46		40	— 64.86		40
S	15.5220		870	15.6090		870	15.6960		870
W	60.5610		342	60.5268		342	60 4926		342
g	3.902		24	3.878		24	3 854		23

	20.7			20.8			20.9		
t	s	Δs_t	Δs_p	s	Δs_t	Δs_p	s	Δs_t	Δs_p
− 16							(1.169443)	+ 341	827
15	(1.167450)	+ 339	826	(1.168276)	+ 341	826	1.169102	342	826
14	1.167111	343	824	1.167935	344	825	1.168760	345	825
13	1.166768	348	823	1.167591	349	824	1.168415	350	824
12	1.166420	356	822	1.167242	357	823	1.168065	359	823
11	1.166064	362	821	1.166885	363	821	1.167706	364	822
10	1.165702	364	820	1.166522	365	820	1.167342	366	820
9	1.165338	372	819	1.166157	373	819	1.166976	374	819
8	1.164966	372	818	1.165784	373	818	1.166602	373	819
7	1.164594	379	817	1.165411	379	818	1.166229	380	818
6	1.164215	385	817	1.165032	386	817	1.165849	387	817
5	1.163830	390	816	1.164646	391	816	1.165462	392	816
4	1.163440	395	815	1.164255	396	815	1.165070	397	815
3	1.163045	397	814	1.163859	398	814	1.164673	399	814
2	1.162648	398	813	1.163461	399	813	1.164274	400	813
− 1	1.162250	407	812	1.163062	408	812	1.163874	409	812
0	1.161843	413	811	1.162654	413	811	1.163465	413	812
+ 1	1.161430	413	811	1.162241	414	811	1.163052	415	811
2	1.161017	418	810	1.161827	419	810	1.162637	420	810
3	1.160599	423	809	1.161408	424	809	1.162217	425	809
4	1.160176	430	808	1.160984	430	808	1.161792	430	809
5	1.159746	429	808	1.160554	430	808	1.161362	431	808
6	1.159317	432	807	1.160124	433	807	1.160931	434	807
7	1.158885	441	806	1.159691	441	806	1.160497	441	807
8	1.158444	444	806	1.159250	445	806	1.160056	446	806
9	1.158000	448	805	1.158805	449	805	1.159610	450	805
10	1.157552	450	804	1.158356	450	804	1.159160	450	804
11	1.157102	455	804	1.157906	456	804	1.158710	457	804
12	1.156647	458	803	1.157450	459	803	1.158253	459	803
13	1.156189	462	802	1.156991	462	803	1.157794	463	803
14	1.155727	467	802	1.156529	468	802	1.157331	469	802
15	1.155260	468	801	1.156061	468	801	1.156862	468	801
16	1.154792	473	801	1.155593	474	801	1.156394	475	801
17	1.154319	478	800	1.155119	479	800	1.155919	479	800
18	1.153841	479	799	1.154640	479	800	1.155440	480	800
19	1.153362	484	799	1.154161	485	799	1.154960	486	799
20	1.152878		798	1.153676		798	1.154474		799

	20.7			20.8			20.9		
t	s	Δs_t	Δs_p	s	Δs_t	Δs_p	s	Δs_t	Δs_p
+ 20	1.152878	+2465	798	1.153676	+2467	798	1.154474	+2469	799
25	1.150413	2547	796	1.151209	2550	796	1.152005	2553	796
30	1 147866	2618	793	1.148659	2621	793	1.149452	2624	793
35	1.145248	2673	790	1.146038	2676	790	1.146828	2679	790
40	1.142575	2752	787	1.143362	2756	787	1.144149	2760	787
45	1.139823	2797	783	1.140606	2800	783	1.141389	2803	784
50	1.137026	2844	780	1.137806	2849	780	1 138586	2854	780
55	1.134182	2890	775	1.134957	2895	775	1.135732	2899	775
60	1.131292	2924	770	1.132062	2929	771	1.132833	2935	771
65	1 128368	2957	765	1.129133	2963	765	1.129898	2969	765
70	1 125411	2978	759	1.126170	2986	759	1.126929	2993	759
75	1.122433	2998	751	1.123184	3006	752	1.123936	3015	752
80	1.119435	3010	743	1.120178	3019	743	1.120921	3028	743
85	1.116425	3021	734	1.117159	3031	734	1.117893	3041	734
90	1.113404	3016	724	1.114128	3028	724	1.114852	3040	724
95	1 110388	3015	712	1.111100	3028	712	1.111812	3041	712
100	1.107373	600	699	1.108072	603	699	1.108771	605	699
+101	1.106773	602	696	1.107469	604	697	1.108166	607	697
102	1.106171	603	694	1.106865	606	694	1.107559	609	694
103	1 105568	599	691	1.106259	602	691	1.106950	605	691
104	1.104969	599	688	1.105657	602	688	1.106345	605	688
105	1.104370	+ 598	685	1.105055	+ 601	685	1.105740	+ 604	685
106	(1.103772)		682	(1.104454)		682	(1.105136)		682
f	— 14.91		7	— 14.98		6	— 15.04		7
k	+105.70		4	+105.74		3	+105.77		4
m	— 65.26		40	— 65.66		40	— 66.06		
S	15.7830		870	15.8700		870	15.9570		870
W	60.4584		342	60.4242		342	60.3900		342
g	3.831		23	3.808		23	3.785		23

t	21.0 s	21.0 Δs_t	21.0 Δs_p	21.1 s	21.1 Δs_t	21.1 Δs_p	21.2 s	21.2 Δs_t	21.2 Δs_p
− 16	(1.170270)	+ 342	828	(1.171098)	+ 343	828	(1.171926)	+ 344	828
15	1.169928	343	827	1.170755	344	827	1.171582	345	827
14	1.169585	346	826	1.170411	347	826	1.171237	348	827
13	1.169239	351	825	1.170064	352	825	1.170889	353	825
12	1.168888	360	824	1.169712	360	824	1.170536	360	824
11	1.168528	366	824	1.169352	367	824	1.170176	368	824
10	1.168162	367	823	1.168985	368	823	1.169808	369	823
9	1.167795	374	822	1.168617	375	822	1.169439	376	822
8	1.167421	374	821	1.168242	375	821	1.169063	376	821
7	1.167047	381	820	1.167867	382	820	1.168687	382	820
6	1.166666	388	819	1.167485	388	820	1.168305	389	820
5	1.166278	393	819	1.167097	394	819	1.167916	395	819
4	1.165885	398	818	1.166703	399	818	1.167521	400	818
3	1.165487	400	817	1.166304	400	817	1.167121	400	818
2	1.165087	401	817	1.165904	402	817	1.166721	403	817
− 1	1.164686	409	816	1.165502	410	816	1.166318	410	816
0	1.164277	414	815	1.165092	414	816	1.165908	415	815
+ 1	1.163863	416	815	1.164678	417	815	1.165493	418	815
2	1.163447	421	814	1.164261	421	814	1.165075	421	814
3	1.163026	425	814	1.163840	426	814	1.164654	427	814
4	1.162601	431	813	1.163414	432	813	1.164227	432	813
5	1.162170	432	812	1.162982	432	813	1.163795	433	813
6	1.161738	434	812	1.162550	435	812	1.163362	436	812
7	1.161304	442	811	1.162115	442	811	1.162926	442	811
8	1.160862	447	811	1.161673	448	811	1.162484	449	811
9	1.160415	451	810	1.161225	451	810	1.162035	451	810
10	1.159964	450	810	1.160774	451	810	1.161584	452	810
11	1.159514	458	809	1.160323	459	809	1.161132	459	809
12	1.159056	459	808	1.159864	459	809	1.160673	460	809
13	1.158597	464	808	1.159405	464	808	1.160213	464	808
14	1.158133	470	808	1.158941	471	808	1.159749	472	808
15	1.157663	468	807	1.158470	468	807	1.159277	468	807
16	1.157195	476	807	1.158002	477	807	1.158809	478	807
17	1.156719	479	806	1.157525	479	806	1.158331	479	806
18	1.156240	481	806	1.157046	482	806	1.157852	483	806
19	1.155759	486	805	1.156564	486	805	1.157369	486	805
20	1.155273		805	1.156078		805	1.156883		805

	21.0			21.1			21.2		
t	s	Δs_t	Δs_p	s	Δs_t	Δs_p	s	Δs_t	Δs_p
+ 20	1.155273	+2472	805	1.156078	+2475	805	1.156883	+2478	805
25	1.152801	2556	802	1.153603	2558	802	1.154405	2560	802
30	1.150245	2627	800	1.151045	2630	800	1.151845	2633	800
35	1.147618	2682	797	1.148415	2686	797	1.149212	2690	797
40	1.144936	2763	793	1.145729	2766	793	1.146522	2768	793
45	1.142173	2807	790	1.142963	2810	791	1.143754	2814	791
50	1.139366	2859	787	1.140153	2864	787	1.140940	2869	787
55	1.136507	2903	782	1.137289	2908	782	1.138071	2913	782
60	1.133604	2941	777	1.134381	2947	777	1.135158	2952	777
65	1.130663	2975	771	1.131434	2981	772	1.132206	2988	772
70	1.127688	3000	765	1.128453	3008	765	1.129218	3016	765
75	1.124688	3024	757	1.125445	3033	757	1.126202	3042	757
80	1.121664	3037	748	1.122412	3047	748	1.123160	3056	749
85	1.118627	3051	738	1.119365	3062	739	1.120104	3074	739
90	1.115576	3052	727	1.116303	3064	727	1.117030	3076	728
95	1.112524	3054	715	1.113239	3068	715	1.113954	3082	715
100	1.109470	607	701	1.110171	610	701	1.110872	613	701
+101	1.108863	610	698	1.109561	613	698	1.110259	616	698
102	1.108253	612	695	1.108948	615	695	1.109643	618	695
103	1.107641	608	692	1.108333	611	692	1.109025	614	692
104	1.107033	608	689	1.107722	611	689	1.108411	614	689
105	1.106425	+ 607	686	1.107111	+ 610	686	1.107797	+ 613	686
106	(1.105818)		683	(1.106501)		683	(1.107184)		683
f	− 15.11		7	− 15.18		6	− 15.24		7
k	+105.81		3	+105.84		3	+105.87		4
m	− 66.46		40	− 66.86		40	− 67.26		40
S	16.0440		881	16.1321		881	16.2202		881
W	60.3558		348	60.3210		348	60.2862		348
g	3.762		23	3.739		22	3.717		22

t	21.3 s	Δs_t	Δs_p	21.4 s	Δs_t	Δs_p	21.5 s	Δs_t	Δs_p
− 16	(1.172754)	+ 345	828	1.173582	+ 346	828	(1.174410)	+ 346	829
15	1 172409	345	827	1.173236	345	828	1.174064	346	828
14	1.172064	350	827	1 172891	351	827	1.173718	352	827
13	1.171714	354	826	1.172540	355	826	1.173366	356	826
12	1.171360	360	825	1.172185	361	825	1.173010	362	825
11	1.171000	369	824	1.171824	370	824	1.172648	371	824
10	1.170631	370	823	1.171454	371	823	1.172277	372	823
9	1 170261	377	822	1 171083	378	822	1.171905	379	822
8	1.169884	377	821	1.170705	378	821	1.171526	378	822
7	1.169507	382	820	1.170327	382	821	1.171148	383	821
6	1.169125	390	820	1.169945	391	820	1.170765	392	820
5	1.168735	396	819	1.169554	397	819	1.170373	398	819
4	1.168339	400	818	1.169157	400	818	1.169975	400	819
3	1.167939	401	818	1.168757	402	818	1.169575	403	818
2	1.167538	404	817	1.168355	405	817	1.169172	406	817
− 1	1.167134	411	816	1 167950	411	816	1.168766	411	817
0	1.166723	415	816	1.167539	416	816	1.168355	417	816
+ 1	1.166308	419	815	1 167123	420	815	1.167938	421	815
2	1.165889	421	814	1 166703	421	814	1.167517	421	815
3	1.165468	428	814	1.166282	429	814	1.167096	430	814
4	1.165040	432	813	1 165853	432	813	1.166666	432	814
5	1.164608	434	813	1.165421	435	813	1 166234	436	813
6	1.164174	437	812	1.164986	438	812	1.165798	438	812
7	1.163737	442	811	1.164548	442	812	1.165360	443	812
8	1.163295	450	811	1.164106	450	811	1.164917	450	811
9	1.162845	451	811	1.163656	452	811	1.164467	453	811
10	1.162394	453	810	1.163204	454	810	1.164014	455	810
11	1.161941	459	809	1.162750	459	809	1.163559	459	809
12	1.161482	461	809	1 162291	462	809	1.163100	463	809
13	1.161021	464	808	1.161829	464	808	1.162637	464	809
14	1.160557	473	808	1.161365	474	808	1 162173	475	808
15	1.160084	468	807	1.160891	468	807	1 161698	468	807
16	1 159616	479	807	1.160423	480	807	1.161230	480	807
17	1.159137	479	806	1.159943	479	807	1.160750	480	807
18	1.158658	484	806	1.159464	485	806	1.160270	485	806
19	1.158174	486	805	1.158979	486	806	1.159785	487	806
20	1.157688		805	1 158493		805	1 159298		805

	21.3			21.4			21.5		
t	s	Δs_I	Δs_p	s	Δs_I	Δs_p	s	Δs_I	Δs_p
+ 20	1.157688	+2481	805	1.158493	+2483	805	1.159298	+2485	805
25	1.155207	2562	803	1.156010	2565	803	1.156813	2568	803
30	1.152645	2636	800	1.153445	2638	800	1.154245	2640	800
35	1.150009	2694	798	1.150807	2699	798	1.151605	2704	797
40	1.147315	2770	793	1.148108	2772	793	1.148901	2774	793
45	1.144545	2818	791	1.145336	2822	791	1.146127	2826	791
50	1.141727	2874	787	1.142514	2878	787	1.143301	2882	787
55	1.138853	2918	783	1.139636	2924	783	1.140419	2930	783
60	1.135935	2957	777	1.136712	2962	777	1.137489	2967	778
65	1.132978	2995	772	1.133750	3002	772	1.134522	3009	772
70	1.129983	3024	765	1.130748	3032	765	1.131513	3040	765
75	1.126959	3050	757	1.127716	3058	757	1.128473	3066	757
80	1.123909	3066	749	1.124658	3076	749	1.125407	3086	749
85	1.120843	3085	739	1.121582	3096	739	1.122321	3107	739
90	1.117758	3089	728	1.118486	3102	728	1.119214	3115	728
95	1.114669	3096	715	1.115384	3110	715	1.116099	3123	716
100	1.111573	616	701	1.112274	619	702	1.112976	622	702
+101	1.110957	619	698	1.111655	622	699	1.112354	626	699
102	1.110338	621	695	1.111033	624	695	1.111728	627	696
103	1.109717	617	692	1.110409	620	692	1.111101	623	693
104	1.109100	617	689	1.109789	620	689	1.110478	623	689
105	1.108483	+ 616	686	1.109169	+ 619	686	1.109855	+ 622	686
106	(1.107867)		683	(1.108550)		683	(1.109233)		683
f	— 15.31		7	— 15.38		6	— 15.44		7
k	+105.91		3	+105.94		4	+105 98		4
m	— 67.66		40	— 68.06		40	— 68.46		40
S	16.3083		881	16.3964		881	16.4845		881
W	60.2514		348	60.2166		348	60.1818		349
g	3.695		22	3.673		22	3.651		21

	21.6			21.7			21.8		
t	s	Δs_t	Δs_n	s	Δs_t	Δs_n	s	Δs_t	Δs_n
− 16	(1.175239)		829	(1.176068)		829	(1.176897)		829
15	1.174892	+ 347	828	1.175720	+ 348	828	1.176548	+ 349	828
14	1.174545	347	827	1.175372	348	827	1.176199	349	827
13	1.174192	353	826	1 175018	354	826	1.175844	355	826
12	1 173835	357	825	1.174660	358	825	1.175485	359	825
11	1.173472	363	824	1.174296	364	824	1.175120	365	824
10	1.173100	372	823	1.173923	373	823	1.174746	374	824
9	1.172727	373	823	1.173550	373	823	1.174373	373	823
8	1.172348	379	822	1.173170	380	822	1.173992	381	822
7	1.171969	379	821	1.172790	380	821	1.173611	381	821
6	1.171585	384	820	1.172405	385	820	1.173225	386	820
5	1.171192	393	819	1.172011	394	819	1.172830	395	820
4	1.170794	398	819	1.171613	398	819	1.172432	398	819
3	1.170393	401	818	1.171211	402	818	1.172029	403	818
2	1.169989	404	817	1.170806	405	817	1.171623	406	817
− 1	1.169583	406	817	1.170400	406	817	1.171217	406	817
0	1.169171	412	816	1.169987	413	816	1.170803	414	816
+ 1	1.168753	418	815	1.169568	419	815	1.170383	420	816
2	1.168332	421	815	1.169147	421	815	1.169962	421	815
3	1.167910	422	814	1.168724	423	814	1 169538	424	814
4	1.167480	430	813	1.168293	431	814	1.169107	431	813
5	1.167047	433	813	1.167860	433	813	1.168673	434	813
6	1.166610	437	812	1.167422	438	812	1.168234	439	813
7	1.166172	438	812	1.166984	438	812	1.167796	438	812
8	1.165728	444	811	1.166539	445	811	1.167350	446	812
9	1.165278	450	811	1.166089	450	811	1.166900	450	811
10	1.164824	454	810	1.165634	455	810	1.166444	456	810
11	1.164368	456	810	1.165178	456	810	1.165988	456	810
12	1.163909	459	809	1.164718	460	809	1.165527	461	809
13	1.163446	463	809	1.164255	463	809	1.165064	463	809
14	1.162981	465	808	1.163789	466	808	1.164597	467	808
15	1.162505	476	808	1.163313	476	808	1.164121	476	808
16	1.162037	468	807	1.162844	469	807	1.163651	470	807
17	1 161557	480	807	1.162364	480	807	1.163171	480	807
18	1.161076	481	806	1.161882	482	806	1.162688	483	806
19	1.160591	485	806	1.161397	485	806	1.162203	485	806
20	1.160103	488	805	1.160908	489	805	1.161713	490	805

	21.6			21.7			21.8		
t	s	Δs_t	Δs_p	s	Δs_t	Δs_p	s	Δs_t	Δs_p
+ 20	1.160103	+2487	805	1.160908	+2489	805	1.161713	+2491	805
25	1.157616	2571	803	1.158419	2574	803	1.159222	2577	803
30	1.155045	2643	800	1.155845	2646	800	1.156645	2649	800
35	1.152402	2708	797	1.153199	2712	797	1.153996	2715	797
40	1.149694	2776	793	1.150487	2778	794	1.151281	2781	794
45	1.146918	2830	791	1.147709	2834	791	1.148500	2838	791
50	1.144088	2886	787	1.144875	2890	787	1.145662	2894	787
55	1.141202	2935	783	1.141985	2940	783	1.142768	2945	783
60	1.138267	2973	778	1.139045	2979	778	1.139823	2985	778
65	1.135294	3016	772	1.136066	3023	772	1.136838	3030	772
70	1.132278	3048	765	1.133043	3055	765	1.133808	3062	765
75	1.129230	3074	758	1.129988	3083	758	1.130746	3092	758
80	1.126156	3096	749	1.126905	3106	749	1.127654	3116	749
85	1.123060	3118	739	1 123799	3129	739	1.124538	3140	739
90	1.119942	3127	728	1 120670	3139	728	1.121398	3151	728
95	1.116815	3137	716	1 117531	3151	716	1.118247	3165	716
100	1.113678	625	702	1.114380	628	702	1.115082	631	702
+101	1.113053	629	699	1.113752	632	699	1.114451	635	699
102	1.112424	630	696	1 113120	633	696	1.113816	636	696
103	1.111794	627	693	1.112487	630	693	1.113180	633	693
104	1.111167	626	690	1.111857	630	690	1.112547	634	690
105	1.110541	625	686	1.111227	628	686	1.111913	631	687
106	1.109916	+ 628	683	1.110599	+ 631	683	1.111282	+ 634	683
107	(1.109288)		680	(1.109968)		680	(1.110648)		680
f	— 15.51		7	— 15.58		6	— 15.64		7
k	+106.02		3	+106.05		4	+106.09		4
m	— 68.86		40	— 69.26		40	— 69.66		40
S	16.5726		881	16.6607		881	16.7488		881
W	60.1469		349	60.1120		349	60.0771		349
g	3.630		22	3.608		21	3.587		21

	21.9			22.0			22.1		
t	s	Δs_t	Δs_p	s	Δs_t	Δs_p	s	Δs_t	Δs_p
− 16	(1 177726)		829	(1.178555)		830	(1.179385)		830
15	1.177376	+ 350	828	1.178204	+ 351	829	1.179033	+ 352	829
14	1.177026	350	827	1.177853	351	829	1.178682	351	829
13	1.176670	356	826	1.177496	357	828	1.178324	358	828
12	1.176310	360	825	1.177135	361	827	1.177962	362	827
11	1.175944	366	824	1.176768	367	826	1.177594	368	827
10	1.175570	374	824	1.176394	374	826	1.177220	374	826
9	1.175196	374	823	1.176019	375	825	1.176844	376	825
8	1.174814	382	822	1.175636	383	824	1.176460	384	825
7	1.174432	382	821	1.175253	383	824	1.176077	383	824
6	1.174045	387	820	1.174865	388	823	1.175688	389	824
5	1.173650	395	820	1.174470	395	823	1.175293	395	823
4	1.173251	399	819	1.174070	400	822	1.174892	401	822
3	1.172847	404	818	1.173665	405	822	1.174487	405	822
2	1.172440	407	818	1.173258	407	821	1.174079	408	821
− 1	1.172034	406	817	1.172851	407	821	1.173672	407	821
0	1.171619	415	816	1.172435	416	820	1.173255	417	821
+ 1	1.171199	420	816	1.172015	420	820	1.172835	420	820
2	1.170777	422	815	1.171592	423	819	1.172411	424	819
3	1.170352	425	814	1.171166	426	819	1.171985	426	819
4	1.169920	432	814	1.170734	432	818	1.171552	433	819
5	1.169486	434	813	1.170299	435	818	1.171117	435	818
6	1.169047	439	813	1.169860	439	817	1.170677	440	817
7	1.168608	439	812	1.169420	440	817	1.170237	440	817
8	1.168162	446	812	1.168974	446	816	1.169790	447	817
9	1.167711	451	811	1.168522	452	816	1.169338	452	816
10	1 167254	457	811	1.168065	457	816	1.168881	457	816
11	1.166798	456	810	1.167608	457	815	1.168423	458	815
12	1 166336	462	809	1.167145	463	815	1.167960	463	815
13	1.165873	463	809	1.166682	463	814	1.167496	464	815
14	1.165405	468	808	1.166213	469	814	1.167027	469	814
15	1.164929	476	808	1.165737	476	814	1.166551	476	814
16	1.164458	471	807	1.165265	472	813	1.166078	473	813
17	1.163978	480	807	1.164785	480	813	1.165598	480	813
18	1.163494	484	807	1.164301	484	812	1.165113	485	812
19	1.163009	485	806	1.163815	486	812	1.164627	486	812
20	1.162518	491	806	1.163324	491	812	1.164136	491	812

	21.9			22.0			22.1		
t	s	Δs_t	Δs_p	s	Δs_t	Δs_p	s	Δs_t	Δs_p
+ 20	1.162518	+2493	806	1.163324	+2496	812	1.164136	+2499	812
25	1.160025	2580	803	1.160828	2582	809	1.161637	2584	810
30	1.157445	2652	801	1.158246	2655	807	1.159053	2657	807
35	1.154793	2718	798	1.155591	2722	805	1.156396	2725	805
40	1.152075	2784	794	1.152869	2787	802	1 153671	2791	802
45	1.149291	2842	791	1.150082	2846	798	1.150880	2848	799
50	1.146449	2898	787	1.147236	2902	796	1.148032	2908	796
55	1.143551	2950	783	1.144334	2955	790	1.145124	2960	790
60	1.140601	2991	778	1.141379	2997	785	1.142164	3003	785
65	1.137610	3037	772	1.138382	3043	779	1 139161	3051	779
70	1.134573	3069	766	1.135339	3077	771	1.136110	3085	772
75	1.131504	3101	758	1.132262	3110	763	1.133025	3119	763
80	1.128403	3126	749	1.129152	3136	754	1.129906	3146	754
85	1.125277	3151	739	1.126016	3162	744	1.126760	3174	744
90	1 122126	3163	728	1.122854	3175	732	1 123586	3188	732
95	1.118963	3179	716	1.119679	3193	719	1 120398	3208	719
100	1.115784	634	702	1.116486	637	704	1.117190	640	704
+101	1.115150	638	699	1 115849	641	701	1.116550	644	701
102	1 114512	639	696	1.115208	642	698	1 115906	646	698
103	1.113873	636	693	1.114566	639	694	1.115260	642	694
104	1.113237	637	690	1.113927	640	691	1.114618	643	691
105	1.112600	635	687	1.113287	639	688	1.113975	643	688
106	1.111965	+ 637	683	1.112648	+ 640	684	1.113332	+ 643	684
107	(1.111328)		680	(1.112008)		681	(1.112689)		681
f	— 15.71		7	— 15.78		6	— 15.84		7
k	+106.13		3	+106.16		4	+106.20		3
m	— 70.06		41	— 70.47		40	— 70.87		40
S	16.8369		882	16.9251		892	17.0143		893
W	60.0422		349	60.0073		355	59.9718		356
g	3.566		21	3.545		20	3.525		20

t	22.2 s	Δs_l	Δs_p	22.3 s	Δs_l	Δs_p	22.4 s	Δs_l	Δs_p
− 17							(1.182225)	+ 349	831
16	(1.180215)	+ 353	830	(1.181045)	+ 353	831	1.181876	354	831
15	1 179862	351	830	1.180692	352	830	1.181522	353	830
14	1.179511	359	829	1.180340	360	829	1 181169	361	829
13	1.179152	363	828	1.179980	363	828	1.180808	363	828
12	1.178789	368	828	1.179617	369	828	1.180445	370	828
11	1.178421	375	827	1.179248	376	827	1.180075	377	827
10	1.178046	377	826	1.178872	378	826	1.179698	379	826
9	1.177669	384	825	1.178494	384	825	1.179319	384	826
8	1.177285	384	825	1.178110	385	825	1.178935	386	825
7	1 176901	389	824	1.177725	389	824	1.178549	389	824
6	1.176512	396	824	1.177336	397	824	1.178160	398	824
5	1.176116	402	823	1.176939	403	823	1.177762	403	823
4	1.175714	405	822	1.176536	405	823	1 177359	406	823
3	1.175309	409	822	1.176131	410	822	1.176953	411	822
2	1 174900	407	821	1.175721	407	821	1.176542	407	822
− 1	1.174493	417	821	1.175314	418	821	1.176135	418	821
0	1.174076	421	820	1.174896	421	821	1.175717	422	820
+ 1	1.173655	425	820	1.174475	426	820	1.175295	427	820
2	1.173230	426	819	1.174049	426	819	1.174868	426	820
3	1.172804	433	819	1.173623	434	819	1.174442	434	819
4	1.172371	436	818	1.173189	436	819	1.174008	437	818
5	1.171935	441	818	1.172753	441	818	1.173571	441	818
6	1.171494	440	818	1.172312	441	818	1.173130	442	818
7	1.171054	447	817	1.171871	447	817	1.172688	447	817
8	1.170607	453	817	1.171424	454	817	1.172241	455	817
9	1.170154	457	816	1.170970	457	816	1.171786	457	816
10	1.169697	459	816	1.170513	460	816	1.171329	460	816
11	1.169238	463	815	1.170053	463	816	1.170869	464	816
12	1.168775	464	815	1.169590	464	815	1.170405	464	815
13	1.168311	470	815	1.169126	471	815	1.169941	472	815
14	1.167841	476	814	1.168655	476	814	1.169469	476	814
15	1.167365	474	814	1.168179	475	814	1.168993	475	814
16	1.166891	480	813	1.167704	480	814	1.168518	481	814
17	1.166411	486	813	1.167224	486	813	1.168037	486	813
18	1.165925	486	813	1.166738	487	813	1.167551	488	813
19	1.165439	491	812	1.166251	491	812	1.167063	491	812
20	1.164948		812	1.165760		812	1.166572		812

	22.2			22.3			22.4		
t	s	Δs_t	Δs_p	s	Δs_t	Δs_p	s	Δs_t	Δs_n
+ 20	1.164948	+2501	812	1.165760	+2503	812	1.166572	+2505	812
25	1.162447	2587	810	1.163257	2590	810	1.164067	2592	810
30	1.159860	2659	807	1.160667	2661	808	1.161475	2664	808
35	1.157201	2728	805	1.158006	2731	805	1.158811	2734	805
40	1.154473	2794	802	1.155275	2797	802	1.156077	2800	802
45	1.151679	2851	799	1.152478	2854	799	1.153277	2857	799
50	1.148828	2914	796	1.149624	2920	796	1.150420	2926	796
55	1 145914	2965	790	1.146704	2970	790	1 147494	2975	790
60	1.142949	3009	785	1.143734	3015	785	1.144519	3021	785
65	1.139940	3058	779	1.140719	3065	779	1.141498	3072	779
70	1.136882	3094	772	1.137654	3102	772	1.138426	3110	772
75	1.133788	3128	764	1.134552	3138	764	1.135316	3148	764
80	1.130660	3156	754	1.131414	3166	754	1.132168	3176	754
85	1.127504	3186	744	1.128248	3198	744	1.128992	3210	744
90	1.124318	3201	732	1.125050	3214	732	1.125782	3227	732
95	1.121117	3223	719	1.121836	3238	719	1.122555	3253	719
100	1.117894	643	704	1.118598	646	704	1.119302	649	704
+101	1.117251	647	701	1.117952	650	701	1.118653	653	701
102	1.116604	650	698	1.117302	653	698	1.118000	656	698
103	1.115954	645	695	1.116649	649	695	1.117344	653	695
104	1.115309	646	691	1.116000	649	691	1.116691	652	691
105	1.114663	647	688	1.115351	651	688	1.116039	655	688
106	1.114016	+ 646	684	1.114700	+ 649	684	1.115384	+ 652	685
107	(1.113370)		681	(1.114051)		681	(1.114732)		681
f	— 15.91		7	— 15.98		6	— 16 04		7
k	+106.23		4	+106 27		3	+106.30		4
m	— 71.27		40	— 71 67		40	— 72.07		40
S	17.1036		893	17.1929		893	17 2822		893
W	59.9362		356	59.9006		356	59.8650		356
g	3.505		21	3.484		20	3.464		20

	22.5			22.6			22.7		
t	s	Δs_t	Δs_p	s	Δs_t	Δs_p	s	Δs_t	Δs_p
− 17	1.183056	+ 349	831	1.183887	+ 349	832	1.184719	+ 350	832
16	1.182707	355	831	1.183538	356	831	1.184369	357	831
15	1.182352	354	830	1.183182	355	830	1.184012	356	830
14	1.181998	362	829	1.182827	362	829	1.183656	362	829
13	1.181636	363	829	1.182465	364	829	1.183294	365	829
12	1.181273	371	828	1.182101	372	828	1.182929	373	828
11	1.180902	378	827	1.181729	379	827	1.182556	380	827
10	1.180524	379	826	1.181350	379	826	1.182176	379	827
9	1.180145	385	826	1.180971	386	826	1.181797	387	826
8	1.179760	387	825	1.180585	387	825	1.181410	387	825
7	1.179373	389	825	1.180198	390	825	1.181023	391	825
6	1.178984	399	824	1.179808	400	824	1.180632	400	824
5	1.178585	403	823	1.179408	403	824	1.180232	404	824
4	1.178182	407	823	1.179005	408	823	1.179828	409	823
3	1.177775	411	822	1.178597	411	822	1.179419	411	822
2	1.177364	408	822	1.178186	409	822	1.179008	410	822
− 1	1.176956	419	821	1.177777	419	821	1.178598	420	821
0	1.176537	422	821	1.177358	423	820	1.178178	423	821
+ 1	1.176115	427	820	1.176935	427	820	1.177755	427	820
2	1.175688	427	820	1.176508	428	820	1.177328	429	820
3	1.175261	435	819	1.176080	435	819	1.176899	435	819
4	1.174826	437	819	1.175645	438	819	1.176464	439	819
5	1.174389	441	818	1.175207	441	818	1.176025	441	818
6	1.173948	443	818	1.174766	444	818	1.175584	444	818
7	1.173505	447	817	1.174322	447	818	1.175140	448	818
8	1.173058	456	817	1.173875	456	817	1.174692	456	817
9	1.172602	457	817	1.173419	458	817	1.174236	459	817
10	1.172145	460	816	1.172961	460	816	1.173777	460	816
11	1.171685	465	816	1.172501	466	816	1.173317	466	816
12	1.171220	464	815	1.172035	464	816	1.172851	465	816
13	1.170756	473	815	1.171571	474	815	1.172386	474	815
14	1.170283	476	814	1.171097	476	815	1.171912	477	815
15	1.169807	475	814	1.170621	475	814	1.171435	475	814
16	1.169332	482	814	1.170146	483	814	1.170960	484	814
17	1.168850	486	813	1.169663	486	813	1.170476	486	813
18	1.168364	489	813	1.169177	490	813	1.169990	490	813
19	1.167875	491	812	1.168687	491	813	1.169500	492	813
20	1.167384		812	1.168196		812	1.169008		812

t	22.5 s	Δs_t	Δs_p	22.6 s	Δs_t	Δs_p	22.7 s	Δs_t	Δs_p
+ 20	1.167384	+2507	812	1.168196	+2509	812	1.169008	+2511	812
25	1.164877	2594	810	1.165687	2596	810	1.166497	2598	810
30	1.162283	2667	808	1.163091	2670	808	1.163899	2673	808
35	1.159616	2737	805	1.160421	2740	805	1.161226	2743	805
40	1.156879	2803	802	1.157681	2806	802	1.158483	2809	803
45	1.154076	2860	799	1.154875	2863	799	1.155674	2866	799
50	1.151216	2932	796	1.152012	2937	796	1.152808	2942	796
55	1.148284	2980	791	1.149075	2986	791	1.149866	2992	791
60	1.145304	3027	785	1.146089	3033	785	1.146874	3039	785
65	1.142277	3079	779	1.143056	3086	779	1.143835	3093	779
70	1.139198	3118	772	1.139970	3126	772	1.140742	3134	772
75	1.136080	3158	764	1.136844	3167	764	1.137608	3176	764
80	1.132922	3186	755	1.133677	3197	755	1.134432	3208	755
85	1.129736	3222	744	1.130480	3234	744	1.131224	3246	744
90	1.126514	3240	732	1.127246	3253	732	1.127978	3266	733
95	1.123274	3268	719	1.123993	3283	719	1.124712	3297	719
100	1.120006	652	704	1.120710	655	705	1.121415	658	705
+101	1.119354	656	701	1.120055	659	702	1.120757	663	702
102	1.118698	659	698	1.119396	662	698	1.120094	665	698
103	1.118039	657	695	1.118734	661	695	1.119429	665	695
104	1.117382	655	691	1.118073	658	691	1.118764	661	692
105	1.116727	658	688	1.117415	661	688	1.118103	664	688
106	1.116069	+ 656	685	1.116754	+ 660	685	1.117439	+ 664	685
107	(1.115413)		681	(1.116094)		681	(1.116775)		681
f	− 16.11		7	− 16.18		6	− 16.24		7
k	+106.34		4	+106.38		3	+106.41		4
m	− 72.47		41	− 72.88		40	− 73.28		41
S	17.3715		893	17.4608		893	17.5501		893
W	59.8294		356	59.7938		356	59.7582		356
g	3.444		19	3.425		20	3.405		19

	22.8			22.9			23.0		
t	s	Δs_t	Δs_p	s	Δs_t	Δs_p	s	Δs_t	Δs_p
− 17	(1.185551)	+ 351	832	(1.186383)	+ 352	832	(1.187215)	+ 353	833
16	1.185200	358	831	1.186031	359	831	1.186862	360	833
15	1.184842	357	830	1.185672	358	830	1.186502	359	832
14	1.184485	362	829	1.185314	362	829	1.186143	362	831
13	1.184123	366	829	1.184952	367	829	1.185781	368	831
12	1.183757	374	828	1.184585	375	828	1.185413	376	830
11	1.183383	380	827	1.184210	380	827	1.185037	380	830
10	1.180003	380	827	1.183830	381	827	1.184657	382	829
9	1.182623	388	826	1.183449	389	826	1.184275	390	829
8	1.182235	387	825	1.183060	387	825	1.183885	387	829
7	1.181848	392	825	1.182673	393	825	1.183498	394	828
6	1.181456	400	824	1.182280	400	824	1.183104	400	828
5	1.181056	405	824	1.181880	406	824	1.182704	407	827
4	1.180651	410	823	1.181474	410	823	1.182297	410	827
3	1.180241	411	823	1.181064	412	823	1.181887	413	826
2	1.179830	411	822	1.180652	412	822	1.181474	412	826
− 1	1.179419	420	821	1.180240	420	822	1.181062	421	826
0	1.178999	424	821	1.179820	425	821	1.180641	425	825
+ 1	1.178575	427	820	1.179395	427	821	1.180216	428	825
2	1.178148	430	820	1.178968	431	820	1.179788	431	825
3	1.177718	435	819	1.178537	435	820	1.179357	436	824
4	1.177283	440	819	1.178102	440	819	1.178921	440	824
5	1.176843	441	819	1.177662	442	819	1.178481	443	824
6	1.176402	444	818	1.177220	444	818	1.178038	444	823
7	1.175958	449	818	1.176776	450	818	1.177594	451	823
8	1.175509	456	817	1.176326	456	817	1.177143	456	823
9	1.175053	460	817	1.175870	461	817	1.176687	461	822
10	1.174593	460	816	1.175409	460	817	1.176226	461	822
11	1.174133	466	816	1.174949	466	816	1.175765	466	822
12	1.173667	466	816	1.174483	467	816	1.175299	468	821
13	1.173201	474	815	1.174016	474	815	1.174831	474	821
14	1.172727	478	815	1.173542	479	815	1.174357	479	821
15	1.172249	475	814	1.173063	475	815	1.173878	476	821
16	1.171774	485	814	1.172588	485	814	1.173402	485	820
17	1.171289	486	814	1.172103	487	814	1.172917	488	820
18	1.170803	490	813	1.171616	490	813	1.172429	490	820
19	1.170313	493	813	1.171126	494	813	1.171939	495	819
20	1.169820		812	1.170632		812	1.171444		819

	22.8			22.9			23.0		
t	s	Δs_t	Δs_p	s	Δs_t	Δs_p	s	Δs_t	Δs_p
+ 20	1.169820	+2513	812	1.170632	+2515	812	1.171444	+2517	819
25	1.167307	2600	810	1.168117	2602	810	1.168927	2604	817
30	1.164707	2676	808	1.165515	2678	808	1 166323	2680	815
35	1.162031	2745	806	1.162837	2748	806	1.163643	2751	813
40	1.159286	2813	803	1.160089	2817	803	1.160892	2821	810
45	1.156473	2869	799	1.157272	2872	799	1.158071	2874	807
50	1.153604	2947	796	1.154400	2952	797	1.155197	2958	802
55	1.150657	2998	791	1.151448	3003	791	1.152239	3008	798
60	1.147659	3045	786	1.148445	3052	786	1 149231	3059	793
65	1.144614	3100	779	1.145393	3107	779	1.146172	3114	786
70	1.141514	3142	772	1.142286	3150	772	1.143058	3158	779
75	1.138372	3185	764	1.139136	3194	764	1.139900	3203	770
80	1.135187	3219	755	1.135942	3230	755	1.136697	3241	760
85	1.131968	3257	744	1 132712	3268	744	1.133456	3279	749
90	1.128711	3280	733	1.129444	3294	733	1.130177	3307	737
95	1.125431	3311	719	1.126150	3325	720	1.126870	3340	723
100	1.122120	661	705	1.122825	664	705	1 123530	667	707
+101	1.121459	667	702	1.122161	671	702	1.122863	674	704
102	1.120792	668	698	1.121490	671	699	1.122189	675	700
103	1.120124	668	695	1.120819	671	695	1.121514	674	697
104	1.119456	665	692	1.120148	669	692	1.120840	672	693
105	1.118791	667	688	1.119479	670	689	1 120168	674	690
106	1 118124	+ 668	685	1.118809	+ 672	685	1.119494	+ 675	686
107	(1 117456)		681	(1.118137)		682	(1.118819)		682
f	— 16.31		7	— 16.38		7	— 16.45		6
k	+106.45		3	+106 48		4	+106 52		3
m	— 73.69		40	— 74.09		41	— 74 50		40
S	17.6394		893	17.7287		893	17 8180		904
W	59.7226		356	59.6870		356	59.6514		362
g	3.386		19	3.367		19	3.348		19

	23.1			23.2			23.3		
t	s	Δs_t	Δs_p	s	Δs_t	Δs_p	s	Δs_t	Δs_p
− 17	1.188048)	+ 353	833	1.188881)	+ 353	834	(1.189715)	+ 354	834
16	1 187695	361	833	1.188528	362	833	1.189361	363	833
15	1 187334	360	832	1.188166	360	832	1.188998	360	832
14	1.186974	362	832	1.187806	363	832	1.188638	364	832
13	1.186612	369	831	1 187443	369	831	1.188274	369	831
12	1 186243	376	831	1.187074	377	831	1.187905	378	831
11	1.185867	381	830	1 186697	381	830	1.187527	381	830
10	1.185486	382	830	1.186316	383	830	1.187146	384	830
9	1.185104	390	829	1.185933	390	829	1.186762	390	829
8	1.184714	388	829	1.185543	389	829	1.186372	390	829
7	1.184326	394	828	1.185154	394	828	1.185982	394	828
6	1.183932	401	828	1.184760	402	828	1.185588	403	828
5	1.183531	407	827	1.184358	407	827	1.185185	407	827
4	1.183124	411	827	1.183951	411	827	1.184778	411	827
3	1 182713	413	827	1.183540	414	827	1.184367	415	827
2	1.182300	412	826	1.183126	412	826	1.183952	412	826
− 1	1.181888	422	826	1.182714	422	826	1.183540	423	826
0	1.181466	425	826	1.182292	426	825	1.183117	426	826
+ 1	1.181041	428	825	1 181866	428	825	1.182691	428	825
2	1.180613	432	825	1.181438	433	825	1.182263	433	825
3	1.180181	436	824	1.181005	436	825	1.181830	436	825
4	1.179745	440	824	1.180569	440	825	1.181394	441	824
5	1.179305	444	824	1.180129	445	824	1.180953	446	824
6	1.178861	444	823	1.179684	444	823	1.180507	444	823
7	1.178417	451	823	1.179240	451	823	1.180063	451	823
8	1 177966	457	823	1.178789	457	823	1.179612	457	823
9	1.177509	461	823	1.178332	462	823	1 179155	463	823
10	1.177048	461	822	1.177870	461	822	1.178692	461	822
11	1.176587	467	822	1.177409	467	822	1.178231	467	822
12	1.176120	468	822	1.176942	469	822	1.177764	470	822
13	1.175652	474	821	1.176473	474	821	1.177294	474	821
14	1.175178	479	821	1.175999	479	821	1.176820	479	821
15	1.174699	477	821	1.175520	478	821	1.176341	479	821
16	1.174222	485	820	1.175042	485	820	1.175862	485	821
17	1.173737	488	820	1.174557	488	820	1.175377	488	820
18	1.173249	491	820	1.174069	491	820	1.174889	491	820
19	1.172758	495	820	1.173578	496	820	1.174398	497	820
20	1.172263		819	1.173082		819	1.173901		819

	23.1			23.2			23.3		
t	s	Δs_t	Δs_p	s	Δs_t	Δs_p	s	Δs_t	Δs_p
+ 20	1.172263	+2519	819	1.173082	+2521	819	1.173901	+2522	819
25	1.169744	2606	817	1.170561	2608	818	1.171379	2611	818
30	1.167138	2682	815	1.167953	2684	815	1 168768	2686	816
35	1.164456	2754	813	1.165269	2757	813	1.166082	2760	813
40	1 161702	2824	810	1.162512	2827	810	1.163322	2830	810
45	1.158878	2879	807	1.159685	2884	807	1.160492	2889	807
50	1 155999	2962	802	1 156801	2966	802	1.157603	2970	802
55	1.153037	3013	798	1 153835	3018	798	1 154633	3023	798
60	1.150024	3066	793	1.150817	3073	793	1.151610	3080	793
65	1.146958	3121	786	1.147744	3128	786	1.148530	3135	786
70	1.143837	3167	779	1 144616	3176	779	1.145395	3185	779
75	1.140670	3213	770	1.141440	3223	770	1.142210	3232	770
80	1.137457	3252	760	1.138217	3263	761	1.138978	3275	761
85	1.134205	3291	749	1.134954	3303	749	1.135703	3315	750
90	1.130914	3321	737	1.131651	3335	737	1.132388	3349	737
95	1.127593	3356	723	1.128316	3372	723	1.129039	3388	723
100	1.124237	670	707	1.124944	673	707	1.125651	676	707
+101	1.123567	678	704	1.124271	681	704	1.124975	684	704
102	1.122889	678	701	1.123590	682	701	1.124291	686	701
103	1.122211	678	697	1.122908	682	697	1.123605	685	697
104	1 121533	675	693	1.122226	678	694	1.122920	682	694
105	1.120858	678	690	1.121548	682	690	1.122238	686	690
106	1.120180	+ 679	686	1.120866	+ 682	686	1.121552	+ 685	686
107	(1.119501)		683	(1.120184)		683	(1.120867)		683
f	— 16.51		7	— 16.58		7	— 16.65		6
k	+106.55		4	+106.59		3	+106.62		4
m	— 74.90		41	— 75.31		40	— 75 71		41
S	17.9084		904	17.9988		904	18.0892		905
W	59.6152		362	59.5790		362	59.5428		363
g	3.329		19	3.310		18	3,292		18

	23.4			23.5			23.6		
t	s	Δs_t	Δs_p	s	Δs_t	Δs_p	s	Δs_t	Δs_p
− 17	(1.190549)	+ 355	834	(1.191383)	+ 356	834	(1.192217)	+ 357	834
16	1.190194	364	833	1.191027	365	833	1.191860	365	833
15	1.189830	360	832	1 190662	360	833	1.191495	361	833
14	1.189470	365	832	1.190302	366	832	1.191134	367	832
13	1.189105	369	831	1.189936	369	831	1.190767	369	832
12	1.188736	379	831	1.189567	380	831	1.190398	381	831
11	1.188357	381	830	1.189187	381	830	1.190017	381	831
10	1.187976	385	830	1.188806	386	830	1.189636	386	830
9	1.187591	390	829	1.188420	390	830	1.189250	391	830
8	1.187201	391	829	1.188030	391	829	1.188859	391	829
7	1.186810	394	829	1.187639	395	829	1.188468	396	829
6	1.186416	404	828	1.187244	404	828	1.188072	404	828
5	1.186012	407	828	1.186840	408	828	1.187668	409	828
4	1.185605	411	827	1.186432	411	827	1.187259	411	827
3	1.185194	416	827	1.186021	417	827	1.186848	417	827
2	1.184778	412	826	1.185604	412	827	1.186431	413	827
− 1	1.184366	423	826	1.185192	423	826	1.186018	423	826
0	1.183943	427	826	1 184769	428	826	1 185595	429	826
+ 1	1.183516	428	825	1.184341	428	825	1.185166	428	826
2	1.183088	433	825	1.183913	433	825	1.184738	433	825
3	1.182655	437	825	1.183480	438	825	1.184305	438	825
4	1.182218	441	824	1 183042	441	825	1.183867	442	824
5	1.181777	447	824	1.182601	447	824	1.183425	447	824
6	1.181330	444	824	1.182154	445	824	1.182978	446	824
7	1.180886	451	823	1.181709	451	823	1.182532	451	824
8	1.180435	457	823	1.181258	457	823	1.182081	457	823
9	1.179978	464	823	1.180801	464	823	1.181624	464	823
10	1.179514	461	823	1.180337	462	823	1.181160	463	823
11	1.179053	467	822	1.179875	467	822	1.180697	467	822
12	1.178586	471	822	1.179408	472	822	1.180230	473	822
13	1.178115	474	821	1.178936	474	821	1.179757	474	822
14	1.177641	479	821	1.178462	479	821	1.179283	479	822
15	1.177162	479	821	1.177983	479	821	1.178804	479	821
16	1.176683	486	821	1.177504	487	821	1.178325	487	821
17	1.176197	488	820	1.177017	488	821	1.177838	489	821
18	1.175709	491	820	1.176529	491	820	1.177349	491	820
19	1.175218	498	820	1.176038	499	820	1.176858	499	820
20	1.174720		819	1.175539		820	1.176359		820

	23.4			23.5			23.6		
t	s	Δs_t	Δs_p	s	Δs_t	Δs_p	s	Δs_t	Δs_p
+ 20	1.174720	+2523	819	1.175539	+2524	820	1.176359	+2526	820
25	1.172197	2613	818	1.173015	2615	818	1.173833	2617	818
30	1.169584	2689	816	1.170400	2692	816	1.171216	2695	816
35	1.166895	2763	813	1.167708	2766	813	1.168521	2768	814
40	1.164132	2833	810	1.164942	2836	811	1.165753	2840	811
45	1.161299	2894	807	1.162106	2899	807	1.162913	2904	807
50	1.158405	2974	802	1.159207	2977	802	1.160009	2980	802
55	1.155431	3028	799	1.156230	3034	799	1.157029	3040	799
60	1.152403	3087	793	1.153196	3093	793	1.153989	3100	793
65	1.149316	3142	787	1.150103	3150	786	1.150889	3157	787
70	1.146174	3194	779	1.146953	3203	779	1.147732	3211	779
75	1.142980	3241	770	1.143750	3250	771	1.144521	3260	771
80	1.139739	3286	761	1 140500	3297	761	1.141261	3308	761
85	1.136453	3328	750	1.137203	3341	750	1.137953	3354	750
90	1.133125	3363	737	1.133862	3377	737	1.134599	3391	737
95	1.129762	3404	723	1.130485	3419	723	1.131208	3434	723
100	1.126358	679	708	1.127066	683	708	1.127774	687	708
+101	1.125679	687	704	1 126383	690	704	1.127087	693	704
102	1.124992	690	701	1.125693	694	701	1.126394	698	701
103	1.124302	688	697	1.124999	691	697	1.125696	694	698
104	1.123614	686	694	1.124308	690	694	1.125002	694	694
105	1.122928	690	690	1.123618	693	690	1.124308	696	690
106	1.122238	+ 688	687	1.122925	+ 692	687	1.123612	+ 696	687
107	(1.121550)		683	(1.122233)		683	(1.122916)		683
f	— 16.71		7	— 16 78		7	— 16.85		6
k	+106.66		4	+106.70		4	+106.74		3
m	— 76.12		40	— 76.52		41	— 76.93		40
S	18.1797		905	18.2702		905	18.3607		905
W	59.5065		363	59 4702		363	59.4339		363
g	3.274		19	3.255		18	3.237		18

t	23.7 s	Δs_I	Δs_{II}	23.8 s	Δs_I	Δs_{II}	23.9 s	Δs_I	Δs_{II}
− 18							(1.195074)	+ 355	835
17	(1.193051)	+ 358	834	(1.193885)	+ 359	834	1.194719	359	834
16	1.192693	365	833	1.193526	365	834	1.194360	366	834
15	1.192328	362	833	1.193161	363	833	1.193994	364	833
14	1.191966	367	832	1.192798	367	832	1.193630	367	832
13	1.191599	370	832	1.192431	371	832	1.193263	372	832
12	1.191229	381	831	1.192060	381	831	1.192891	381	831
11	1.190848	382	831	1.191679	383	831	1.192510	384	831
10	1.190466	386	830	1.191296	386	830	1.192126	386	830
9	1.190080	392	830	1.190910	393	830	1.191740	394	830
8	1.189688	391	829	1.190517	391	829	1.191346	391	829
7	1.189297	397	829	1.190126	398	829	1.190955	399	829
6	1.188900	404	828	1.189728	404	828	1.190556	404	829
5	1.188496	410	828	1.189324	411	828	1.190152	411	828
4	1.188086	411	827	1.188913	411	828	1.189741	412	828
3	1.187675	417	827	1.188502	417	827	1.189329	417	827
2	1.187258	414	827	1.188085	415	827	1.188912	415	827
− 1	1.186844	423	726	1.187670	423	827	1.188497	424	827
0	1.186421	429	826	1.187247	429	826	1.188073	429	826
+ 1	1.185992	429	826	1.186818	430	826	1.187644	431	826
2	1.185563	433	825	1.186388	433	825	1.187213	433	826
3	1.185130	439	825	1.185955	440	825	1.186780	440	825
4	1.184691	442	824	1.185515	442	825	1.186340	443	825
5	1.184249	447	824	1.185073	447	824	1.185897	447	825
6	1.183802	446	824	1.184626	446	824	1.185450	446	824
7	1.183356	452	824	1.184180	452	824	1.185004	452	824
8	1.182904	457	824	1.183728	458	824	1.184552	459	824
9	1.182447	464	823	1.183270	464	823	1.184093	464	823
10	1.181983	464	823	1.182806	465	823	1.183629	465	823
11	1.181519	467	822	1.182341	467	823	1.183164	468	823
12	1.181052	473	822	1.181874	473	822	1 182696	473	822
13	1.180579	474	822	1.181401	474	822	1.182223	474	822
14	1.180105	480	822	1.180927	481	822	1.181749	482	822
15	1.179625	479	821	1.180446	479	821	1.181267	479	822
16	1.179146	487	821	1.179967	487	821	1 180788	487	821
17	1.178659	490	821	1.179480	491	821	1.180301	492	821
18	1.178169	491	820	1.178989	491	820	1.179809	491	821
19	1.177678	499	820	1 178498	499	820	1.179318	499	820
20	1.177179		820	1 177999		820	1 178819		820

t	23.7 s	23.7 Δs_t	23.7 Δs_p	23.8 s	23.8 Δs_t	23.8 Δs_p	23.9 s	23.9 Δs_t	23.9 Δs_p
+ 20	1.177179		820	1.177999		820	1.178819		820
25	1 174651	+2528	818	1.175469	+2530	818	1.176287	+2532	818
30	1.172032	2619	816	1.172848	2621	816	1.173664	2623	816
35	1.169335	2697	814	1.170149	2699	814	1.170963	2701	814
40	1.166564	2771	811	1.167375	2774	811	1.168186	2777	811
45	1.163720	2844	808	1.164528	2847	808	1.165336	2850	808
50	1.160811	2909	802	1.161613	2915	803	1.162416	2920	803
55	1.157828	2983	799	1.158627	2986	799	1.159426	2990	799
60	1.154782	3046	793	1.155575	3052	793	1.156368	3058	794
65	1.151676	3106	787	1.152463	3112	787	1.153250	3118	788
70	1.148511	3165	779	1.149290	3173	780	1.150070	3180	780
75	1 145292	3219	771	1.146063	3227	771	1.146834	3236	771
80	1.142022	3270	761	1.142783	3280	761	1.143544	3290	761
85	1.138703	3319	750	1.139453	3330	750	1.140203	3341	750
90	1.135336	3367	737	1.136073	3380	738	1.136811	3392	738
95	1.131931	3405	723	1.132654	3419	724	1.133378	3433	724
100	1.128482	3449	708	1.129190	3464	708	1.129898	3480	708
+101	1.127791	691	704	1.128495	695	705	1.129200	698	705
102	1 127095	696	701	1.127796	699	701	1.128497	703	701
103	1.126394	701	698	1.127092	704	698	1.127790	707	698
104	1.125696	698	694	1.126390	702	694	1.127084	706	694
105	1.124998	698	690	1.125688	702	691	1.126379	705	691
106	1.124299	699	687	1.124986	702	687	1.125673	706	687
107	(1.123599)	+ 700	683	(1.124282)	+ 704	683	(1.124965)	+ 708	683
f	— 16.91		7	— 16.98		7	— 17 05		6
k	+106.77		4	+106.81		4	+106.85		4
m	— 77.33		41	— 77.74		41	— 78.15		41
S	18.4512		905	18.5417		905	18.6322		905
W	59.3976		363	59.3613		363	59.3250		363
g	3.219		17	3.202		18	3.184		17

	24.0			24.1			24.2		
t	s	Δs_t	Δs_p	s	Δs_t	Δs_p	s	Δs_t	Δs_n
− 18	(1.195909)	+ 356	836	1.196745)	+ 356	836	(1.197581)	+ 356	836
17	1.195553	359	836	1.196389	360	836	1.197225	361	836
16	1.195194	367	835	1.196029	367	835	1.196864	367	836
15	1.194827	365	835	1.195662	365	835	1.196497	365	835
14	1.194462	367	835	1.195297	368	835	1.196132	369	835
13	1.194095	373	834	1.194929	373	834	1.195763	373	834
12	1.193722	381	834	1.194556	381	834	1 195390	381	834
11	1.193341	385	834	1.194175	386	834	1.195009	387	834
10	1.192956	386	833	1.193789	386	833	1.194622	386	833
9	1.192570	395	833	1.193403	395	833	1.194236	395	833
8	1.192175	391	833	1.193008	392	823	1.193841	392	833
7	1.191784	399	832	1.192616	399	833	1.193449	400	833
6	1.191385	405	832	1.192217	405	832	1.193049	405	832
5	1.190980	411	832	1.191812	411	832	1.192644	411	832
4	1.190569	413	832	1.191401	414	832	1.192233	415	832
3	1.190156	417	831	1.190987	417	831	1.191818	417	832
2	1.189739	415	831	1.190570	415	831	1.191401	415	831
− 1	1.189324	425	831	1.190155	425	831	1.190986	425	831
0	1.188899	429	831	1.189730	429	831	1.190561	429	831
+ 1	1.188470	431	831	1.189301	432	831	1.190132	433	831
2	1.188039	434	830	1.188869	434	830	1.189699	434	831
3	1.187605	440	830	1.188435	440	830	1.189265	440	831
4	1.187165	443	830	1.187995	443	830	1.188825	443	831
5	1.186722	448	830	1.187552	448	830	1.188382	448	830
6	1.186274	446	830	1.187104	447	830	1.187934	447	830
7	1.185828	452	829	1.186657	452	830	1.187487	453	830
8	1.185376	460	829	1.186205	460	829	1.187034	460	829
9	1.184916	464	829	1.185745	464	829	1.186574	464	829
10	1.184452	465	829	1.185281	465	829	1 186110	465	829
11	1.183987	469	829	1 184816	470	829	1.185645	470	829
12	1.183518	473	828	1.184346	473	829	1.185175	474	829
13	1.183045	474	828	1.183873	474	828	1.184701	474	828
14	1.182571	482	828	1.183399	482	828	1.184227	482	828
15	1.182089	480	828	1.182917	480	828	1.183745	480	828
16	1.181609	487	828	1.182437	488	828	1.183265	489	828
17	1.181122	492	827	1.181949	492	827	1.182776	492	828
18	1 180630	492	827	1.181457	492	827	1.182284	492	827
19	1.180138	499	827	1.180965	499	827	1.181792	499	827
20	1.179639		827	1.180466		827	1.181293		827

t	24.0 s	Δs_t	Δs_p	24.1 s	Δs_t	Δs_p	24.2 s	Δs_t	Δs_p
+20	1.179639	+2534	827	1.180466	+2536	827	1.181293	+2538	827
25	1.177105	2625	825	1.177930	2626	825	1.178755	2627	826
30	1.174480	2703	824	1.175304	2706	824	1.176128	2709	824
35	1.171777	2780	821	1.172598	2782	821	1.173419	2784	822
40	1.168997	2853	819	1.169816	2857	819	1.170635	2861	819
45	1.166144	2925	815	1.166959	2929	815	1.167774	2932	816
50	1.163219	2994	811	1.164030	2998	812	1.164842	3003	812
55	1.160225	3063	807	1.161032	3069	807	1.161839	3075	807
60	1.157162	3124	801	1.157963	3131	801	1.158764	3138	801
65	1.154038	3188	794	1.154832	3196	794	1.155626	3204	794
70	1.150850	3245	786	1.151636	3254	786	1.152422	3263	786
75	1.147605	3300	777	1.148382	3310	777	1.149159	3320	777
80	1.144305	3352	767	1.145072	3364	767	1.145839	3376	767
85	1.140953	3404	755	1.141708	3417	755	1.142463	3430	755
90	1.137549	3447	742	1.138291	3462	742	1.139033	3477	742
95	1.134102	3496	727	1.134829	3513	727	1.135556	3530	727
100	1.130606	701	710	1.131316	704	710	1.132026	707	711
+101	1.129905	707	707	1.130612	711	707	1.131319	715	707
102	1.129198	710	703	1.129901	713	703	1.130604	716	703
103	1.128488	710	700	1.129188	714	700	1.129888	718	700
104	1.127778	708	696	1.128474	712	696	1.129170	716	696
105	1.127070	710	692	1.127762	714	692	1.128454	718	692
106	1.126360	+712	688	1.127048	+716	688	1.127736	+720	689
107	(1.125648)		684	(1.126332)		684	(1.127016)		685
f	− 17.11		7	− 17.18		7	− 17.25		6
k	+106.89		4	+106.92		4	+106.96		4
m	− 78.56		40	− 78.96		41	− 79.37		40
S	18.7227		916	18.8143		917	18.9060		917
W	59.2887		370	59.2517		370	59.2147		370
g	3.167		18	3.149		17	3.132		17

t	24.3 s	Δs_t	Δs_p	24.4 s	Δs_t	Δs_p	24.5 s	Δs_t	Δs_p
− 18	(1.198417)	+ 356	836	(1.199253)	+ 356	837	(1.200090)	+ 357	837
17	1.198061	361	836	1.198897	361	836	1.199733	361	836
16	1.197700	368	836	1.198536	369	836	1.199372	370	836
15	1.197332	365	835	1.198167	365	835	1.199002	365	835
14	1.196967	370	835	1.197802	370	835	1.198637	370	835
13	1.196597	373	835	1.197432	374	835	1.198267	375	835
12	1.196224	381	834	1.197058	381	834	1.197892	381	834
11	1.195843	388	834	1.196677	388	834	1.197511	388	834
10	1.195455	386	834	1.196289	387	834	1.197123	388	834
9	1.195069	395	833	1.195902	395	833	1.196735	395	833
8	1.194674	392	833	1.195507	392	833	1.196340	392	833
7	1.194282	401	833	1.195115	402	833	1.195948	402	833
6	1.193881	405	832	1.194713	405	833	1.195546	406	833
5	1.193476	411	832	1.194308	411	832	1.195140	411	832
4	1.193065	415	832	1.193897	415	832	1.194729	415	832
3	1.192650	418	832	1.193482	419	832	1.194314	419	832
2	1.192232	415	831	1.193063	415	832	1.193895	416	832
− 1	1.191817	425	831	1.192648	425	831	1.193479	425	831
0	1.191392	429	831	1.192223	429	831	1.193054	429	831
+ 1	1.190963	433	831	1.191794	433	831	1.192625	433	831
2	1.190530	434	831	1.191361	435	831	1.192192	436	831
3	1.190096	440	830	1.190926	440	830	1.191756	440	830
4	1.189656	444	830	1.190486	444	830	1.191316	444	830
5	1.189212	448	830	1.190042	448	830	1.190872	448	830
6	1.188764	447	830	1.189594	447	830	1.190424	447	830
7	1.188317	454	830	1.189147	455	830	1.189977	455	830
8	1.187863	460	829	1.188692	460	830	1.189522	461	830
9	1.187403	464	829	1.188232	464	829	1.189061	464	830
10	1.186939	465	829	1.187768	465	829	1.188597	465	829
11	1.186474	470	829	1.187303	470	829	1.188132	470	829
12	1.186004	475	829	1.186833	475	829	1.187662	475	829
13	1.185529	474	829	1.186358	475	829	1.187187	476	829
14	1.185055	482	828	1.185883	482	828	1.186711	482	829
15	1.184573	480	828	1.185401	480	828	1.186229	480	828
16	1.184093	489	828	1.184921	489	828	1.185749	489	828
17	1.183604	493	828	1.184432	494	828	1.185260	494	828
18	1.183111	492	827	1.183938	492	828	1.184766	493	828
19	1.182619	499	827	1.183446	499	827	1.184273	499	827
20	1.182120		827	1.182947		827	1.183774		827

	24.3			24.4			24.5		
t	s	Δs_t	Δs_p	s	Δs_t	Δs_p	s	Δs_t	Δs_p
+ 20	1.182120	+2539	827	1.182947	+2540	827	1.183774	+2541	827
25	1.179581	2629	826	1 180407	2631	826	1.181233	2633	826
30	1.176952	2711	824	1.177776	2713	824	1.178600	2715	824
35	1.174241	2787	822	1.175063	2790	822	1.175885	2793	822
40	1.171454	2864	819	1.172273	2867	819	1.173092	2870	819
45	1.168590	2936	816	1.169406	2940	816	1.170222	2944	816
50	1.165654	3008	812	1.166466	3013	812	1.167278	3018	812
55	1.162646	3081	807	1.163453	3087	807	1.164260	3093	807
60	1.159565	3145	801	1.160366	3152	801	1.161167	3159	801
65	1.156420	3212	794	1.157214	3220	794	1.158008	3227	794
70	1.153208	3272	786	1.153994	3281	787	1.154781	3290	787
75	1.149936	3330	777	1.150718	3340	778	1.151491	3351	778
80	1.146606	3388	767	1.147373	3400	767	1.148140	3412	767
85	1.143218	3443	755	1.143973	3456	755	1.144728	3469	756
90	1.139775	3492	742	1.140517	3507	742	1.141259	3522	742
95	1.136283	3546	727	1.137010	3562	727	1.137737	3578	727
100	1.132737	711	711	1.133448	715	711	1.134159	719	711
+101	1.132026	719	707	1.132733	722	707	1.133440	725	707
102	1.131307	719	704	1.132011	723	704	1.132715	727	704
103	1.130588	722	700	1.131288	726	700	1.131988	729	700
104	1.129866	720	696	1.130562	724	697	1.131259	728	697
105	1.129146	721	692	1.129838	724	693	1.130531	728	693
106	1.128425	+ 724	689	1.129114	728	689	1.129803	732	689
107	(1.127701)		685	1.128386	+ 732	685	1.129071	+ 736	685
108				(1.127654)		681	(1.128335)		681
f	— 17.31		7	— 17.38		7	— 17.45		6
k	+107.00		4	+107.04		4	+107.08		3
m	— 79.77		41	— 80.18		41	— 80.59		41
S	18.9977		917	19.0894		917	19.1811		917
W	59.1777		370	59.1407		370	59.1037		370
g	3.115		17	3.098		16	3.082		17

	24.6			24.7			24.8		
t	s	Δs_t	Δs_n	s	Δs_t	Δs_n	s	Δs_t	Δs_n
− 18	(1.200927)	+ 358	837	(1.201764)	+ 359	837	(1.202601)	+ 360	837
17	1.200569	361	836	1.201405	361	836	1.202241	361	837
16	1.200208	371	836	1.201044	371	836	1.201880	371	836
15	1.199837	365	836	1.200673	366	836	1.201509	367	836
14	1.199472	370	835	1.200307	370	835	1.201142	370	835
13	1.199102	376	835	1.199937	376	835	1.200772	376	835
12	1.198726	381	835	1.199561	382	835	1.200396	383	835
11	1.198345	388	834	1.199179	388	834	1.200013	388	834
10	1.197957	389	834	1.198791	389	834	1.199625	389	834
9	1.197568	395	834	1.198402	396	834	1.199236	397	834
8	1.197173	392	833	1.198006	392	833	1.198839	392	833
7	1.196781	402	833	1.197614	402	833	1.198447	402	833
6	1.196379	407	833	1.197212	407	833	1.198045	407	833
5	1.195972	411	833	1.196805	412	833	1.197638	413	833
4	1.195561	415	832	1.196393	415	832	1.197225	415	833
3	1.195146	419	832	1.195978	419	832	1.196810	419	832
2	1.194727	417	832	1.195559	407	832	1.196391	417	832
− 1	1.194310	425	832	1.195152	426	832	1.195974	427	832
0	1.193885	429	831	1.194716	429	831	1.195547	429	832
+ 1	1.193456	433	831	1.194287	433	831	1.195118	433	831
2	1.193023	437	831	1.193854	437	831	1.194685	437	831
3	1.192586	440	831	1.193417	441	831	1.194248	441	831
4	1.192146	444	830	1.192976	444	831	1.193807	445	831
5	1.191702	448	830	1.192532	448	830	1.193362	448	831
6	1.191254	447	830	1.192084	447	830	1.192914	447	831
7	1.190807	455	830	1.191637	455	830	1.192467	455	830
8	1.190352	461	830	1.191182	461	830	1.192012	461	830
9	1.189891	465	830	1.190721	466	830	1.191551	467	830
10	1.189426	465	829	1.190255	465	829	1.191084	465	830
11	1.188961	470	829	1.189790	470	829	1.190619	470	830
12	1.188491	475	829	1.189320	475	829	1.190149	475	829
13	1.188016	476	829	1.188845	476	829	1.189674	476	829
14	1.187540	483	829	1.188369	484	829	1.189198	485	829
15	1.187057	480	828	1.187885	480	828	1.188713	480	829
16	1.186577	489	828	1.187405	489	828	1.188233	489	828
17	1.186088	494	828	1.186916	494	828	1.187744	494	828
18	1.185594	494	828	1.186422	494	828	1.187250	494	828
19	1.185100	409	828	1.185928	500	828	1.186756	501	828
20	1.184601		827	1.185428		827	1.186255		828

	24.6			24.7			24.8		
t	s	Δs_t	Δs_p	s	Δs_t	Δs_p	s	Δs_t	Δs_p
+ 20	1.184601	+2542	827	1.185428	+2543	827	1.186255	+2544	828
25	1.182059	2635	826	1.182885	2637	826	1.183711	2639	826
30	1.179424	2717	824	1.180248	2719	824	1.181072	2721	824
35	1.176707	2796	822	1.177529	2799	822	1.178351	2802	822
40	1.173911	2873	819	1.174730	2876	819	1.175549	2879	820
45	1.171038	2948	816	1.171854	2952	816	1.172670	2956	816
50	1.168090	3023	812	1.168902	3028	812	1.169714	3033	812
55	1.165067	3099	807	1.165874	3105	807	1.166681	3111	807
60	1.161968	3166	801	1.162769	3172	801	1 163570	3178	802
65	1 158802	3234	795	1.159597	3242	795	1.160392	3250	795
70	1.155568	3299	787	1.156355	3308	787	1.157142	3317	787
75	1.152269	3362	778	1.153047	3373	778	1.153825	3384	778
80	1.148907	3423	767	1.149674	3434	767	1.150441	3445	767
85	1.145484	3483	756	1.146240	3497	756	1.146996	3511	756
90	1.142001	3537	742	1.142743	3552	742	1.143485	3566	742
95	1.138464	3594	727	1.139191	3610	728	1.139919	3627	728
100	1.134870	723	711	1.135581	726	711	1.136292	729	711
+101	1.134147	728	708	1.134855	732	708	1.135563	736	708
102	1.133419	731	704	1.134123	735	704	1.134827	739	704
103	1.132688	732	700	1.133388	735	700	1.134088	738	700
104	1.131956	732	697	1.132653	736	697	1.133350	740	697
105	1.131224	732	693	1.131917	736	693	1.132610	740	693
106	1.130492	736	689	1.131181	740	689	1.131870	744	689
107	1.129756	+ 740	685	1 130441	+ 744	685	1.131126	+ 748	685
108	(1.129016)		681	(1.129697)		681	(1.130378)		681
f	— 17.51		7	— 17.58		6	— 17.64		7
k	+107.11		4	+107.15		4	+107.19		4
m	— 81 00		41	— 81.41		41	— 81.82		41
S	19.2728		917	19.3645		917	19.4562		917
W	59.0667		370	59.0297		370	58.9927		370
g	3.065		16	3.049		17	3.032		16

t	24.9 s	Δs_t	Δs_p	25.0 s	Δs_t	Δs_p	25.1 s	Δs_t	Δs_p
— 18	(1.203438)		837	(1.204275)		839	(1.205114)		839
17	1.203078	+ 360	837	1.203915	+ 360	838	1.204753	+ 361	838
16	1.202716	362	836	1.203552	363	838	1.204390	363	838
15	1.202345	371	836	1.203181	371	838	1.204019	371	838
14	1.201977	368	836	1.202813	368	838	1.203651	368	838
13	1.201607	370	835	1.202442	371	838	1.203280	371	838
12	1.201231	376	835	1.202066	376	837	1.202903	377	838
11	1.200847	384	835	1.201682	384	837	1.202519	384	837
10	1.200459	388	834	1.201293	389	837	1.202130	389	837
9	1.200070	389	834	1.200904	389	837	1.201741	389	837
8	1.199672	398	834	1.200506	398	837	1.201343	398	837
7	1.199280	392	833	1.200113	393	837	1.200950	393	837
6	1.198878	402	833	1.199711	402	837	1.200548	402	837
5	1.198471	407	833	1.199304	407	837	1.200141	407	837
4	1.198058	413	833	1.198891	413	837	1.199728	413	837
3	1.197642	416	832	1.198474	417	837	1.199311	417	837
2	1.197223	419	832	1.198055	419	837	1.198892	419	837
— 1	1.196806	417	832	1.197638	417	836	1.198474	418	836
0	1.196379	427	832	1.197211	427	836	1.198047	427	836
+ 1	1.195949	430	831	1.196780	431	836	1.197616	431	836
2	1.195516	433	831	1.196347	433	836	1.197183	433	836
3	1.195079	437	831	1.195910	437	836	1.196746	437	836
4	1.194638	441	831	1.195469	441	836	1.196305	441	836
5	1.194193	445	831	1.195024	445	836	1.195860	445	836
6	1.193745	448	831	1.194576	448	836	1.195412	448	836
7	1.193297	448	830	1.194127	449	836	1.194963	449	836
8	1.192842	455	830	1.193672	455	836	1.194508	455	836
9	1.192381	461	830	1.193211	461	836	1.194047	461	836
10	1.191914	467	830	1.192744	467	836	1.193580	467	836
11	1.191449	465	830	1.192279	465	836	1.193115	465	836
12	1.190978	471	829	1.191807	472	836	1.192643	472	836
13	1.190503	475	829	1.191332	475	836	1.192168	475	836
14	1.190027	476	829	1.191856	476	835	1.191691	477	835
15	1.189542	485	829	1.190371	485	835	1.191206	485	835
16	1.189061	481	829	1.189890	481	835	1.190725	481	835
17	1.188572	489	828	1.189400	490	835	1.190235	490	835
18	1.188078	494	828	1.188906	494	835	1.189741	494	835
19	1.187584	494	828	1.188412	494	835	1.189247	494	835
20	1.187083	501	828	1.187911	501	834	1.188745	502	834

	24.9			25.0			25.1		
t	s	Δs_t	Δs_p	s	Δs_t	Δs_p	s	Δs_t	Δs_p
+ 20	1.187083	+2546	828	1.187911	+2548	834	1 188745	+2549	834
25	1.184537	2641	826	1.185363	2643	833	1.186196	2644	834
30	1.181896	2723	824	1.182720	2725	832	1.183552	2727	832
35	1.179173	2804	822	1.179995	2806	830	1.180825	2809	830
40	1.176369	2883	820	1.177189	2887	827	1.178016	2890	828
45	1.173486	2960	816	1.174302	2964	824	1.175126	2968	824
50	1.170526	3038	812	1.171338	3043	820	1.172158	3048	820
55	1.167488	3116	807	1.168295	3121	815	1.169110	3127	815
60	1.164372	3185	802	1.165174	3192	809	1.165983	3199	809
65	1.161187	3258	795	1.161982	3266	802	1.162784	3274	802
70	1.157929	3326	787	1.158716	3335	794	1.159510	3345	794
75	1.154603	3395	778	1.155381	3405	784	1 156165	3416	784
80	1.151208	3456	768	1.151976	3468	773	1.152749	3480	774
85	1.147752	3525	756	1.148508	3538	761	1.149269	3552	761
90	1 144227	3580	743	1.144970	3595	747	1.145717	3611	747
95	1.140647	3644	728	1.141375	3661	731	1.142106	3678	732
100	1.137003	732	711	1.137714	735	714	1.138428	739	714
+101	1.136271	740	708	1.136979	744	710	1.137689	747	710
102	1.135531	743	704	1 136235	746	707	1.136942	750	707
103	1.134788	741	701	1 135489	745	703	1.136192	749	703
104	1.134047	744	697	1.134744	748	699	1.135443	752	699
105	1.133303	744	693	1.133996	748	695	1.134691	752	695
106	1.132559	748	689	1.133248	752	691	1.133939	756	691
107	1.131811	+ 752	685	1.132496	+ 756	687	1.133183	+ 761	687
108	(1.131059)		681	(1.131740)		682	(1.132422)		683
f	− 17.71		6	− 17.77		7	− 17.84		6
k	+107 23		4	+107 27		3	+107 30		4
m	− 82.23		41	− 82.64		41	− 83 05		41
S	19.5479		917	19.6396		929	19.7325		929
W	58.9557		370	58.9187		377	58 8810		377
g	3.016		16	3.000		16	2 984		16

	25.2			25.3			25.4		
t	s	Δs_t	Δs_n	s	Δs_t	Δs_n	s	Δs_t	Δs_n
− 19							(1.207983)	+ 352	839
18	(1.205953)	+ 362	839	(1.206792)	+ 362	839	1.207631	362	839
17	1.205591	363	839	1.206430	364	839	1.207269	365	839
16	1.205228	371	838	1.206066	371	838	1.206904	371	839
15	1.204857	368	838	1.205695	368	838	1.206533	368	838
14	1.204489	371	838	1.205327	371	838	1.206165	371	838
13	1.204118	377	838	1.204956	377	838	1.205794	377	838
12	1.203741	385	838	1.204579	385	838	1.205417	385	838
11	1.203356	389	838	1.204194	390	838	1.205032	391	838
10	1 202967	389	837	1.203804	389	837	1.204641	389	838
9	1 202578	398	837	1.203415	398	837	1 204252	398	837
8	1 202180	393	837	1.203017	393	837	1 203854	393	837
7	1.201787	402	837	1 202624	402	837	1.203461	402	837
6	1.201385	407	837	1.202222	407	837	1.203059	407	837
5	1.200978	413	837	1.201815	413	837	1.202652	413	837
4	1.200565	417	837	1.201402	417	837	1 202239	417	837
3	1.200148	419	837	1.200985	419	837	1.201822	419	837
2	1.199729	419	837	1.200566	419	837	1.201403	419	837
− 1	1.199310	427	837	1.200147	427	837	1.200984	427	837
0	1.198883	431	837	1.199720	432	837	1.200557	432	837
+ 1	1.198452	433	836	1.199288	433	837	1.200125	433	837
2	1.198019	437	836	1.198855	437	837	1.199692	437	837
3	1.197582	441	836	1.198418	441	837	1.199255	442	837
4	1.197141	445	836	1.197977	445	836	1.198813	445	837
5	1.196696	448	836	1.197532	448	836	1.198368	448	836
6	1.196248	449	836	1.197084	449	836	1.197920	449	836
7	1.195799	455	836	1.196635	455	836	1.197471	455	836
8	1.195344	461	836	1.196180	461	836	1.197016	461	836
9	1.194883	467	836	1.195719	467	836	1.196555	467	836
10	1.194416	465	836	1 195252	465	836	1.196088	465	836
11	1.193951	472	836	1.194787	472	836	1.195623	472	836
12	1.193479	475	836	1.194315	475	836	1.195151	475	836
13	1 193004	478	836	1.193840	478	836	1.194676	478	836
14	1.192526	485	836	1.193362	486	836	1.194198	486	836
15	1.192041	481	835	1.192876	481	836	1.193712	482	836
16	1.191560	490	835	1.192395	490	835	1.193230	490	836
17	1.191070	494	835	1.191905	494	835	1.192740	494	835
18	1.190576	494	835	1.191411	494	835	1.192246	494	835
19	1 190082	503	835	1.190917	503	835	1.191752	503	835
20	1.189579		835	1.190414		835	1.191249		835

	25.2			25.3			25.4		
t	s	Δs_t	Δs_p	s	Δs_t	Δs_p	s	Δs_t	Δs_p
+20	1.189579	+2549	835	1.190414	+2550	835	1.191249	+2551	835
25	1.187030	2646	834	1.187864	2648	834	1.188698	2650	834
30	1.184384	2729	832	1.185216	2731	832	1.186048	2733	832
35	1.181655	2811	830	1.182485	2813	830	1.183315	2815	830
40	1.178844	2894	828	1.179672	2898	828	1.180500	2901	828
45	1.175950	2972	824	1.176774	2976	825	1.177599	2981	825
50	1.172978	3053	820	1.173798	3058	820	1.174618	3063	820
55	1.169925	3133	815	1.170740	3139	815	1.171555	3145	816
60	1.166792	3206	809	1.167601	3213	809	1.168410	3220	809
65	1.163586	3282	802	1.164388	3290	802	1.165190	3298	803
70	1.160304	3355	794	1.161098	3365	794	1.161892	3374	794
75	1.156949	3426	784	1.157733	3436	785	1.158518	3447	785
80	1.153523	3493	774	1.154297	3506	774	1.155071	3519	774
85	1.150030	3566	761	1.150791	3580	761	1.151552	3594	761
90	1.146464	3626	747	1.147211	3641	747	1.147958	3656	747
95	1.142838	3696	732	1.143570	3714	732	1.144302	3732	732
100	1.139142	743	714	1.139856	746	714	1.140570	749	715
+101	1.138399	750	711	1.139110	754	711	1.139821	758	711
102	1.137649	754	707	1.138356	758	707	1.139063	762	707
103	1.136895	753	703	1.137598	757	703	1.138301	761	703
104	1.136142	756	699	1.136841	760	699	1.137540	764	699
105	1.135386	756	695	1.136081	760	695	1.136776	764	695
106	1.134630	760	691	1.135321	764	691	1.136012	768	691
107	1.133870	+ 765	687	1.134557	+ 769	687	1.135244	+ 773	687
108	(1.133105)		683	(1.133788)		683	(1.134471)		683
f	— 17.90		7	— 17.97		6	— 18.03		7
k	+107.34		4	+107.38		4	+107.42		4
m	— 83.46		41	— 83.87		41	— 84.28		41
S	19.8254		929	19.9183		929	20.0112		929
W	58.8433		377	58.8056		377	58.7679		377
g	2.968		15	2.953		16	2.937		15

t	25.5 s	Δs_I	Δs_p	25.6 s	Δs_I	Δs_p	25.7 s	Δs_I	Δs_p
− 19	(1.208822)	+ 352	839	(1.209661)	+ 352	839	(1.210500)	+ 352	839
18	1.208470	362	839	1.209309	362	839	1.210148	362	839
17	1.208108	365	839	1 208947	365	839	1.209786	365	839
16	1.207743	372	839	1.208582	373	839	1.209421	373	839
15	1.207371	368	838	1.208209	368	839	1.209048	369	839
14	1 207003	371	838	1.207841	371	838	1.208679	371	838
13	1 206632	377	838	1.207470	377	838	1.208308	377	838
12	1 206255	385	838	1.207093	385	838	1.207931	385	838
11	1.205870	391	838	1.206708	391	838	1.207546	391	838
10	1.205479	390	838	1 206317	390	838	1.207155	390	838
9	1.205089	398	838	1.205927	398	838	1.206765	398	838
8	1.204691	393	838	1.205529	394	838	1.206367	395	838
7	1.204298	402	837	1.205135	402	837	1.205972	402	838
6	1.203896	407	837	1.204733	407	837	1.205570	407	838
5	1.203489	413	837	1 204326	413	837	1.205163	413	837
4	1.203076	417	837	1.203913	417	837	1.204750	417	837
3	1.202659	419	837	1.203496	419	837	1.204333	419	837
2	1.202240	419	837	1.203077	419	837	1.203914	419	837
− 1	1.201821	427	837	1 202658	427	837	1.203495	427	837
0	1.201394	432	837	1 202231	432	837	1.203068	432	837
+ 1	1.200962	433	837	1.201799	433	837	1.202636	433	837
2	1.200529	437	837	1.201366	437	837	1.202203	437	837
3	1.200092	442	837	1.200929	442	837	1.201766	442	837
4	1.199650	446	837	1.200487	447	837	1.201324	447	837
5	1.199204	448	836	1.200040	448	837	1.200877	448	837
6	1.198756	449	836	1.199592	449	837	1.200429	449	837
7	1.198307	455	836	1.199143	455	837	1.199980	456	837
8	1.197852	461	836	1.198688	461	836	1.199524	461	837
9	1.197391	467	836	1.198227	467	836	1.199063	467	836
10	1.196924	465	836	1.197760	465	836	1.198596	465	836
11	1.196459	472	836	1.197295	472	836	1.198131	472	836
12	1.195987	475	836	1.196823	475	836	1.197659	475	836
13	1.195512	478	836	1.196348	478	836	1.197184	478	836
14	1.195034	486	836	1.195870	486	836	1.196706	486	836
15	1.194548	482	836	1.195384	482	836	1.196220	482	836
16	1.194066	491	836	1.194902	491	836	1.195738	491	836
17	1.193575	494	836	1.194411	495	836	1.195247	496	836
18	1.193081	494	835	1.193916	494	835	1.194751	494	836
19	1 192587	503	835	1.193422	503	835	1.194257	503	835
20	1 192084		835	1 192919		835	1.193754		835

	25.5			25.6			25.7		
t	s	Δs_I	Δs_{II}	s	Δs_I	Δs_{II}	s	Δs_I	Δs_{II}
+ 20	1.192084	+2552	835	1 192919	+2553	835	1.193754	+2554	835
25	1.189532	2652	834	1.190366	2653	834	1.191200	2654	834
30	1.186880	2735	833	1.187713	2737	833	1.188546	2739	833
35	1.184145	2817	831	1.184976	2820	831	1.185807	2823	831
40	1.181328	2904	828	1 182156	2907	828	1.182984	2910	828
45	1.178424	2986	825	1.179249	2990	825	1.180074	2994	825
50	1.175438	3067	821	1.176259	3072	821	1.177080	3077	821
55	1.172371	3152	816	1.173187	3158	816	1.174003	3164	816
60	1.169219	3226	810	1.170029	3233	810	1.170839	3240	810
65	1.165993	3307	803	1.166796	3316	803	1.167599	3325	803
70	1.162686	3383	794	1 163480	3392	794	1.164274	3401	795
75	1.159303	3458	785	1.160088	3469	785	1.160873	3480	785
80	1.155845	3532	774	1.156619	3545	774	1.157393	3557	774
85	1.152313	3608	761	1.153074	3621	762	1.153836	3635	762
90	1.148705	3671	748	1.149453	3687	748	1 150201	3703	748
95	1.145034	3749	732	1.145766	3766	732	1.146498	3783	732
100	1.141285	753	715	1.142000	757	715	1.142715	761	715
+101	1 140532	762	711	1 141243	766	711	1.141954	770	711
102	1.139770	766	707	1.140477	770	707	1.141184	774	707
103	1 139004	765	703	1.139707	769	703	1.140410	772	703
104	1.138239	768	699	1.138938	772	700	1.139638	776	700
105	1.137471	768	695	1.138166	772	696	1.138862	777	696
106	1.136703	772	691	1.137394	776	691	1.138085	780	692
107	1 135931	+ 777	687	1.136618	+ 781	687	1.137305	+ 785	687
108	(1.135154)		683	(1.135837)		683	(1.136520)		683
f	— 18.10		6	— 18.16		7	— 18 23		6
k	+107.46		3	+107.49		4	+107.53		4
m	— 84.69		41	— 85 10		41	— 85.51		41
S	20.1041		929	20.1970		929	20.2899		929
W	58.7302		377	58.6925		377	58.6548		377
g	2.922		16	2.906		15	2.891		15
$\mathfrak{S}$	imaginär			imaginär			imaginär		

t	25.8 s	Δs_t	Δs_p	25.9 s	Δs_t	Δs_p	26.0 s	Δs_t	Δs_p
− 19	(1.211339)	+ 352	840	(1.212179)	+ 353	840	(1.213019)	+ 353	841
18	1.210987	362	839	1.211826	362	840	1.212666	363	842
17	1.210625	365	839	1.211464	365	839	1.212303	365	842
16	1.210260	373	839	1.211099	373	839	1.211938	373	842
15	1.209887	370	839	1.210726	370	839	1.211565	370	842
14	1.209517	371	839	1.210356	372	839	1.211195	373	842
13	1.209146	377	838	1.209984	377	838	1.210822	377	842
12	1.208769	385	838	1.209607	385	838	1.210445	385	842
11	1.208384	391	838	1.209222	391	838	1.210060	391	842
10	1.207993	390	838	1.208831	390	838	1.209669	390	842
9	1.207603	398	838	1 208441	398	838	1.209279	398	842
8	1.207205	395	838	1.208043	395	838	1.208881	395	842
7	1.206810	402	838	1.207648	402	838	1.208486	402	842
6	1.206408	408	838	1.207246	409	838	1.208084	409	842
5	1.206000	413	837	1.206837	412	838	1.207675	412	842
4	1.205587	417	837	1.206425	418	838	1.207263	419	842
3	1 205170	419	837	1.206007	419	837	1.206844	419	842
2	1.204751	419	837	1.205588	419	837	1.206425	419	842
− 1	1.204332	427	837	1.205169	427	837	1.206006	427	842
0	1.203905	432	837	1.204742	432	837	1 205579	432	842
+ 1	1.203473	433	837	1.204310	433	837	1.205147	433	842
2	1.203040	437	837	1.203877	437	837	1.204714	437	842
3	1.202603	442	837	1.203440	442	837	1.204277	442	842
4	1.202161	447	837	1.202998	447	837	1.203835	447	843
5	1.201714	448	837	1.202551	448	837	1.203388	448	843
6	1.201266	449	837	1.202103	449	837	1.202940	449	843
7	1.200817	456	837	1.201654	456	837	1.202491	456	843
8	1.200361	462	837	1.201198	462	837	1.202035	462	843
9	1.199899	467	837	1.200736	468	837	1.201573	468	843
10	1.199432	465	836	1 200268	465	837	1.201105	466	843
11	1.198967	472	836	1.199803	472	836	1.200639	472	843
12	1.198495	475	836	1.199331	475	836	1.200167	474	843
13	1.198020	478	836	1.198856	478	837	1.199693	479	843
14	1.197542	486	836	1.198378	486	836	1.199214	486	843
15	1.197056	482	836	1.197892	482	836	1.198728	482	843
16	1.196574	491	836	1.197410	491	836	1 198246	491	843
17	1.196083	496	836	1.196919	496	836	1 197755	496	843
18	1.195587	495	836	1.196423	496	836	1.197259	496	843
19	1.195092	503	835	1.195927	503	836	1.196763	504	843
20	1.194589		835	1.195424		835	1.196259		843

t	25.8 s	25.8 Δs_t	25.8 Δs_p	25.9 s	25.9 Δs_t	25.9 Δs_p	26.0 s	26.0 Δs_t	26.0 Δs_p
+20	1.194589	+2555	835	1.195424	+2556	835	1.196259	+2557	843
25	1.192034	2655	834	1.192868	2656	834	1.193702	2657	842
30	1.189379	2741	833	1.190212	2743	833	1.191045	2745	841
35	1.186638	2826	831	1.187469	2829	831	1.188300	2832	839
40	1.183812	2913	828	1.184640	2916	828	1.185468	2919	836
45	1.180899	2998	825	1.181724	3002	825	1.182549	3006	833
50	1.177901	3082	821	1.178722	3087	821	1.179543	3092	829
55	1 174819	3170	816	1.175635	3176	816	1.176451	3182	824
60	1.171649	3247	810	1.172459	3254	810	1.173269	3261	818
65	1.168402	3333	803	1.169205	3341	803	1.170008	3349	810
70	1.165069	3411	795	1.165864	3421	795	1.166659	3431	802
75	1.161658	3491	785	1.162443	3502	785	1.163228	3513	792
80	1.158167	3569	774	1.158941	3581	774	1.159715	3593	780
85	1.154598	3649	762	1.155360	3663	762	1.156122	3677	767
90	1.150949	3719	748	1.151697	3735	748	1.152445	3751	753
95	1.147230	3800	732	1.147962	3817	732	1.148694	3834	736
100	1.143430	765	715	1.144145	769	715	1.144860	773	718
+101	1.142665	774	711	1.143376	778	711	1.144087	781	714
102	1.141891	778	707	1.142598	781	708	1.143306	785	710
103	1.141113	775	704	1.141817	779	704	1.142521	783	706
104	1.140338	780	700	1.141038	784	700	1.141738	788	702
105	1.139558	781	696	1.140254	785	696	1.140950	789	698
106	1.138777	785	692	1.139469	790	692	1.140161	794	693
107	1.137992	+ 789	687	1.138679	+ 793	688	1.139367	+ 798	689
108	(1.137203)		683	(1.137886)		683	(1.138569)		685
f	— 18.29		7	— 18.36		6	— 18.42		7
k	+107 57		4	+107.61		4	+107.65		3
m	— 85 92		41	— 86.33		41	— 86.74		41
S	20.3828		929	20.4757		930	20.5687		941
W	58.6171		377	58.5794		377	58.5417		384
g	2.876		15	2.861		15	2.846		15
𝔖	— 62.0		122	— 49.8		107	— 39.1		94

t	26.1 s	26.1 Δs_I	26.1 Δs_{II}	26.2 s	26.2 Δs_I	26.2 Δs_{II}	26.3 s	26.3 Δs_I	26.3 Δs_{II}
— 19	1.213860	+ 352	842	1.214702	+ 352				
18	1.213508	363	842	1.214350	363				
17	1.213145	365	842	1.213987	365				
16	1.212780	373	842	1.213622	373				
15	1.212407	370	842	1.213249	370	842	1.214091	+ 370	
14	1.212037	373	842	1.212879	373	842	1.213721	373	
13	1.211664	377	842	1.212506	377	842	1.213348	377	
12	1.211287	385	842	1.212129	385	842	1.212971	385	
11	1.210902	391	842	1.211744	391	842	1.212586	391	
10	1.210511	390	842	1.211353	390	842	1.212195	390	
9	1.210121	398	842	1.210963	398	842	1.211805	398	
8	1.209723	395	842	1.210565	395	842	1.211407	395	842
7	1.209328	402	842	1.210170	402	842	1.211012	402	842
6	1.208926	409	842	1.209768	409	842	1.210610	409	842
5	1.208517	412	842	1.209359	412	842	1.210201	412	842
4	1.208105	419	842	1.208947	419	842	1.209789	419	842
3	1.207686	419	842	1.208528	419	842	1.209370	419	842
2	1.207267	419	842	1.208109	419	842	1.208951	419	842
— 1	1.206848	427	842	1.207690	426	842	1.208532	426	842
0	1.206421	432	843	1.207264	432	842	1.208106	432	843
+ 1	1.205989	433	843	1.206832	433	842	1.207674	432	843
2	1.205556	437	843	1.206399	437	843	1.207242	437	843
3	1.205119	441	843	1.205962	441	843	1.206805	441	843
4	1.204678	447	843	1.205521	447	843	1.206364	447	843
5	1.204231	448	843	1.205074	448	843	1.205917	448	843
6	1.203783	449	843	1.204626	449	843	1.205469	449	843
7	1.203334	456	843	1.204177	456	843	1.205020	456	843
8	1.202878	462	843	1.203721	462	843	1.204564	462	843
9	1.202416	468	843	1.203259	468	843	1.204102	468	843
10	1.201948	466	843	1.202791	466	843	1.203634	466	843
11	1.201482	472	843	1.202325	472	843	1.203168	472	843
12	1.201010	474	843	1.201853	474	843	1.202696	474	843
13	1.200536	479	843	1.201379	479	843	1.202222	479	843
14	1.200057	486	843	1.200900	486	843	1.201743	486	843
15	1.199571	482	843	1.200414	482	843	1.201257	482	843
16	1.199089	491	843	1.199932	491	843	1.200775	491	843
17	1.198598	496	843	1.199441	496	843	1.200284	496	843
18	1.198102	496	843	1.198945	496	843	1.199788	496	843
19	1.197606	504	843	1.198449	504	843	1.199292	504	843
20	1.197102		843	1.197945		843	1.198788		843

t	26.1 s	Δs_t	Δs_p	26.2 s	Δs_t	Δs_p	26.3 s	Δs_t	Δs_p
+ 20	1.197102	+2558	843	1.197945	+2559	843	1.198788	+2560	843
25	1.194544	2658	842	1.195386	2659	842	1.196228	2660	842
30	1.191886	2747	841	1.192727	2749	841	1.193568	2751	841
35	1.189139	2835	839	1.189978	2837	839	1.190817	2839	839
40	1.186304	2922	837	1.187141	2926	837	1.187978	2930	837
45	1.183382	3010	833	1.184215	3014	833	1.185048	3018	833
50	1.180372	3097	829	1.181201	3102	829	1.182030	3107	829
55	1.177275	3188	824	1.178099	3194	824	1.178923	3200	824
60	1.174087	3269	818	1.174905	3277	818	1.175723	3284	818
65	1.170818	3357	810	1.171628	3365	811	1.172439	3374	811
70	1.167461	3441	802	1.168263	3451	802	1.169065	3461	802
75	1.164020	3525	792	1.164812	3537	792	1.165604	3549	792
80	1.160495	3606	780	1.161275	3619	780	1.162055	3632	780
85	1.156889	3691	767	1.157656	3705	767	1.158423	3719	768
90	1.153198	3768	753	1.153951	3785	753	1.154704	3802	753
95	1.149430	3852	736	1.150166	3870	736	1.150902	3888	736
100	1.145578	777	718	1.146296	781	718	1.147014	785	718
+101	1.144801	785	714	1.145515	789	714	1.146229	793	714
102	1.144016	789	710	1.144726	793	710	1.145436	797	710
103	1.143227	787	706	1.143933	791	706	1.144639	795	706
104	1.142440	792	702	1.143142	796	702	1.143844	800	702
105	1.141648	794	698	1.142346	799	698	1.143044	803	698
106	1.140854	798	693	1.141547	802	694	1.142241	807	694
107	1.140056	+ 802	689	1.140745	+ 806	689	1.141434	+ 810	689
108	(1.139254)		685	(1.139939)		685	(1.140624)		685
f	− 18.49		6	− 18.55		6	− 18.61		6
k	+107.68		4	+107.72		4	+107.76		4
m	− 87.15		41	− 87.56		41	− 87.97		41
S	20.6628		941	20.7569		941	20.8510		941
W	58.5033		384	58.4649		384	58.4265		384
g	2.831		14	2.817		15	2.802		14
𝔖	− 29.7		83	− 21.4		74	− 14.0		67

t	26.4 s	26.4 Δs_t	26.4 Δs_p	26.5 s	26.5 Δs_t	26.5 Δs_p	26.6 s	26.6 Δs_t	26.6 Δs_p
− 8	(1.212249)								
7	1.211854	+ 395							
6	1.211452	402							
5	1.211043	409							
4	1.210631	412							
3	1.210212	419							
2	1.209793	419	842	(1.210635)					
− 1	1.209374	419	843	1.210217	+ 418				
0	1.208949	425	842	1 209791	426				
+ 1	1.208517	432	843	1.209360	431				
2	1.208085	432	843	1.208928	432				
3	1.207648	437	843	1.208491	437				
4	1.207207	441	843	1.208050	441	843	(1.208893)		
5	1.206760	447	843	1.207603	447	843	1.208446	+ 447	
6	1.206312	448	843	1.207155	448	843	1 207998	448	
7	1.205863	449	843	1.206706	449	843	1 207549	449	
8	1.205407	456	843	1.206250	456	843	1.207093	456	
9	1.204945	462	843	1 205788	462	843	1.206631	462	843
10	1.204477	468	843	1.205320	468	843	1.206163	468	844
11	1.204011	466	843	1.204854	466	843	1.205697	466	843
12	1.203539	472	843	1.204382	472	843	1.205225	472	843
13	1.203065	474	843	1.203908	474	843	1.204751	474	844
14	1.202586	479	843	1.203429	479	843	1.204272	479	844
15	1.202100	486	843	1.202943	486	843	1.203786	486	843
16	1.201618	482	843	1.202461	482	843	1.203304	482	844
17	1.201127	491	843	1.201970	491	843	1.202813	491	843
18	1.200631	496	843	1.201474	496	843	1.202317	496	843
19	1.200135	496	843	1.200978	496	843	1.201821	496	843
20	1.199631	504	843	1.200474	504	843	1.201317	504	843

	26.4			26.5			26.6		
t	s	Δs_t	Δs_p	s	Δs_t	Δs_p	s	Δs_t	Δs_p
+ 20	1.199631	+2561	843	1.200474	+2562	843	1.201317	+2563	843
25	1.197070	2661	842	1.197912	2662	842	1.198754	2663	843
30	1.194409	2753	841	1.195250	2755	841	1.196091	2757	841
35	1.191656	2841	839	1.192495	2843	839	1.193334	2845	840
40	1.188815	2934	837	1.189652	2937	837	1.190489	2940	837
45	1.185881	3022	834	1.186715	3027	834	1.187549	3031	834
50	1.182859	3112	829	1.183688	3117	830	1.184518	3123	830
55	1.179747	3206	824	1.180571	3212	824	1.181395	3218	825
60	1.176541	3291	818	1.177359	3298	818	1.178177	3305	818
65	1.173250	3383	811	1.174061	3392	811	1.174872	3401	811
70	1.169867	3471	802	1.170669	3481	802	1.171471	3491	802
75	1.166396	3561	792	1.167188	3572	792	1.167980	3583	792
80	1.162835	3644	781	1.163616	3657	781	1.164397	3670	781
85	1.159191	3734	768	1.159959	3749	768	1.160727	3764	768
90	1.155457	3819	753	1.156210	3835	753	1.156963	3851	753
95	1.151638	3906	737	1.152375	3925	737	1.153112	3944	737
100	1.147732	789	718	1.148450	793	718	1.149168	796	718
+101	1.146943	797	714	1.147657	801	715	1.148372	805	715
102	1.146146	801	710	1.146856	805	711	1 147567	809	711
103	1.145345	799	706	1.146051	803	707	1.146758	808	707
104	1.144546	804	702	1.145248	808	702	1.145950	812	702
105	1.143742	807	698	1.144440	811	698	1.145138	815	698
106	1.142935	812	694	1.143629	816	694	1.144323	820	694
107	1.142123	+ 814	690	1.142813	+ 819	690	1.143503	+ 824	690
108	(1.141309)		685	(1.141994)		685	(1.142679)		685
f	− 18.67		7	− 18.74		6	− 18.80		7
k	+107.80		4	+107.84		4	+107.88		4
m	− 88.38		41	− 88.79		41	− 89 20		41
S	20.9451		941	21.0392		942	21.1334		942
W	58.3881		384	58.3497		384	58.3113		385
g	2.788		14	2.774		15	2.759		14
$\mathfrak{S}$	− 7.3		62	− 1.1		58	+ 4.7		54
s_0	1.208949		842	1.209791		843	(1.210634)		843

	26.7			26.8			26.9		
t	s	Δs′	Δs″	s	Δs′	Δs″	s	Δs′	Δs″
+ 9	(1.207474)								
10	1.207007	+ 467							
11	1.206540	467							
12	1.206068	472							
13	1.205595	473							
14	1.205116	479	844	(1.205960)					
15	1.204629	487	844	1.205473	+ 487				
16	1.204148	481	844	1.204992	481				
17	1.203656	492	844	1.204500	492				
18	1.203160	496	843	1.204003	497				
19	1.202664	496	843	1.203507	496	843	(1.204350)		
20	1.202160	504	843	1.203003	504	844	1.203847	+ 503	
25	1.199597	2563	843	1.200440	2563	843	1.201283	2564	843
30	1.196932	2665	841	1.197773	2667	842	1.198615	2668	842
35	1.194174	2758	840	1.195014	2759	840	1.195854	2761	840
40	1.191326	2848	837	1.192163	2851	837	1.193000	2854	837
45	1.188383	2943	834	1.189217	2946	834	1.190051	2949	834
50	1.185348	3035	830	1.186178	3039	830	1.187008	3043	830
55	1.182220	3128	825	1.183045	3133	825	1.183870	3138	825
60	1.178995	3225	818	1.179813	3232	819	1.180632	3238	819
65	1.175683	3312	811	1.176494	3319	811	1.177305	3327	811
70	1.172273	3410	802	1.173075	3419	802	1.173877	3428	803
75	1.168772	3501	792	1.169564	3511	793	1.170357	3520	793
80	1.165178	3594	781	1.165959	3605	781	1.166740	3617	781
85	1.161495	3683	768	1.162263	3696	768	1.163031	3709	768
90	1.157716	3779	753	1.158469	3794	753	1.159222	3809	753
95	1.153849	3867	737	1.154586	3883	737	1.155323	3899	737
100	1.149886	3963	719	1.150605	3981	719	1.151324	3999	719
+101	1.149087	799	715	1.149802	803	715	1.150517	807	715
102	1.148278	809	711	1.148989	813	711	1.149700	817	711
103	1.147465	813	707	1.148172	817	707	1.148879	821	707
104	1.146652	813	703	1.147355	817	703	1.148058	821	703
105	1.145836	816	698	1.146534	821	698	1.147232	826	699
106	1.145017	819	694	1.145711	823	694	1.146405	827	694
107	1.144193	824	690	1.144883	828	690	1.145573	832	690
108	(1.143364)	+ 829	685	(1.144049)	+ 834	685	(1.144734)	+ 839	686
f	− 18.87		6	− 18.93		7	− 19.00		7
k	+107.92		4	+107.96		4	+108.00		4
m	− 89.61		41	− 90.02		41	− 90.43		41
S	21.2276		942	21.3218		942	21.4160		942
W	58.2728		385	58.2343		385	58.1958		385
g	2.745		14	2.731		14	2.717		13
𝔖	+ 10.1		52	+ 15.3		50	+ 20.3		47
s_0	(1.211477)		843	(1.212320)		843	(1.213163)		843

t	27.0 s	Δs′	Δs″	27.1 s	Δs′	Δs″	27.2 s	Δs′	Δs″
+25	(1.202126)	+2669	852	(1.202978)	+2671				
30	1.199457	2763	850	1.200307	2765	850	(1.201157)	+2767	
35	1.196694	2857	848	1.197542	2859	848	1.198390	2861	848
40	1.193837	2952	846	1.194683	2956	846	1.195529	2960	846
45	1.190885	3047	842	1.191727	3051	842	1.192569	3055	842
50	1.187838	3143	838	1.188676	3148	838	1.189514	3153	838
55	1.184695	3244	833	1.185528	3250	833	1.186361	3256	833
60	1.181451	3335	827	1.182278	3343	827	1.183105	3351	827
65	1.178116	3436	819	1.178935	3445	819	1.179754	3454	819
70	1.174680	3530	810	1.175490	3541	810	1.176300	3552	810
75	1.171150	3629	799	1.171949	3641	799	1.172748	3653	800
80	1.167521	3722	787	1.168308	3735	787	1.169095	3748	787
85	1.163799	3824	774	1.164573	3840	774	1.165347	3856	774
90	1.159975	3915	758	1.160733	3932	758	1.161491	3949	759
95	1.156060	4017	741	1.156801	4036	741	1.157542	4055	741
100	1.152043	811	722	1.152765	815	722	1.153487	819	722
+101	1.151232	821	718	1.151950	825	718	1.152668	829	718
102	1.150411	825	714	1.151125	829	714	1.151839	833	714
103	1.149586	825	710	1.150296	830	710	1.151006	835	710
104	1.148761	830	705	1.149466	834	705	1.150171	838	705
105	1.147931	832	701	1.148632	837	701	1.149333	841	701
106	1.147099	836	696	1.147795	840	697	1.148492	845	697
107	1.146263	843	692	1.146955	848	692	1.147647	853	692
108	1.145420	+849	687	1.146107	+854	687	1.146794	+859	687
109	(1.144571)		682	(1.145253)		682	(1.145935)		683
f	−19.07		6	−19.13		7	−19.20		6
k	+108.04		4	+108.08		4	+108.12		4
m	−90.84		41	−91.25		41	−91.66		41
S	21.5102		954	21.6056		954	21.7010		954
W	58.1573		391	58.1182		392	58.0790		392
g	2.704		14	2.690		14	2.676		13
𝔖	+25.0		46	+29.6		44	+34.0		43
s_0	(1.214006)		848	(1.214854)		849	(1.215703)		848

	27.3			27.4			27.5		
t	s	Δs_l	Δs_p	s	Δs_l	Δs_p	s	Δs_l	Δs_p
+ 35	(1.199238)	+2863							
40	1.196375	2964	846	(1.197221)	+2967				
45	1.193411	3059	843	1.194254	3063	843	(1.195097)	+3067	
50	1.190352	3158	839	1.191191	3164	839	1.192030	3170	839
55	1.187194	3262	833	1.188027	3268	833	1.188860	3274	833
60	1.183932	3359	827	1.184759	3367	827	1.185586	3375	827
65	1.180573	3463	819	1.181392	3472	819	1 182211	3481	819
70	1 177110	3562	810	1.177920	3572	810	1.178730	3582	810
75	1.173548	3666	800	1.174348	3679	800	1.175148	3691	800
80	1.169882	3761	787	1.170669	3774	788	1.171457	3788	788
85	1.166121	3871	774	1.166895	3886	774	1.167669	3901	774
90	1.162250	3967	759	1.163009	3985	759	1.163768	4002	759
95	1.158283	4074	741	1.159024	4093	742	1.159766	4113	742
100	1.154209	823	722	1.154931	827	722	1.155653	831	722
+101	1.153386	833	718	1.154104	837	718	1.154822	841	718
102	1.152553	837	714	1.153267	841	714	1.153981	845	714
103	1.151716	840	710	1.152426	844	710	1.153136	848	710
104	1.150876	842	706	1.151582	847	706	1.152288	852	706
105	1.150034	845	701	1.150735	849	701	1.151436	853	701
106	1.149189	850	697	1.149886	855	697	1.150583	860	697
107	1.148339	858	692	1.149031	863	692	1.149723	868	692
108	1.147481	+ 863	687	1 148168	+ 867	687	1.148855	+ 871	688
109	(1.146618)		683	(1.147301)		683	(1.147984)		683
f	— 19 26		7	— 19 33		6	— 19.39		7
k	+108.16		4	+108.20		4	+108.24		3
m	— 92 07		41	— 92.48		41	— 92.89		41
S	21.7964		954	21.8918		954	21.9872		954
W	58.0398		392	58.0006		392	57.9614		392
g	2.663		13	2.650		14	2.636		13
$\mathfrak{S}$	+ 38.3		41	+ 42.4		40	+ 46.4		39
s_0	(1.216551)		849	(1.217400)		849	(1.218249)		849

t	27.6 s	Δs_t	Δs_p	27.7 s	Δs_t	Δs_p	27.8 s	Δs_t	Δs_p
+ 50	(1.192869)	+3176	839	(1.193708)	+3181				
55	1.189693	3280	834	1.190527	3287	834	(1.191361)	+2294	
60	1.186413	3383	827	1.187240	3391	827	1.188067	3398	827
65	1.183030	3490	819	1 183849	3499	820	1.184669	3508	820
70	1.179540	3592	810	1.180350	3602	811	1.181161	3614	811
75	1.175948	3703	800	1.176748	3715	800	1.177548	3727	800
80	1.172245	3802	788	1.173033	3816	788	1.173821	3830	788
85	1.168443	3916	774	1.169217	3931	774	1.169991	3946	774
90	1.164527	4019	759	1.165286	4036	759	1.166045	4053	759
95	1.160508	4133	742	1.161250	4152	742	1.161992	4171	742
100	1.156375	835	723	1.157098	839	723	1.157821	843	723
+101	1.155540	845	719	1.156259	850	719	1.156978	855	719
102	1.154695	849	714	1.155409	853	714	1.156123	857	715
103	1.153846	852	710	1.154556	856	710	1.155266	860	710
104	1.152994	857	706	1.153700	862	706	1.154406	866	706
105	1.152137	857	701	1.152838	861	702	1.153540	866	702
106	1.151280	865	697	1.151977	870	697	1 152674	874	697
107	1.150415	872	692	1.151107	876	693	1.151800	881	693
108	1.149543	+ 876	688	1.150231	+ 881	688	1.150919	+ 886	688
109	(1.148667)		683	(1.149350)		683	(1.150033)		683
f	— 19.46		6	— 19.52		7	— 19.59		6
k	+108.27		4	+108.31		4	+108.35		4
m	— 93.30		41	— 93.71		41	— 94.12		41
S	22.0826		954	22.1780		954	22.2734		954
W	57.9222		392	57.8830		392	57.8438		392
g	2.623		13	2.610		13	2.597		13
$\mathfrak{S}$	+ 50.3		38	+ 54.1		37	+ 57.8		36
s_0	(1.219098)		849	(1 219947)		849	(1.220796)		849

	27.9			28.0			28.1		
t	s	Δs_t	Δs_p	s	Δs_t	Δs_p	s	Δs_t	Δs_p
+ 60	(1.188894	+3405	827	1.189721)	+3412				
65	1.185489	3517	820	1 186309	3526	828	(1.187137)	+3536	
70	1 181972	3624	811	1.182783	3635	818	1.183601	3646	818
75	1.178348	3739	800	1.179148	3751	807	1.179955	3763	807
80	1.174609	3844	788	1.175397	3857	795	1.176192	3871	795
85	1.170765	3961	775	1.171540	3977	781	1.172321	3994	781
90	1.166804	4070	759	1.167563	4087	764	1.168327	4105	764
95	1.162734	4190	742	1.163476	4209	746	1.164222	4229	746
100	1.158544	847	723	1.159267	851	726	1.159993	855	726
+101	1.157697	859	719	1 158416	863	722	1.159138	867	722
102	1.156838	862	715	1.157553	867	718	1.158271	872	718
103	1.155976	864	710	1.156686	868	713	1.157399	872	713
104	1.155112	870	706	1.155818	874	709	1.156527	879	709
105	1.154242	871	702	1.154944	876	704	1.155648	880	704
106	1.153371	878	697	1.154068	882	700	1.154768	887	700
107	1.152493	886	693	1.153186	891	695	1.153881	896	695
108	1.151607	+ 891	688	1.152295	+ 896	690	1.152985	+ 901	690
109	(1.150716)		683	(1.151399)		685	(1.152084)		685
f	— 19.65		7	— 19 72		6	— 19.78		7
k	+108 39		4	+108.43		4	+108.47		4
m	— 94 53		42	— 94 95		41	— 95 36		41
S	22.3688		955	22 4643		967	22.5610		967
W	57 8046		392	57 7654		399	57 7255		399
g	2.584		13	2.571		12	2.559		13
𝔖	+ 61.4		35	+ 64.9		34	+ 68.3		34
s_0	(1.221645)		849	(1.222494)		855	(1 223349)		855

	28.2			28.3			28.4		
t	s	Δs_t	Δs_p	s	Δs_t	Δs_p	s	Δs_t	Δs_p
+ 70	1.184419								
75	1.180762	+3657	808	(1.181570)		808	(1.182378)		
80	1.176987	3775	795	1.177782	+3788	795	1.178577	+3801	795
85	1 173102	3885	781	1.173883	3899	781	1.174664	3913	781
90	1.169091	4011	764	1.169855	4028	765	1.170620	4044	765
95	1.164968	4123	747	1.165715	4140	747	1.166462	4158	747
100	1.160719	4249	727	1.161446	4269	727	1.162173	4289	727
+101	1.159860	859	722	1.160582	864	722	1.161304	869	723
102	1.158989	871	718	1.159707	875	718	1.160425	879	718
103	1.158112	877	713	1 158825	882	714	1.159539	886	714
104	1.157236	876	709	1 157945	880	709	1.158654	885	709
105	1.156352	884	704	1.157056	889	704	1.157760	894	705
106	1.155468	884	700	1.156168	888	700	1.156868	892	700
107	1.154576	892	695	1.155271	897	695	1.155966	902	695
108	1.153675	901	690	1.154365	906	690	1.155055	911	690
109	(1.152769)	+ 906	685	(1.153454)	+ 911	685	(1.154139)	+ 916	685
f	— 19.85		6	— 19.91		7	— 19.98		6
k	+108.51		4	+108.55		4	+108.59		4
m	— 95.77		41	— 96.18		41	— 96 59		42
S	22 6577		967	22.7544		967	22 8511		967
W	57.6856		399	57.6457		399	57 6058		399
g	2.546		12	2 534		13	2.521		12
$\mathfrak{S}$	+ 71.7		34	+ 75.1		33	+ 78.4		33
s_0	(1.224204)		855	(1.225059)		855	(1.255914)		855

	28.5			28.6			28.7		
t	s	Δs_t	Δs_p	s	Δs_t	Δs_p	s	Δs_t	Δs_p
+ 80	1.179372)	+3927	796	1.180168)	+3942				
85	1.175445	4060	781	1.176226	4076	781	(1.177007)	+4092	
90	1.171385	4176	765	1.172150	4194	765	1.172915	4212	765
95	1.167209	4309	747	1.167956	4329	747	1.168703	4349	747
100	1.162900	873	727	1.163627	877	727	1.164354	881	727
+101	1.162027	884	723	1.162750	889	723	1.163473	894	723
102	1.161143	890	718	1.161861	894	718	1.162579	898	719
103	1.160253	890	714	1.160967	895	714	1.161681	900	714
104	1.159363	898	709	1.160072	902	709	1.160781	906	709
105	1.158465	897	705	1.159170	902	705	1.159875	907	705
106	1.157568	907	700	1.158268	912	700	1.158968	917	700
107	1.156661	916	695	1.157356	921	695	1.158051	925	695
108	1.155745	+ 921	690	1.156435	+ 926	691	1.157126	+ 931	691
109	(1.154824)		685	1.155509)		686	(1.156195)		686
f	− 20.04		7	− 20.11		6	− 20.17		7
k	+108.63		4	+108.67		4	+108.71		4
m	− 97.01		41	− 97.42		42	− 97.84		41
S	22.9478		967	23.0445		967	23.1412		967
W	57.5659		399	57.5260		399	57.4861		400
g	2.509		12	2.497		13	2.484		12
$\mathfrak{S}$	+ 81.7		32	+ 84.9		31	+ 88.0		30
s_0	(1.226769)		855	(1.227624)		855	(1.228479)		855

	28.8			28.9			29.0		
t	s	Δs_t	Δs_p	s	Δs_t	Δs_p	s	Δs_t	Δs_p
+ 90	(1.173680)	+4230	765	(1.174445)	+4248				
95	1.169450	4369	747	1.170197	4389	747	(1.170944)	+4409	752
100	1.165081	885	727	1.165808	889	727	1.166535	893	731
+101	1.164196	898	723	1.164919	902	723	1.165642	906	726
102	1.163298	903	719	1.164017	908	719	1.164736	913	722
103	1.162395	905	714	1.163109	909	714	1.163823	913	717
104	1.161490	910	710	1.162200	915	710	1.162910	920	713
105	1.160580	912	705	1.161285	917	705	1.161990	921	708
106	1.159668	922	700	1.160368	926	701	1.161069	931	703
107	1.158746	929	696	1.159442	934	696	1.160138	939	698
108	1.157817	+ 936	691	1.158508	+ 941	691	1.159199	+ 946	693
109	(1.156881)		686	(1.157567)		686	(1.158253)		688
f	— 20.24		6	— 20.30		7	— 20.37		6
k	+108.75		4	+108.79		4	+108 83		4
m	— 98 25		42	— 98.67		41	— 99.08		42
S	23.2379		967	23.3346		967	23.4313		979
W	57 4461		400	57.4061		400	57.3661		406
g	2 472		12	2 460		12	2 448		12
$\mathfrak{S}$	+ 91.0		29	+ 93 9		28	+ 96.7		28
s_0	(1.229334)		856	(1.230190)		856	(1.231046)		861

	29.1			29.2			29.3		
t	s	$\Delta s_{\prime}$	Δs_{n}	s	$\Delta s_{\prime}$	Δs_{n}	s	$\Delta s_{\prime}$	Δs_{n}
+ 95	1.171696								
100	1.167266	+4430							
+101	1.166368	898							
102	1.165458	910	722	1.166180)					
103	1.164540	918	717	1.165257	+ 923				
104	1.163623	917	714	1.164337	920				
105	1.162698	925	708	1.163406	931	708	(1.164114)		
106	1.161772	926	703	1.162475	931	703	1.163178	+ 936	
107	1.160836	936	698	1.161534	941	698	1.162232	946	698
108	1.159892	944	693	1 160585	949	693	1 161278	954	693
109	(1.158941)	+ 951	688	(1.159629)	+ 956	688	(1.160317)	+ 961	688
f	− 20.43		7	− 20.50		6	− 20.56		7
k	+108.87		4	+108 91		4	+108.95		4
m	− 99.50		41	− 99.91		42	−100.33		41
S	23.5292		980	23 6272		980	23 7252		980
W	57.3255		406	57.2849		406	57.2443		406
g	2.436		11	2 425		12	2.413		12
𝔖	+ 99.5		28	+102 3		28	+105.1		28
s_n	(1.231907)		862	(1.232769)		861	(1.233630)		862

	29.4		
t	s	$\Delta s_{\prime}$	Δs_{n}
+107	(1.162930)		
108	1.161971	+ 959	
+109	(1 161005)	+ 966	
f	− 20.63		6
k	+108 99		5
m	−100.74		42
S	23.8232		980
W	57.2037		407
g	2.401		11
𝔖	+ 107 9		27
s_n	(1.234492)		862

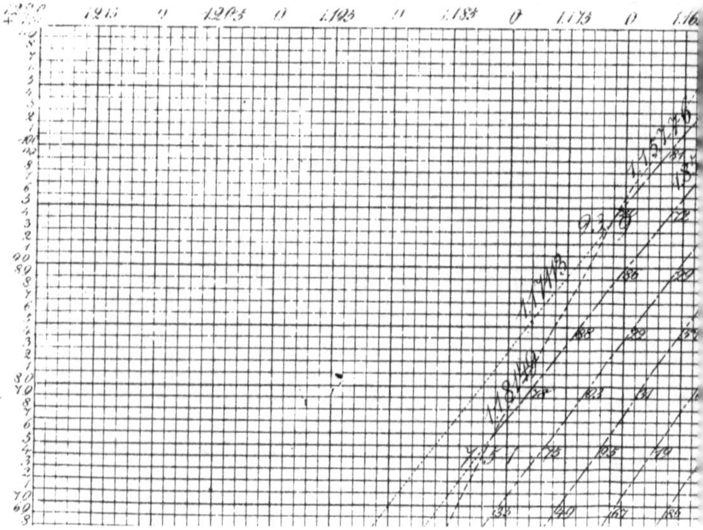

...phische Darstellung der Aenderu...

...Curven der Sättigungspunkte und ...
...Curven der Koch- und Gefrier- ...
...Curven der specifischen Gewicht...

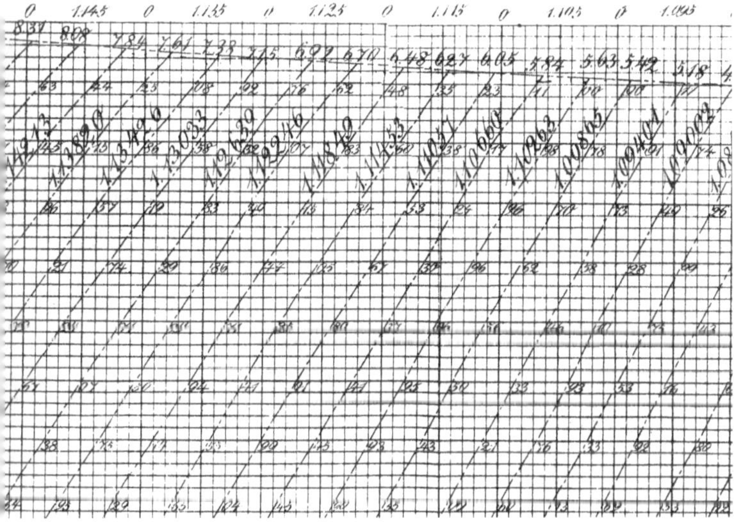

…ngen des specif. Gewichts der Sa…

…der Punkte des Maximum der Dichtig…

…Punkte 0. 1. 2, 3.

…te 0. 1. 2, 3.

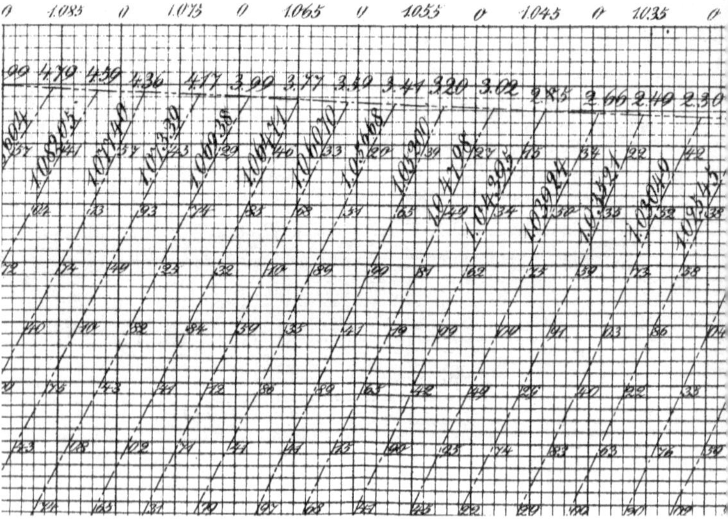

Taf. I.

len.

12.3.

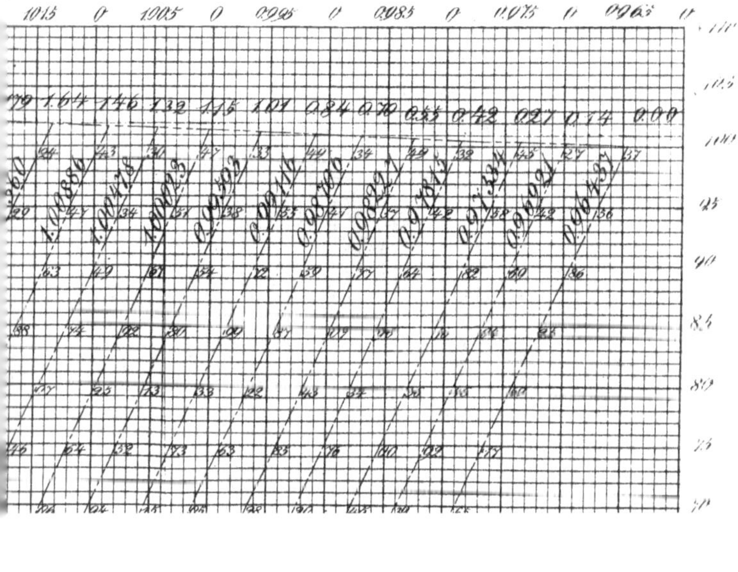

1015
0
1005
0
0.995
0
0.985
0
0.975
0
0.965
0
110
105
100
95
90
85
80
75
70

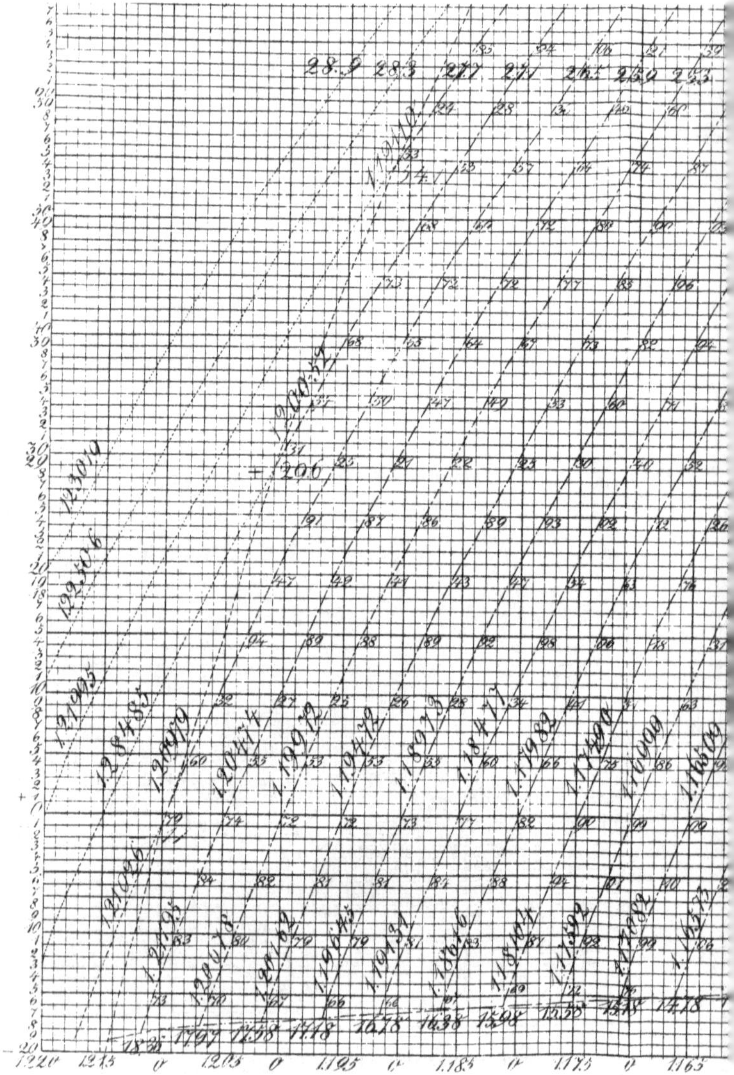

Karsten. Archiv f. M. Bd. XX.

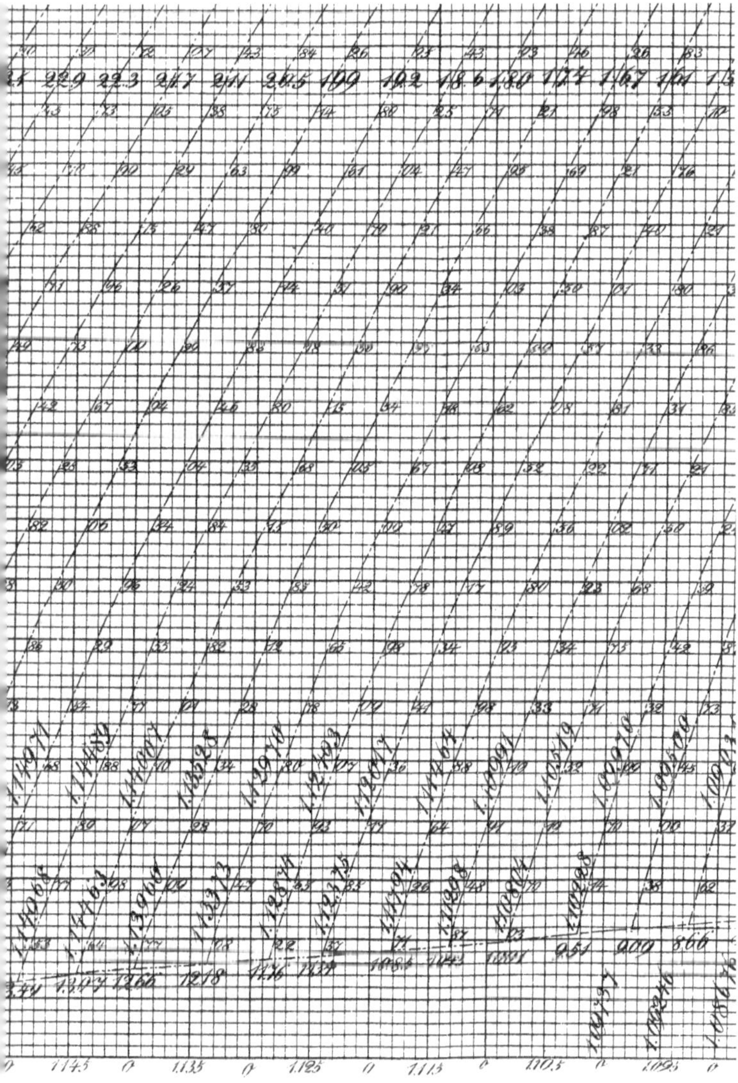

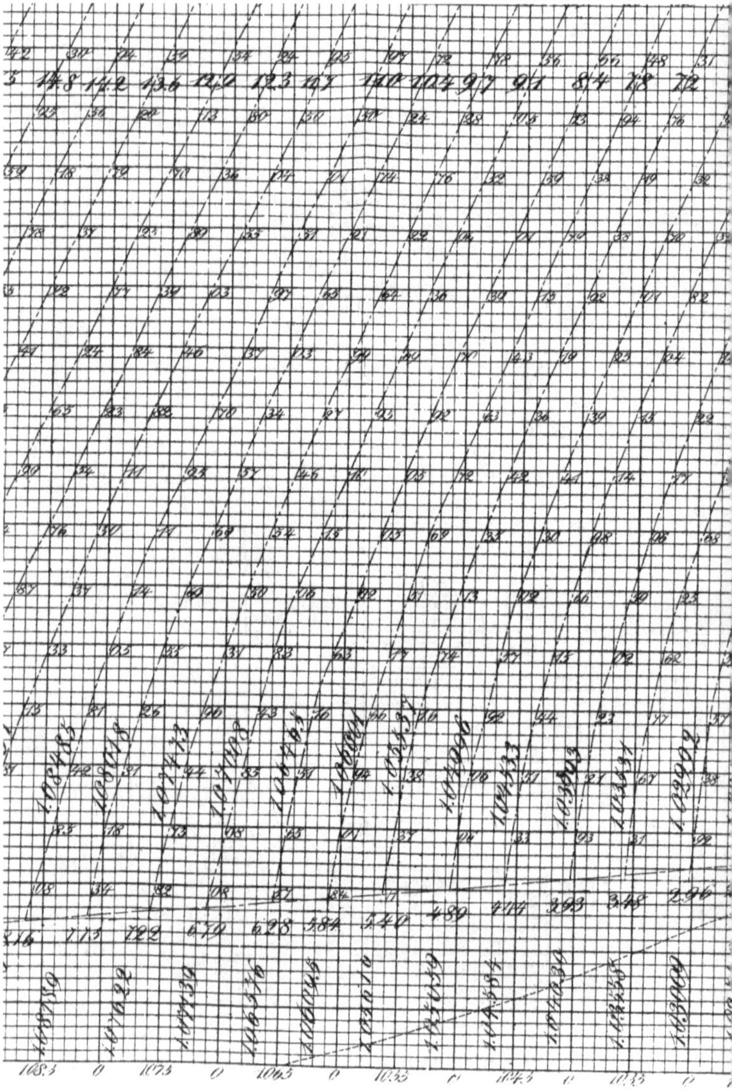

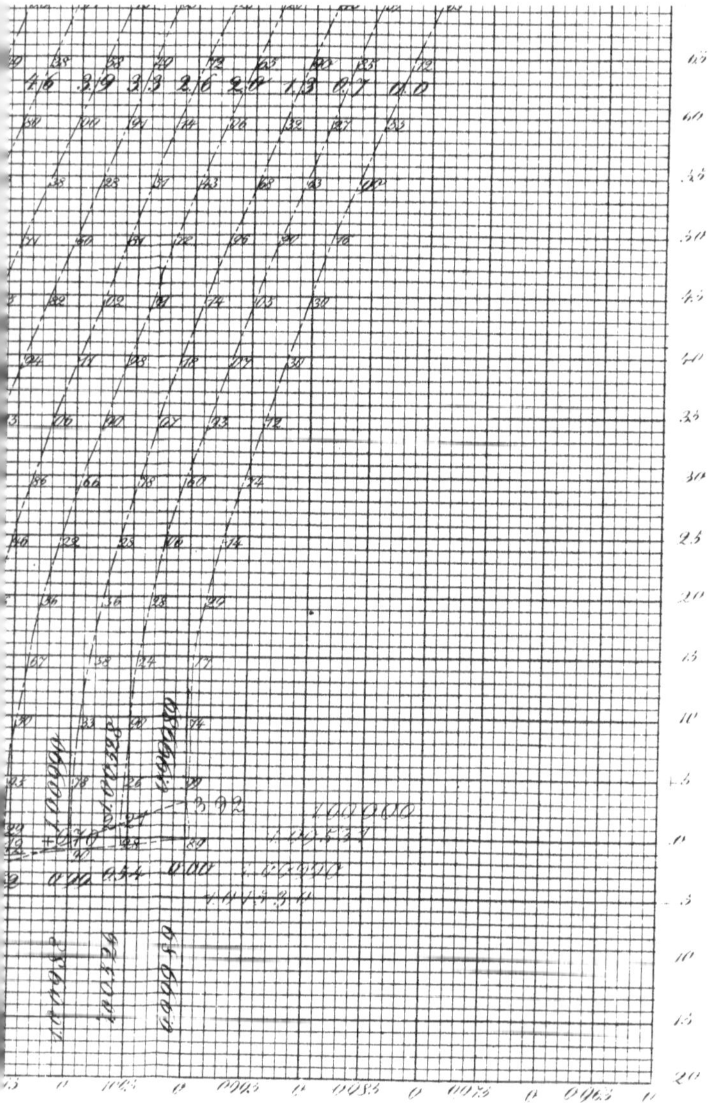
4.6 3.9 3.3 2.6 2.0 1.3 0.7 0.0
65
60
55
50
45
40
35
30
25
20
15
10
5
0
5
10
15
20

Graphi

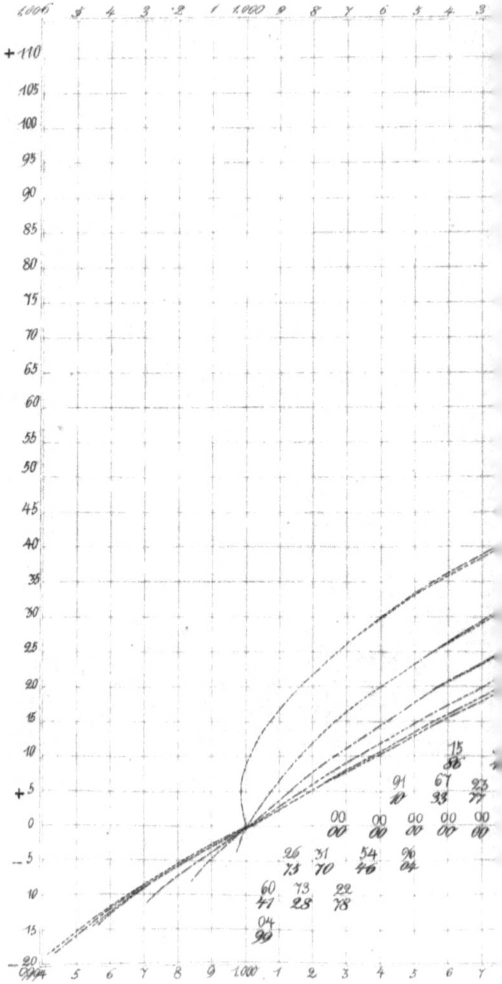

1,006 5 4 3 2 1 1,000 9 8 7 6 5 4 3
+110
105
100
95
90
85
80
75
70
65
60
55
50
45
40
35
30
25
20
15
10
+5
0
– 5
10
15
– 20
0,994 5 6 7 8 9 1,000 1 2 3 4 5 6 7

...arstellung der Volumen-...

0, 1, 2, 3. (Stehende Zah...

0, 1, 2, 3. (Liegende Zah...

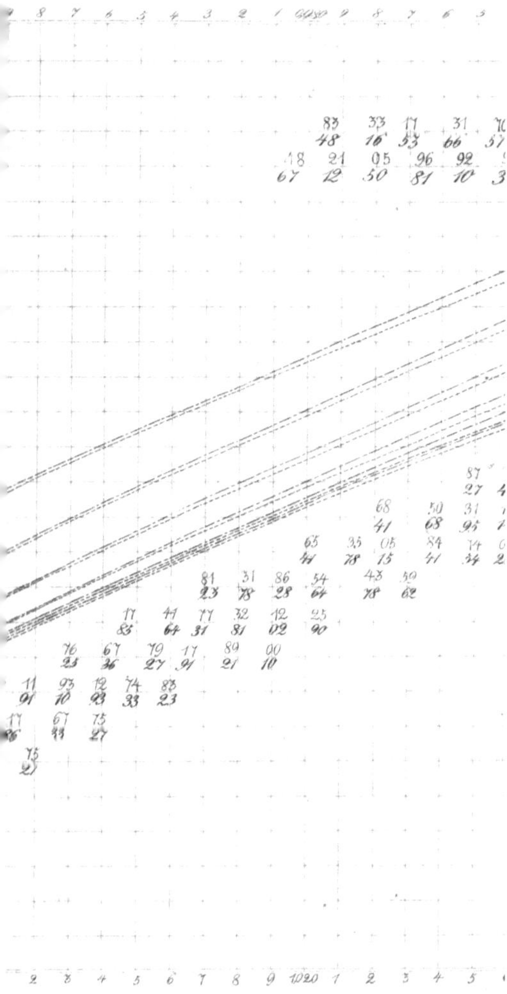

...und Dichtigkeits Aenderu...

...len) .... Volumina

...len) .... Dichtigkeiten

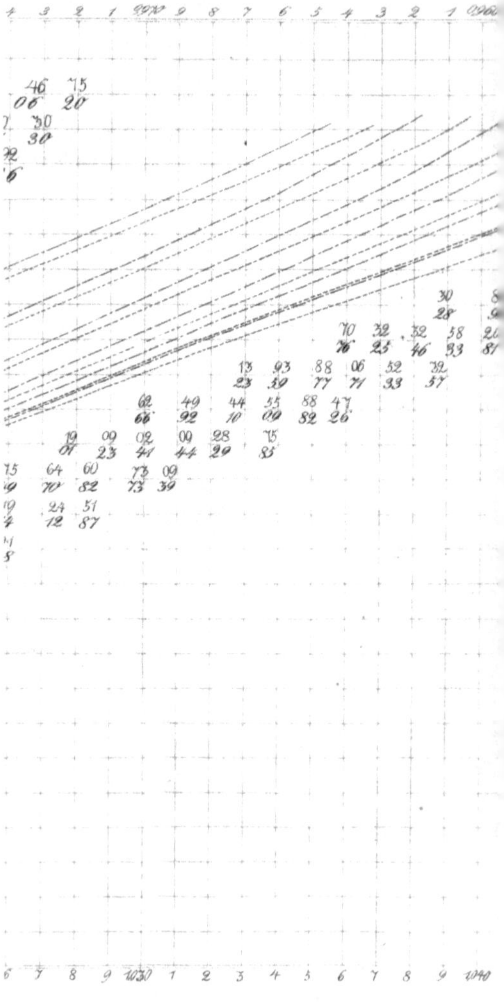

Taf. II.

…er Soolen.

L. Schubert sc.

FSC
www.fsc.org
MIX
Papier | Fördert gute Waldnutzung
FSC® C083411

Zeitfracht Medien GmbH
Ferdinand-Jühlke-Straße 7
99095 Erfurt, Deutschland
produktsicherheit@kolibri360.de